信息技术人才培养系列规划教材

慕课版

C#

程序设计 慕课版 第2版

甘勇 邵艳玲 王聃 ◎ 主编　张红军 赫萌 蔡劲 ◎ 副主编
明日科技 ◎ 策划

人民邮电出版社
北京

图书在版编目（CIP）数据

C#程序设计：慕课版 / 甘勇，邵艳玲，王聃主编
. -- 2版. -- 北京：人民邮电出版社，2021.2（2024.5重印）
信息技术人才培养系列规划教材
ISBN 978-7-115-49825-0

Ⅰ. ①C… Ⅱ. ①甘… ②邵… ③王… Ⅲ. ①C语言－
程序设计－教材 Ⅳ. ①TP312.8

中国版本图书馆CIP数据核字(2020)第002471号

内 容 提 要

本书系统全面地介绍了有关 C#程序开发所涉及的各类知识。全书共分 13 章，内容包括.NET 与
C#基础、C#编程基础、面向对象编程基础、面向对象编程进阶、Windows 应用程序开发、GDI+编程、
文件操作、数据库应用、LINQ 技术、网络编程、多线程编程、综合案例——腾龙进销存管理系统、
课程设计——桌面提醒工具。每章内容都与实例紧密结合，有助于学生理解知识、应用知识，使学生
达到学以致用的目的。

本书为慕课版教材，各章节主要内容配备了以二维码为载体的微课，并在人邮学院
（www.rymooc.com）平台上提供了慕课。此外，本书还提供了课程资源包，资源包中包含本书所有实
例、上机指导、综合案例和课程设计的源代码，制作精良的电子课件 PPT，重点及难点教学视频，自
测题库（包括选择题、填空题、操作题题库及自测试卷等内容），以及拓展综合案例和拓展实验。其中
的源代码全部经过精心测试，能够在 Windows 7、Windows 8、Windows 10 操作系统下编译和运行。

本书既可以作为高等院校"C#程序设计"课程的教材，又可以作为从事 C#程序设计工作的编程
人员的参考用书。

◆ 主　　编　甘　勇　邵艳玲　王　聃

　　副 主 编　张红军　赫　萌　蔡　劲

　　责任编辑　王　平

　　责任印制　王　郁　马振武

◆ 人民邮电出版社出版发行　　北京市丰台区成寿寺路 11 号

　　邮编　100164　　电子邮件　315@ptpress.com.cn

　　网址　https://www.ptpress.com.cn

　　天津千鹤文化传播有限公司印刷

◆ 开本：787×1092　1/16

　　印张：22.75　　　　　　　　　　2021 年 2 月第 2 版

　　字数：686 千字　　　　　　　　2024 年 5 月天津第 7 次印刷

定价：69.80 元

读者服务热线：(010)81055256　印装质量热线：(010)81055316
反盗版热线：(010)81055315
广告经营许可证：京东市监广登字 20170147 号

前言
Foreword

党的二十大报告中提到："教育、科技、人才是全面建设社会主义现代化国家的基础性、战略性支撑。"在教育改革、科技变革等背景下，程序设计领域的教学发生着翻天覆地的变化。

为了让读者能够快速且牢固地掌握C#程序设计，人民邮电出版社充分发挥在线教育方面的技术优势、内容优势、人才优势，潜心研究，为读者提供一种"纸质图书+在线课程"相配套，全方位学习C#的解决方案。读者可根据个人需求，利用图书和"人邮学院"平台上的在线课程进行系统化、移动化的学习，以便快速全面地掌握C#程序开发技术。

一、慕课版课程的学习

本课程依托人民邮电出版社自主开发的在线教育慕课平台——人邮学院（www.rymooc.com），该平台为读者提供优质、海量的课程，课程结构严谨，读者可以根据自身的学习程度，自主安排学习进度。该平台具有完备的在线"学习、笔记、讨论、测验"功能，可为读者提供完善的一站式学习服务（见图1）。

图1　人邮学院首页

为使读者更好地完成慕课的学习，现将本课程的使用方法介绍如下。

1. 读者购买本书后，找到粘贴在书封底上的刮刮卡，刮开，获得激活码（见图2）。

2. 登录人邮学院网站（www.rymooc.com），或扫描封面上的二维码，使用手机号码完成网站注册、（见图3）。

图2　激活码

图3　注册人邮学院网站

3．注册完成后，返回网站首页，单击页面右上角的"学习卡"选项（见图4），进入"学习卡"页面（见图5），输入激活码，即可获得该慕课课程的学习权限。

图4　单击"学习卡"选项　　　　　　　　图5　在"学习卡"页面输入激活码

4．读者可随时随地使用计算机、平板电脑、手机学习本课程的任意章节，根据自身情况自主安排学习进度（见图6）。

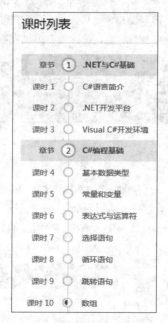

图6　课时列表

5．在学习慕课课程的同时，阅读本书中相关章节的内容，可巩固所学知识。本书既可与慕课课程配合使用，也可单独使用，书中主要章节均放置了二维码，读者扫描二维码即可在手机上观看相应章节的视频讲解。

6．读者如果对所学内容有疑问，还可到讨论区提问，除了有专业老师答疑解惑，同学之间也可互相交流学习心得（见图7）。

7. 对于书中配套的PPT、源代码等教学资源，读者也可在该课程的首页找到相应的下载链接（见图8）。

图7 讨论区   图8 配套资源

关于人邮学院平台使用的任何疑问，可登录人邮学院咨询在线客服，或致电：010-81055236。

二、本书的特点

C#是微软（Microsoft）公司推出的具有战略意义、完全面向对象的一种编程语言，它是当今最主流的面向对象编程语言之一。目前，大多数高校的计算机专业和IT培训学校，都将C#作为教学内容之一，这对培养学生的计算机应用能力具有非常重要的意义。

本书采用"案例教学"的编写形式，将知识的讲解始终围绕综合案例——腾龙进销存管理系统设计，使实例与知识有机结合、相辅相成，既有利于学生学习知识，又有利于教师指导学生实践。

本书作为教材使用时，课堂教学建议安排35～40学时，上机指导教学建议安排10～12学时。各章主要内容和学时建议如下，教师可以根据实际教学情况进行调整。

章	主 要 内 容	课堂教学学时	上机指导学时
第1章	.NET与C#基础，包括C#简介、.NET开发平台、Visual C#开发环境	1	1
第2章	C#编程基础，包括基本数据类型、常量和变量、表达式与运算符、选择语句、循环语句、跳转语句、数组	3	1
第3章	面向对象编程基础，包括面向对象概念、类、方法	2	1
第4章	面向对象编程进阶，包括类的继承与多态、结构与接口、集合与索引器、异常处理、委托和匿名方法、事件、预处理指令、泛型	5	1
第5章	Windows应用程序开发，包括开发应用程序的步骤、Windows窗体介绍、Windows 控件的使用、菜单、工具栏与状态栏、对话框、多文档界面（MDI窗体）、打印与打印预览	4	1
第6章	GDI+编程，包括GDI+绘图基础、绘图、颜色、文本输出、图像处理	3	1
第7章	文件操作，包括文件概述、System.IO命名空间、文件与目录类、数据流基础	2	1
第8章	数据库应用，包括数据库基础、ADO.NET概述、Connection数据连接对象、Command命令执行对象、DataReader数据读取对象、DataSet对象和DataAdapter对象、数据操作控件	3	1
第9章	LINQ技术，包括LINQ基础、LINQ查询表达式、LINQ操作SQL Server	2	1
第10章	网络编程，包括计算机网络基础、网络编程基础	3	1
第11章	多线程编程，包括线程概述、线程的基本操作、线程同步、线程池和定时器、互斥对象——Mutex	3	1

续表

章	主 要 内 容	课堂教学学时	上机指导学时
第12章	综合案例——腾龙进销存管理系统，包括需求分析、总体设计、数据库设计、公共类设计、系统主要模块开发、运行项目		4
第13章	课程设计——桌面提醒工具，包括课程设计目的、功能描述、总体设计、数据库设计、公共类设计、实现过程、课程设计总结		3

本书由明日科技出品，甘勇、邵艳玲、王聃任主编，张红军、赫萌、蔡劲任副主编。

编 者

2022年12月

目录
Contents

第1章

.NET与C#基础

本章要点

C#的发展历史及特点 ■
.NET Framework ■
Visual Studio 2017的安装 ■
如何创建一个C#程序 ■
C#程序的基本结构 ■
熟悉Visual Studio 2017 ■

■ .NET是微软公司面向互联网时代推出的一个崭新平台。为了更好地推广.NET开发平台，微软公司开发了一整套工具组件，并将这些组件集成到Visual Studio开发环境中。C#是.NET开发平台的一部分，它是一种编程语言，可以通过Visual Studio开发环境编写能在.NET开发平台上运行的各种应用程序。本章将对C#和.NET开发平台，以及Visual Studio 2017的基本使用进行详细讲解。

1.1　C#简介

C#简介

C#是微软公司为配合.NET开发平台推出的一种现代编程语言，主要用于运行在.NET开发平台上的应用程序，C#的语言体系构建在.NET Framework上。

1.1.1　C#的发展历史

C#读作"C Sharp"，1998年，Anders Hejlsberg（安德斯·海尔斯伯格，Delphi和Turbo Pascal的设计者）以及他的微软开发团队开始设计C#的第一个版本。2000年9月，欧洲计算机制造联合会（European Computer Manufacturers Association，ECMA）成立了一个任务组，着力为C#定义一个建设标准。据称，其设计目标是制定"一个简单、现代、通用、面向对象的编程语言"，于是发布了ECMA-334标准，这是一种令人满意的简洁的语言，它有类似Java的语法，但显然又借鉴了C语言和C++的风格。设计C#是为了增强软件的健壮性，为此提供了数组越界检查和"强类型"检查，并且禁止使用未初始化的变量。C#的正式发布在2002年，伴随着Visual Studio开发环境一起，其一经推出，就受到众多程序员的青睐。

1.1.2　C#的特点

C#是从C和C++派生的一种面向对象和类型安全的编程语言，并且能够与.NET Framework完美结合，C#具有以下突出的特点。

（1）语法简洁，不允许直接操作内存，去掉了指针操作。

（2）彻底的面向对象设计。C#具有面向对象语言所应有的一切特性，包括封装、继承和多态等。

（3）与Web紧密结合。C#支持绝大多数的Web标准，例如，HTML、XML、SOAP等。

（4）强大的安全性机制。可以消除软件开发中常见错误（如语法错误），.NET开发平台提供的垃圾回收器能够帮助开发者有效地管理内存资源。

（5）兼容性。因为C#遵循.NET开发平台的公共语言规范（CLS），从而保证能够与其他语言开发的组件兼容。

（6）完善的错误、异常处理机制。C#提供了完善的错误和异常处理机制，使程序在交付应用时能够更加健壮。

1.2　.NET开发平台

1.2.1　.NET Framework概述

.NET Framework又称.NET框架，它是微软公司推出的完全面向对象的软件开发与运行平台，它有两个组件，分别是类库和公共语言运行时（Common Language Runtime，CLR），如图1-1所示。

.NET 开发平台

下面分别对.NET Framework的两个组件进行介绍。

① 公共语言运行时：公共语言运行时负责管理和执行由.NET编译器编译产生的中间语言代码（.NET程序执行原理如图1-2所示）。在公共语言运行时中包含两部分内容，分别为CLS和CTS，其中，CLS表示公共语言规范，它是许多应用程序所需的一套基本语言功能；CTS表示通用类型系统，它定义了可以在中间语言中使用的预定义数据类型，所有面向.NET Framework的语言都可以生成最终基于这些类型的编译代码。

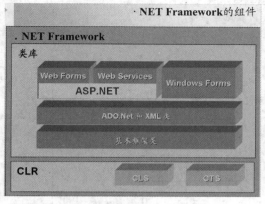
图1-1　.NET Framework的组件

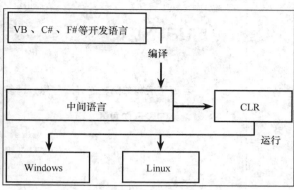
图1-2　.NET程序执行原理

 说明　使用.NET框架提供的编译器可以直接将源程序编译为.exe或.dll文件，但此时编译出来的程序代码并不是CPU能直接执行的机器代码，而是一种中间语言IL（Intermediate Language）的代码，类似于Java中的字节码文件。

② 类库：类库里有很多编译好的类，可以拿来直接使用。例如，进行多线程操作时，可以直接使用类库里的Thread类；进行文件操作时，可以直接使用类库中的IO类等。类库实际上相当于一个仓库，这个仓库里面装满了各种工具，可以供开发人员直接使用。

1.2.2　VS 2017的集成开发环境

Visual Studio 2017（后面简称VS 2017）是微软公司为了配合.NET平台推出的开发环境，同时也是开发C#程序的工具，本节以VS 2017社区版的安装为例讲解具体的安装步骤。

VS 2017的集成开发环境

 说明　VS 2017 社区版是完全免费的，请到微软官方网站下载并安装。

安装VS 2017社区版的步骤如下。

（1）VS 2017社区版的安装文件是可执行文件，其命名格式为"vs_community__编译版本号.exe"，笔者在写作本书时，下载的安装文件名为"vs_community__1978667224.1494576159.exe"，双击该文件开始安装。

 说明　安装VS 2017时，要求计算机上必须安装了.NET Framework 4.6及更新版本的框架，如果没有安装，请先到微软官方网站下载并安装。

（2）程序跳转到图1-3所示的VS 2017安装界面，在该界面中单击"继续"按钮。

（3）等待程序加载完成后，自动跳转到安装选择项界面，如图1-4所示。将"通用Windows平台开发"".NET桌面开发"和"ASP.NET和Web开发"这3项选中，读者可以根据自己的开发需要确定是否选择安装其他的工作负载；选择完要安装的功能后，在下面"位置"处设置安装路径，这里建议不要安装在系统盘上，可以选择其他磁盘进行安装，比如，这里笔者将其安装到了D盘。设置完成后，单击"安装"按钮。

图1-3　VS 2017安装界面（1）

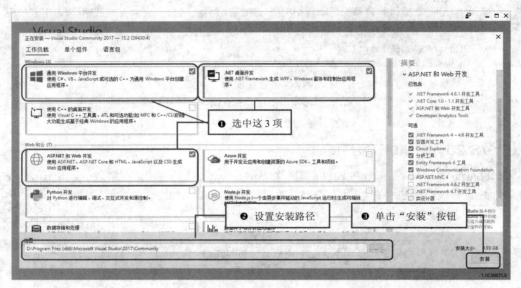

图1-4　VS 2017安装界面（2）

 在安装VS 2017时，一定要确保计算机处于联网状态，否则无法正常安装。

（4）跳转到图1-5所示的安装界面，该界面显示下载与安装进度。

（5）安装完成后，自动进入安装完成界面，如图1-6所示。该界面中，可以直接单击"启动"按钮，启动新安装的VS 2017，也可以在系统的开始菜单中，选择"Visual Studio 2017"启动。

如果是第一次启动VS 2017，会出现图1-7所示的提示框，直接单击"以后再说。"按钮，即可进入VS 2017的主界面。

VS 2017主界面如图1-8所示。

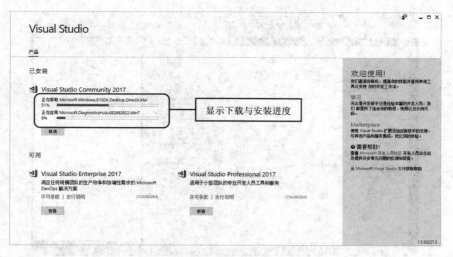

图1-5　VS 2017安装界面（3）

图1-6　VS 2017安装界面（4）

图1-7　启动VS 2017

图1-8　VS 2017主界面

1.2.3　第一个C#程序

让我们从经典的"Hello World"程序开始C#之旅，在控制台中输出"Hello World"字样。

第一个C#程序

【例1-1】使用VS 2017在控制台中创建"Hello World"程序并运行，具体步骤如下。（实例位置：资源包\源码\第1章\1-1）

（1）在开始菜单中打开VS 2017，选择菜单栏中的"文件"/"新建"/"项目"命令，打开"新建项目"对话框，如图1-9所示。

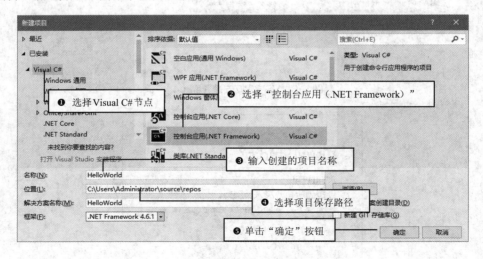

图1-9　"新建项目"对话框

（2）选择Visual C#节点，再选择"控制台应用（.NET Framework）"，输入创建的项目名称，选择项目保存路径，然后单击"确定"按钮，即可创建一个控制台应用程序。

（3）控制台应用程序创建完成后，会自动打开Program.cs文件，在该文件的Main方法中输入如下代码：

```
static void Main(string[] args)                    //Main方法，程序的主入口方法
{
    Console.WriteLine("Hello World");              //输出 "Hello World"
    Console.ReadLine();                            //定位控制台窗体
}
```

单击VS 2017工具栏中 ▶ 启动按钮，或者直接按F5键，运行该程序，效果如图1-10所示。

图1-10　输出 "Hello World"

1.2.4　C#程序的基本结构

上面讲解了如何创建一个C#程序。C#程序总体可以分为命名空间、类、关键字、标识符、Main方法、语句和注释等。本节将分别对C#程序的各个组成部分进行讲解。

命名空间

1. 命名空间

在Visual Studio开发环境中创建项目时，会自动生成一个与项目名称相同的命名空间。例如，创建 "HelloWorld" 项目时，会自动生成一个名称为 "HelloWorld" 的命名空间，代码如下：

namespace HelloWorld

命名空间在C#中起到组成程序的作用，在C#中定义命名空间时，需要使用namespace关键字，其语法如下：

namespace 命名空间名

命名空间既用作程序的 "内部" 组织系统，也用作向 "外部" 公开的组织系统（一种向其他程序公开自己拥有的程序元素的方法）。如果要调用某个命名空间中的类或者方法，则首先需要使用using指令引入命名空间，这样一来，就可以直接使用该命名空间中所包含的成员（包括类及类中的属性、方法等）。

using指令的基本形式为：

using 命名空间名;

2. 类

C#程序的主要功能代码都是在类中实现的，类是一种数据结构，它可以封装数据成员、方法成员和其他的类。因此，类是C#的核心和基本构成模块。C#支持自定义类，使用C#编程就是编写自己的类来描述实际需要解决的问题。

类

使用类之前都必须先进行声明，一个类一旦被声明，就可以当作一种新的类来使用，在C#中通过使用class关键字来声明类，声明语法如下：

```
class  [类名]
{
    [类中的代码]
}
```

3. 关键字

关键字是C#中已经被赋予特定意义的一些单词，开发程序时，不可以把这些关键字作为命名空间、类、方法或者属性等的名称来使用。大家在"Hello World"程序中看到的static和void等都是关键字。C#中的常用关键字如表1-1所示。

关键字与标识符

表1-1 C#常用关键字

int	public	this	finally	boo	abstract
continue	float	long	short	throw	return
break	for	foreach	static	new	interface
if	goto	default	byte	do	case
void	try	switch	else	catch	private
double	protected	while	char	class	using

4. 标识符

标识符可以简单地被理解为一个名字，主要用来标识类名、变量名、方法名、属性名、数组名等。

C#规定标识符由任意顺序的字母、下画线（_）和数字组成，并且第一个字符不能是数字，另外，标识符不能是C#中的关键字。

下面是合法标识符：

```
_ID
name
user_age
```

下面是非法标识符：

```
4word                     //以数字开头
string                    //C#中的关键字
```

说明

C#是一种区分字母大小写的语言，例如，"Name"和"name"表示的意义是不一样的。

5. Main方法

每一个C#程序中都必须包含一个Main方法，它是类中的主方法，也叫入口方法，可以说是激活整个程序的开关。Main方法从"{"号开始，至"}"号结束。static和void分别是Main方法的静态修饰符和返回值修饰符，C#程序中的Main方法必须声明为static，并且区分大小写。

Main方法一般都是创建项目时自动生成的，不用开发人员手动编写或者修改，如果需要修改，则需要注意以下3个方面。

Main方法

① Main方法在类或结构内声明，它必须是静态（static）的，而且不应该是公用（public）的。

② Main的返回类型有两种：void 或 int。

③ Main方法可以包含命令行参数string[] args，也可以不包括。

6. 语句

语句是构造所有C#程序的基本单位，使用C#语句可以声明变量、声明常量、调用方法、创建对象或执行任何逻辑操作，C#语句以分号终止。

C#语句及注释

例如，在"HelloWorld"程序中输出"Hello World"字符串和定位控制台的代码就是C#的语句：

```
Console.WriteLine("Hello World");          //输出"Hello World"
Console.ReadLine();                        //定位控制台窗体
```

说明 C#代码中所有的字母、数字、括号和标点符号均为英文输入法状态下的半角符号，而不能是中文输入法或者英文输入法状态下的全角符号。

7. 注释

注释是在编译程序时不执行的代码或文字，其主要功能是对某行或某段代码进行说明，方便程序员对代码进行理解与维护，或者在调试程序时，将某行或某段代码设置为无效代码。常用的注释主要有行注释和块注释两种，下面分别进行简单介绍。

① 行注释

行注释都以"//"开头，后面跟注释的内容。例如，在"HelloWorld"程序中使用行注释，解释每一行代码的作用，代码如下：

```
static void Main(string[] args)                    //Main方法，程序主入口方法
{
    Console.WriteLine("Hello World");              //输出"Hello World"
    Console.ReadLine();                            //定位控制台窗体
}
```

② 块注释

如果注释的行数较少，一般使用行注释。对于连续多行的大段注释，一般使用块注释。块注释通常以"/*"开始，以"*/"结束，注释的内容放在它们之间。

例如，在"HelloWorld"程序中使用块注释将输出"Hello World"字符串和定位控制台窗体的C#语句注释为无效代码，代码如下：

```
static void Main(string[] args)                    //Main方法，主入口方法
{
    /*        块注释开始
    Console.WriteLine("Hello World");              //输出"Hello World"
    Console.ReadLine();                            //定位控制台窗体
    */
}
```

1.3 Visual C#开发环境

1.3.1 新建Windows窗体应用程序

【例1-2】创建Windows窗体应用程序的步骤如下。（实例位置：资源包\源码\第1章\1-2）

Visual C#开发
环境（上）

（1）在开始菜单中打开VS 2017，选择菜单栏中的"文件"/"新建"/"项目"命令，打开"新建项目"对话框，如图1-11所示。

图1-11 "新建项目"对话框

（2）选择Visual C#节点，再选择"Windows窗体应用（.NET Framework）"，输入创建的项目名称，选择项目保存路径，然后单击"确定"按钮，即可创建一个Windows窗体应用程序，创建完成的Windows窗体应用程序如图1-12所示。

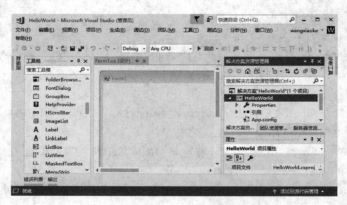

图1-12 Windows窗体应用程序

（3）从"工具箱"中选择"Button"控件，将其拖曳到Form1窗体，双击该控件，在光标闪烁的地方添加如下代码：

```csharp
private void button1_Click(object sender, EventArgs e)
{
    MessageBox.Show("Hello World");
}
```

单击VS 2017工具栏中▶启动按钮，或者直接按F5键，运行该程序，效果如图1-13所示。

1.3.2 标题栏

标题栏是VS 2017窗口顶部的水平条，它显示的是应用程序的名称。默认情况下，用户创建一个项目后，标题栏显示如下信息：

图1-13 输出"Hello World"

HelloWorld-Microsoft Visual Studio(管理员)

其中"HelloWorld"表示解决方案名称，随着程序状态的变化，标题栏中的信息也随之改变。例如，当

程序处于运行状态时，标题栏中显示如下信息：

HelloWorld(正在运行)–Microsoft Visual Studio(管理员)

1.3.3　菜单栏

菜单栏是VS 2017的重要组成部分，开发者要完成的主要功能都可以通过菜单或者与菜单对应的工具栏按钮和快捷键实现。在不同的状态下，菜单栏中的菜单项格式是不一样的，比如，控制台应用程序的菜单栏效果如图1-14所示。

文件(F)　编辑(E)　视图(V)　项目(P)　生成(B)　调试(D)　团队(M)　工具(T)　测试(S)　分析(N)　窗口(W)　帮助(H)

图1-14　控制台应用程序的菜单栏

Windows窗体应用程序的菜单栏效果如图1-15所示。

文件(F)　编辑(E)　视图(V)　项目(P)　生成(B)　调试(D)　团队(M)　格式(O)　工具(T)　测试(S)　分析(N)　窗口(W)　帮助(H)

图1-15　Windows窗体应用程序的菜单栏

下面以Windows窗体应用程序的菜单栏为例，介绍VS 2017中常用的菜单。

1.　文件菜单

文件菜单用于对文件进行操作，比如新建项目、网站，打开项目、网站，保存、退出等，文件菜单如图1-16所示。

文件菜单的主要菜单项及其功能如表1-2所示。

图1-16　文件菜单

表1-2　文件菜单的主要菜单项及其功能

菜 单 项	功 能
新建	包括新建项目、网站、文件等
打开	包括打开项目、解决方案、网站、文件等
添加	包括添加新建项目、新建网站、现有项目、现有网站等
关闭解决方案	关闭已打开的解决方案
保存HelloWorld	保存当前的项目
HelloWorld另存为	将当前的项目另存为其他名称
全部保存	保存当前打开的所有项目
导出模板	将项目导出为可用作其他项目的基础模板
最近使用过的文件	通过最近打开过的文件名打开相应的文件
最近使用的项目和解决方案	通过最近打开过的解决方案或者项目名打开相应的解决方案或项目
退出	退出VS 2017

2.　视图菜单

视图菜单主要用于显示或者隐藏各个功能窗口或对话框，如果不小心关闭了某个窗口，可以通过视图菜单中的菜单项打开。视图菜单如图1-17所示。

图1-17 视图菜单

视图菜单的主要菜单项及其功能如表1-3所示。

表1-3 视图菜单的主要菜单项及其功能

菜 单 项	功 能
解决方案资源管理器	打开解决方案资源管理器窗口
服务器资源管理器	打开服务器资源管理器窗口
类视图	打开类视图窗口
起始页	打开起始页
工具箱	打开工具箱窗口
其他窗口	打开命令窗口、Web浏览器、历史记录等
工具栏	打开或关闭各种快捷工具栏
全屏显示	使VS 2017全屏显示
属性窗口	打开属性窗口
属性页	打开项目的属性页

3. 项目菜单

项目菜单主要用来向程序中添加或移除各种元素，比如添加Windows窗体、用户控件、组件、类、引用等，项目菜单如图1-18所示。

图1-18 项目菜单

项目菜单的主要菜单项及其功能如表1-4所示。

表1-4　项目菜单的主要菜单项及其功能

菜 单 项	功 能
添加Windows窗体	向当前项目中添加新的Windows窗体
添加类	向当前项目中添加类文件
添加新项	向当前项目中添加新项（包括类、Windows窗体、用户控件等）
添加现有项	向当前项目中添加已经有的项
添加引用	向当前项目中添加dll引用
添加服务引用	向当前项目中添加服务引用（比如Web服务引用）
设为启动项目	将当前项目设置为启动项目
HelloWorld属性	打开项目的属性页

4. 格式菜单

格式菜单主要用来对窗体上的各个控件进行统一布局，它可以用来调整所选定的对象的格式，格式菜单如图1-19所示。

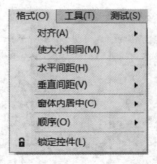

图1-19　格式菜单

格式菜单的主要菜单项及其功能如表1-5所示。

表1-5　格式菜单的主要菜单项及其功能

菜 单 项	功 能
对齐	调整所有选中控件的对齐方式
使大小相同	使所有选中的控件大小相同
水平间距	调整所有选中控件的水平间距
垂直间距	调整所有选中控件的垂直间距
窗体内居中	使选中的控件在窗体中居中显示
顺序	使选中的控件按照前后顺序放置
锁定控件	使选中的控件锁定，不能调整位置

5. 调试菜单

调试菜单主要用于选择不同的调试程序的方法，比如开始调试、开始执行（不调试）、逐语句、逐过程、新建断点等。调试菜单如图1-20所示。

调试菜单的主要菜单项及其功能如表1-6所示。

表1-6 调试菜单的主要菜单项及其功能

菜 单 项	功 能
开始调试	以调试模式运行程序
开始执行（不调试）	不调试程序，直接运行
逐语句	一句一句地执行程序
逐过程	一个过程一个过程地执行程序（这里的过程以独立的语句为准）
新建断点	设置断点
删除所有断点	清除所有已经设置的断点

6. 工具菜单

工具菜单主要用来选择在开发程序时用到的一些工具，比如连接到数据库、连接到服务器、选择工具箱项、导入和导出设置、自定义、选项等。工具菜单如图1-21所示。

工具菜单的主要菜单项及其功能如表1-7所示。

图1-20 调试菜单

图1-21 工具菜单

表1-7 工具菜单的主要菜单项及其功能

菜 单 项	功 能
连接到数据库	新建数据库连接
导入和导出设置	重新对开发环境的默认设置进行设置
选项	打开选项对话框，以便对VS 2017进行设置，比如代码的字体、字体大小、代码行号的显示等

7. 生成菜单

生成菜单主要用于生成可以运行的可执行文件，生成之后的程序可以脱离开发环境独立运行（但是需要.NET Framework）。生成菜单如图1-22所示。

生成菜单的主要菜单项及其功能如表1-8所示。

表1-8　生成菜单的主要菜单项及其功能

菜 单 项	功 能
生成解决方案	生成当前的解决方案
清理解决方案	清理已经生成的解决方案
生成HelloWorld	生成当前项目（需要对项目进行编译）
清理HelloWorld	清理生成的当前项目
发布HelloWorld	对当前项目进行发布

8．帮助菜单

帮助菜单主要帮助用户学习和掌握C#相关内容，比如，用户可以通过内容、索引、搜索、MSDN论坛等方式寻求帮助。帮助菜单如图1-23所示。

图1-22　生成菜单　　　　　　图1-23　帮助菜单

帮助菜单的主要菜单项及其功能如表1-9所示。

表1-9　帮助菜单的主要菜单项及其功能

菜 单 项	功 能
查看帮助	打开本地安装的帮助文档
添加和移除帮助内容	添加和移除本地安装的帮助文档

1.3.4　工具栏

为了操作更方便、快捷，菜单中常用的命令按功能分组并分别放入相应的工具栏中。通过工具栏可以快速地访问常用的命令。常用的工具栏有标准工具栏和调试工具栏，下面分别介绍。

（1）标准工具栏包括大多数常用的命令按钮，如新建项目、打开文件、保存、全部保存等。标准工具栏如图1-24所示。

（2）调试工具栏包含对应用程序进行调试的快捷按钮，如图1-25所示。

Visual C#开发
环境（下）

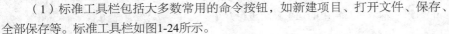

图1-24　VS 2017标准工具栏　　　　　　图1-25　VS 2017调试工具栏

> 说明
>
> 在调试程序或运行程序的过程中，通常可用以下4种方式来操作：
>
> （1）按【F5】快捷键实现调试运行程序；
>
> （2）按【Ctrl+F5】组合键实现不调试运行程序；
>
> （3）按【F11】快捷键实现逐语句调试程序；
>
> （4）按【F10】快捷键实现逐过程调试程序。

1.3.5 工具箱

工具箱是VS 2017的重要工具，每一个开发人员都必须对这个工具非常熟悉。工具箱提供了进行C#程序开发所必需的控件。通过工具箱，开发人员可以方便地进行可视化的窗体设计，简化程序设计的工作量，提高工作效率。根据控件功能的不同，将工具箱划分为多个栏目，如图1-26所示。

单击某个栏目，显示该栏目下的所有控件，如图1-27所示。当需要某个控件时，可以通过双击所需要的控件的方式直接将控件加载到Windows窗体中，也可以先单击选择需要的控件，再将其拖动到Windows窗体上。工具箱窗口中的控件可以通过工具箱的快捷菜单来控制，如图1-28所示，例如，实现控件的删除、显示、排序等。

图1-26 工具箱

图1-27 展开后的工具箱

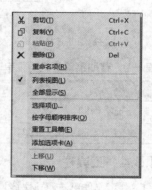

图1-28 工具箱的快捷菜单

1.3.6 窗口

VS 2017中包含很多的窗口，本节将对常用的几个窗口进行介绍。

1. 窗体设计器窗口

窗体设计器是一个可视化窗口，开发人员可以使用VS 2017工具箱中提供的各种控件来对该窗口进行设计，以满足不同的需求。窗体设计器如图1-29所示。

当使用VS 2017工具箱中提供的各种控件来对窗体设计窗口进行设计时，可以使用鼠标将控件直接拖动到窗体设计窗口。

2. 解决方案资源管理器窗口

解决方案资源管理器提供了项目及文件的视图，并且提供对项目和文件相关命令的便捷访问，如图1-30所示。与此窗口关联的工具栏提供了适用于列表中突出显示项的常用命令。若要访问解决方案资源管理器，可以选择"视图"/"解决方案资源管理器"。

图1-29　窗体设计器

图1-30　解决方案资源管理器

3. 属性窗口

属性窗口是VS 2017中一个重要的工具，该窗口为Windows窗体应用程序的开发提供了简单的属性修改方式。窗体应用程序开发中的各个控件属性都可以通过属性窗口设置完成。属性窗口不仅提供了属性的设置及修改功能，还提供了事件的管理功能。通过属性窗口可以管理控件的事件，方便开发人员编程时对事件进行处理。

属性窗口采用两种方式管理属性和事件，分别为按字母排序方式和按分类排序方式。读者可以根据自己的习惯采用不同的方式。窗口的下方还有简单的帮助，方便开发人员对控件的属性进行操作和修改，"属性"窗口的左侧是属性名称，相对应的右侧是属性值。属性窗口的两种排序方式分别如图1-31和图1-32所示。

图1-31　属性窗口（按字母排序）

图1-32　属性窗口（按分类排序）

4. 代码设计器窗口

在VS 2017中，双击窗体设计器可以进入代码设计器窗口。代码设计器窗口是一个可视化窗口，开发人员可以在该窗口中编写C#代码。代码设计器窗口如图1-33所示。

图1-33　代码设计器窗口

小 结

　　本章首先对C#的发展历史、特点和.NET Framework进行了介绍，然后重点讲解了VS 2017的安装、如何使用VS 2017创建程序，及一个C#程序的基本组成结构，最后对VS 2017的标题栏、菜单栏、工具栏、工具箱和常用的一些窗口进行了介绍。本章是学习C#编程的基础，学习本章内容时，应该重点掌握VS 2017的安装过程及常用窗口的使用，并熟悉C#程序的基本结构。

上机指导

　　使用C#创建一个控制台应用程序，然后使用Console.WriteLine方法在控制台中输出"编程词典（珍藏版）"软件的启动页。程序运行结果如图1-34所示。（实例位置：资源包\上机指导\第1章\）

上机指导

图1-34　输出软件启动页

开发步骤如下。

　　（1）打开VS 2017，创建一个控制台应用程序，命名为SoftStart。

　　（2）打开创建项目的Program.cs文件，在Main方法中使用Console.WriteLine方法输出软件启动页的内容，代码如下：

```
static void Main(string[] args)
{
    Console.WriteLine("-------------------------------------------------------");
    Console.WriteLine("|                                                     |");
    Console.WriteLine("|                                                     |");
    Console.WriteLine("|                                                     |");
    Console.WriteLine("|                                                     |");
    Console.WriteLine("|    编程词典（珍藏版）                                  |");
    Console.WriteLine("|                                                     |");
    Console.WriteLine("|                                                     |");
    Console.WriteLine("|                                                     |");
```

```
        Console.WriteLine("|                    开发团队：明日科技                |");
        Console.WriteLine("|                                                      |");
        Console.WriteLine("|                                                      |");
        Console.WriteLine("|                                                      |");
        Console.WriteLine("|                                                      |");
        Console.WriteLine("|            copyright    2000—2015    明日科技          |");
        Console.WriteLine("|                                                      |");
        Console.WriteLine("|                                                      |");
        Console.WriteLine("|                                                      |");
        Console.WriteLine("———————————————————————————————————————————————————————");
        Console.ReadLine();
    }
```

完成以上操作后，按【F5】键运行程序。

习 题

1-1　C#的主要特点有哪些？

1-2　简述C#、.NET Framework、VS 2017这3者之间的关系。

1-3　描述VS 2017的"属性"窗口的主要作用。

1-4　C#程序的结构大体可以分为哪几部分？

1-5　引入命名空间需要使用什么关键字？

1-6　应用程序的入口方法是什么？

1-7　控制台应用程序和Windows窗体应用程序有什么区别？

第2章

C#编程基础

本章要点

C#中的基本数据类型 ■
常量和变量 ■
表达式与运算符 ■
流程控制语句 ■
数组 ■

■ 学习任何一门语言都不能一蹴而就，必须遵循一个客观的原则。当学习有一定难度的技术时，先从基础学起，有了扎实的基础后，再进阶学习就会很轻松。本章将从初学者的角度出发，详细讲解C#的基础知识，其内容主要包括基本数据类型、常量和变量、表达式与运算符、流程控制语句和数组等。

2.1 基本数据类型

C#中的数据类型根据其定义可以分为两种，一种是值类型，另一种是引用类型。从概念上看，值类型直接存储数据值，而引用类型存储的是对值的引用。C#中的基本数据类型如图2-1所示。

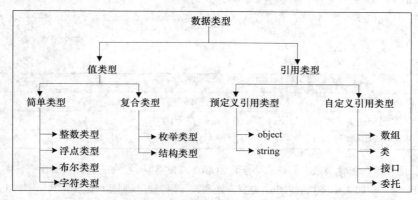

图2-1　C#中的基本数据类型

2.1.1 值类型

值类型直接存储数据值，它主要包括简单类型和复合类型两种。其中，简单类型是程序中使用的最基本类型，主要包括整数类型、浮点类型、布尔类型和字符类型等4种。值类型在栈中进行分配，因此效率很高，使用值类型主要是为了提高性能。值类型具有如下特性。

- ❑ 值类型变量都存储在栈中。
- ❑ 访问值类型变量时，一般都是直接访问其实例。
- ❑ 每个值类型变量都有自己的数据副本，因此对一个值类型变量进行操作不会影响其他变量。
- ❑ 值类型变量不能为null，必须具有一个确定的值。

下面分别对值类型包含的4种简单类型进行讲解。

 说明　关于枚举类型和结构类型，将会在后面章节中详细讲解。

1. 整数类型

整数类型代表一种没有小数点的整数数值，C#内置的整数类型如表2-1所示。

值类型（上）

表2-1　C#内置的整数类型

类　型	说　明	范　围
sbyte	8位有符号整数	− 128 ～ 127
short	16位有符号整数	− 32 768 ～ 32 767
int	32位有符号整数	− 2 147 483 648 ～ 2 147 483 647
long	64位有符号整数	− 9 223 372 036 854 775 808 ～ 9 223 372 036 854 775 807
byte	8位无符号整数	0 ～ 255
ushort	16位无符号整数	0 ～ 65 535
unit	32位无符号整数	0 ～ 4 294 967 295
ulong	64位无符号整数	0 ～ 18 446 744 073 709 551 615

例如，分别声明一个int类型和byte类型的变量，代码如下：

```
int m;                              //定义一个int类型的变量
byte n;                             //定义一个byte类型的变量
```

2. 浮点类型

浮点类型主要用于处理含有小数的数值数据，它主要包含float、double和decimal3种类型，表2-2列出了这3种类型的说明信息。

表2-2 浮点类型及说明

类　型	说　明	范　围
float	精确到6~9位数	$\pm 1.5 \times 10^{-45} \sim \pm 3.4 \times 10^{38}$
double	精确到15~17位数	$\pm 5.0 \times 10^{-324} \sim \pm 1.7 \times 10^{308}$
decimal	28~29位有效位	$\pm 1.0 \times 10^{-28} \sim \pm 7.9 \times 10^{28}$

如果不做任何设置，包含小数点的数值会被认为是double类型，例如9.27，如果没有特别指定，这个数值的类型是double类型。如果要将数值以float类型来处理，可以通过强制使用f或F将其指定为float类型。

例如，下面将数值强制指定为float类型。代码如下：

```
float m = 9.27f;                    //使用f强制指定为float类型
float n = 1.12F;                    //使用F强制指定为float类型
```

如果要将数值强制指定为double类型，则需要使用d或D进行设置。

例如，下面的代码用来将数值强制指定为double类型。代码如下：

```
double m = 927d;                    //使用d强制指定为double类型
double n = 112D;                    //使用D强制指定为double类型
```

3. 布尔类型

布尔类型主要用来表示true/false值，一个布尔类型的变量，其值只能是true或者false，不能将其他的值指定给布尔类型变量，布尔类型变量不能与其他类型进行转换。

 说明 布尔类型变量大多数被应用到流程控制语句当中，例如，循环语句或者if语句等。

4. 字符类型

字符类型在C#中使用Char类来表示，该类主要用来存储单个字符，它占用16位（2字节）的内存空间。在定义字符型变量时，要以单引号（' '）表示，如'a'表示一个字符，而"a"则表示一个字符串，虽然其只有一个字母，但由于它使用双引号，所以它表示字符串，而不是字符。字符类型变量的定义非常简单，代码如下：

```
char ch1='L';
char ch2='1';
```

值类型（下）

2.1.2　引用类型

引用类型是构建C#程序的主要对象类型数据，引用类型的变量又称为对象，可存储对实际数据的引用。C#支持两个预定义的引用类型object和string，其说明如表2-3所示。

引用类型

表2-3　C#预定义的引用类型及说明

类 型	说 明
object	object类型在.NET中是System.Object的别名。在C#的统一类型系统中，所有类型（预定义类型、用户定义类型、引用类型和值类型）都是直接或间接从System.Object继承的
string	string类型表示零个或多个Unicode字符组成的序列

 说明 尽管string是引用类型，但如果用到了相等运算符（==和!=），则表示比较string对象（而不是引用）的值。

在应用程序执行的过程中，引用类型使用new关键字创建对象实例，并存储在堆中。堆是一种由系统弹性配置的内存空间，没有特定大小及存活时间，因此可以被弹性地运用于对象的访问。

引用类型具有如下特征。

❑　必须在托管堆中为引用类型变量分配内存。

❑　在托管堆中分配的每个对象都有与之相关联的附加成员，这些成员必须被初始化。

❑　引用类型变量是由垃圾回收机制来管理的。

❑　多个引用类型变量可以引用同一对象，这种情形下，对一个变量的操作会影响另一个变量所引用的同一对象。

❑　引用类型被赋值前的值都是null。

所有被称为"类"的都是引用类型，主要包括类、接口、数组和委托等。例如：

```
Student student1=new Student();
Student student2=student1;
```

其示意图如图2-2所示。

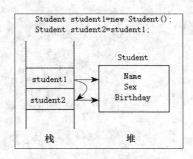

图2-2　引用类型示意图

2.1.3　值类型与引用类型的区别

从概念上看，值类型直接存储其值，而引用类型存储对其值的引用，这两种类型存储在内存的不同地方。从内存空间上看，值类型是在栈中操作，而引用类型则在堆中分配存储单元。栈在编译的时候就分配好内存空间，在代码中有栈的明确定义；而堆是程序运行中动态分配的内存空间，可以根据程序的运行情况动态地分配内存的大小。因此，值类型总是在内存中占用一个预定义的字节数，而引用类型的变量则在堆中分配一个内存空间，这个内存空间包含的是对另一个内存位置的引用，这个位置是托管堆中的一个地址，即存放此变量实际值的地方。

图2-3是值类型与引用类型的对比效果图。

下面通过一个实例演示值类型与引用类型的区别。

值类型与引用类型的区别

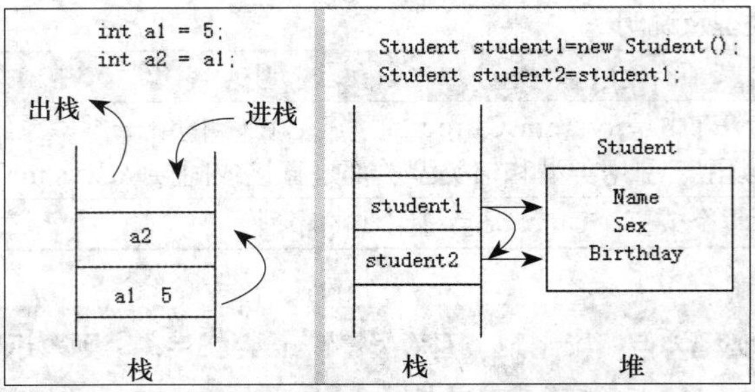

图2-3　值类型与引用类型的对比效果图

【例2-1】创建一个控制台应用程序，首先在程序中创建一个类stamp，该类中定义两个属性，Name和Age，其中Name属性为string引用类型，Age属性为int值类型；然后定义一个ReferenceAndValue类，该类中定义一个静态的Demonstration方法，该方法主要演示值类型和引用类型使用时，其中一个值变化时，另外的值是否变化；最后在Main方法中调用ReferenceAndValue类中的Demonstration方法并输出结果。代码如下：

```csharp
class Program
{
    static void Main(string[] args)
    {
        //调用ReferenceAndValue类中的Demonstration方法
        ReferenceAndValue.Demonstration();
        Console.ReadLine();
    }
}
public class stamp                              //定义一个类
{
    public string Name { get; set; }            //定义引用类型
    public int Age { get; set; }                //定义值类型
}
public static class ReferenceAndValue           //定义一个静态类
{
    public static void Demonstration()          //定义一个静态方法
    {
        stamp Stamp_1 = new stamp { Name = "Premiere", Age = 25 };
        stamp Stamp_2 = new stamp { Name = "Again", Age = 47 };
        int age = Stamp_1.Age;                  //获取值类型Age的值
        Stamp_1.Age = 22;                       //修改值类型的值
        stamp Stamp_3 = Stamp_2;                //获取Stamp_2中的值
        Stamp_2.Name = "Again Amend";           //修改引用的Name值
        Console.WriteLine("Stamp_1's age:{0}", Stamp_1.Age);//显示Stamp_1中的Age值
        Console.WriteLine("age's value:{0}", age);          //显示age值
        Console.WriteLine("Stamp_2's name:{0}", Stamp_2.Name);//显示Stamp_2中的Name值
```

```
        Console.WriteLine("Stamp_3's name:{0}", Stamp_3.Name);//显示Stamp_3中的Name值
    }
}
```

运行结果如图2-4所示。

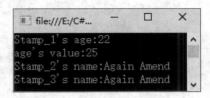

图2-4　运行结果

从图2-4中可以看出，当改变了Stamp_1.Age的值时，age没随之改变；而在改变了Stamp_2.Name的值后，Stamp_3.Name却也发生了变化，这就是值类型和引用类型的区别。在声明age值类型变量时，将Stamp_1.Age的值赋给它，这时，编译器在栈上分配了一块空间，然后把Stamp_1.Age的值填进去，二者没有任何关联，就像在计算机中复制文件一样，只是把Stamp_1.Age的值复制给age了。而引用类型则不同，在声明Stamp_3时，把Stamp_2赋给它。前面说过，引用类型包含的只是堆上数据区域地址的引用，其实就是把Stamp_2的引用也赋给Stamp_3，因此它们指向了同一块内存区域。既然是指向同一块区域，不管修改谁，另一个的值都会跟着改变。

2.2　常量和变量

常量就是其值固定不变的量，而且常量的值在编译时就已经确定了；变量用来表示一个数值、一个字符串值或者一个类的对象，变量存储的值可能会发生更改，但变量名称保持不变。

2.2.1　常量的声明和使用

常量又叫常数，它主要用来存储在程序运行过程中值不改变的量，它通常可以分为字面常量和符号常量两种，下面分别进行讲解。

常量的声明和使用

1．字面常量

字面常量就是每种基本数据类型所对应的常量表示形式，例如：

❑ 整数常量。

```
32
368
0x2F
```

❑ 浮点常量。

```
3.14
3.14F
3.14D
3.14M
```

❑ 字符常量。

```
'A'
'\X0056'
```

❑ 字符串常量。

```
"Hello World"
"C#"
```

❑ 布尔常量。

```
ture
false
```

2. 符号常量

符号常量在C#中使用关键字const来声明，并且在声明符号常量时，必须对其进行初始化，例如：

```
const int month = 12;
```

上面代码中，常量month将始终为12，不能更改。

说明 const关键字可以防止开发程序时产生错误。例如，对于一些不需要改变的对象，可使用const关键字将其定义为常量，可以防止开发人员不小心修改对象的值，以致产生意想不到的结果。

2.2.2 变量的声明和使用

变量是指在程序运行过程中其值可以不断变化的量。变量通常用来保存程序运行过程中的输入数据、计算获得的中间结果和最终结果等。在C#中，声明变量是由一个类型和跟在后面的一个或多个变量名组成，多个变量之间用逗号分开，声明变量以分号结束，语法如下：

变量的声明和使用

```
变量类型 变量名;                          //声明一个变量
变量类型 变量名1,变量名2,…变量名n;          //同时声明多个变量
```

例如，声明一个整型变量m，同时声明3个字符串型变量str1、str2和str3，代码如下：

```
int m;                                   //声明一个整型变量
string str1, str2, str3;                 //同时声明3个字符串型变量
```

上面的第一行代码中，声明了一个名称为m的整型变量；第二行代码中，声明了3个字符串型的变量，分别为str1、str2和str3。

另外，声明变量时，还可以初始化变量，即在每个变量名后面加上给变量赋初始值的指令。

例如，声明一个整型变量r，并赋值为368，然后同时声明3个字符串型变量，并初始化，代码如下：

```
int r = 368;                             //初始化整型变量r
string x = "明日科技", y = "C#编程词典", z = "C#";  //初始化字符串型变量x、y和z
```

声明变量时，要注意变量名的命名规则。C#中的变量名是一种标识符，因此命名时应该符合标识符的命名规则。变量名是区分大小写的，下面给出变量的命名规则。

❑ 变量名只能由数字、字母和下画线组成。

❑ 变量名的第一个符号只能是字母或下画线，不能是数字。

❑ 不能使用关键字作为变量名。

❑ 一旦在一个语句块中定义了一个变量名，那么在变量的作用域内都不能再定义同名的变量。

2.3 表达式与运算符

表达式是由运算符和操作数组成的。运算符设置对操作数进行什么样的运算。运算符包括+、-、*和/等，操作数包括文本、常量、变量和表达式等。

例如，下面几行代码就是使用简单的表达式组成的，代码如下：

```
int i = 927;                          //声明一个int类型的变量i并初始化为927
i = i * i + 112;                      //改变变量i的值
int j = 2011;                         //声明一个int类型的变量j并初始化为2011
j = j / 2;                            //改变变量j的值
```

在C#中，有多种运算符。运算符是具有运算功能的符号，根据作用的操作数的个数，可以将运算符分为单目运算符、双目运算符和三目运算符，其中，单目运算符是作用在一个操作数上的运算符，如正号（＋）等；双目运算符是作用在两个操作数上的运算符，如加法（＋）、乘法（＊）等；三目运算符是作用在3个操作数上的运算符，C#中唯一的三目运算符就是条件运算符（?:）。下面分别对常用的运算符进行讲解。

2.3.1　算术运算符

C#中的算术运算符是双目运算符，主要包括+、-、*、／和%等5种，它们分别用于进行加、减、乘、除和求余（模）运算。C#中算术运算符的功能及使用方式如表2-4所示。

表2-4　C#算术运算符

运　算　符	说　明	实　例	结　果
+	加	12.45f+15	27.45
-	减	4.56-0.16	4.4
*	乘	5L*12.45f	62.25
/	除	7/2	3
%	求余	12%10	2

算术运算符和自
增、自减运算符

例如，定义两个int变量m和n，并分别初始化，使用算术运算符分别对它们进行加、减、乘、除、求余运算，代码如下：

```
int m = 8;                            //定义变量m，并初始化为8
int n = 4;;                           //定义变量m，并初始化为4
int r1 = m + n;                       //结果为12
int r1 = m － n;                       //结果为4
int r1 = m * n;                       //结果为32
int r1 = m / n;                       //结果为2
int r1 = m % n;                       //结果为0
```

说明　使用除法（／）运算符和求余运算符时，除数不能为0，否则会出现异常。

2.3.2　自增、自减运算符

C#提供了两种特殊的算数运算符：自增运算符和自减运算符，它们分别用++和--表示，下面分别对它们进行讲解。

1. 自增运算符

++是自增运算符，它是单目运算符。++在使用时有两种形式，分别是++expr和expr++，其中，++expr是前置形式，它表示expr自身先加1，再参与其他运算，其运算结果是自身修改后的值；expr++是后置形式，它也表示自身加1，但其运算结果是自身未修改的值，也就是说，expr++是先参加完其他运算，然后再进行自身加1操作。自增运算符放在不同位置时的运算示意图如图2-5所示。

例如，下面代码演示自增运算符放在变量的不同位置时的运算结果：

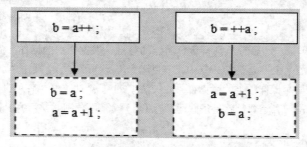

图2-5　自增运算符放在不同位置时的运算示意图

```
int i = 0, j = 0;              // 定义 int 类型的 i、j
int post_i, pre_j;            // post_i表示后置形式运算的返回结果，pre_j表示前置形式运算的返回结果
post_i = i++;                 // 后置形式的自增，post_i是 0
Console.WriteLine(i);         // 输出结果是 1
pre_j = ++j;                  // 前置形式的自增，pre_j是 1
Console.WriteLine(j);         // 输出结果是 1
```

2．自减运算符

--是自减运算符，它是单目运算符。--在使用时有两种形式，分别是--expr和expr--，其中，--expr是前置形式，它表示expr自身先减1，再参与其他运算，其运算结果是自身修改后的值；expr--是后置形式，它也表示自身减1，但其运算结果是自身未修改的值，也就是说，expr--是先参加完其他运算，然后再进行自身减1操作。自减运算符放在不同位置时的运算示意图如图2-6所示。

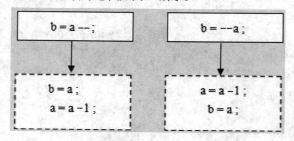

图2-6　自减运算符放在不同位置时的运算示意图

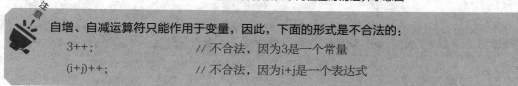

自增、自减运算符只能作用于变量，因此，下面的形式是不合法的：
```
3++;                    // 不合法，因为3是一个常量
(i+j)++;                // 不合法，因为i+j是一个表达式
```

2.3.3　赋值运算符

赋值运算符为变量、属性、事件等元素赋新值。赋值运算符主要有=、+=、-=、*=、/=、%=、&=、|=、^=、<<=和>>=等。赋值运算符的左操作数必须是变量、属性访问、索引器访问或事件访问类型的表达式，如果赋值运算符两边的操作数的类型不一致，就需要先进行类型转换，再赋值。

赋值运算符

在使用赋值运算符时，右操作数表达式所属的类型必须可隐式转换为左操作数所属的类型，运算将右操作数的值赋给左操作数指定的变量、属性或索引器元素。所有赋值运算符及其运算规则如表2-5所示。

表2-5　赋值运算符

名　称	运　算　符	运　算　规　则	意　义
赋值	=	将表达式赋值给变量	将右边的值给左边
加赋值	+=	x+=y	x=x+y
减赋值	-=	x-=y	x=x-y
除赋值	/=	x/=y	x=x/y
乘赋值	*=	x*=y	x=x*y
模赋值	%=	x%=y	x=x%y
位与赋值	&=	x&=y	x=x&y
位或赋值	|=	x|=y	x=x|y
右移赋值	>>=	x>>=y	x=x>>y
左移赋值	<<=	x<<=y	x=x<<y
异或赋值	^=	x^=y	x=x^y

下面以加赋值（+=）运算符为例，举例说明赋值运算符的用法。例如，声明一个int类型的变量i，并初始化为927，然后通过加赋值运算符改变i的值，使其在原有的基础上增加112，代码如下：

```
int i = 927;                    //声明一个int类型的变量i，并初始化为927
i += 112;                       //使用加赋值运算符
Console.WriteLine(i);           //输出最后变量i的值为1039
```

2.3.4　关系运算符

关系运算符可以实现对两个值的比较运算，关系运算符在完成两个操作数的比较运算之后，会返回一个代表运算结果的布尔值。常见的关系运算符如表2-6所示。

关系运算符

表2-6　关系运算符

关系运算符	说　明	关系运算符	说　明
==	等于	!=	不等于
>	大于	>=	大于等于
<	小于	<=	小于等于

下面通过一个实例演示关系运算符的使用。

【例2-2】创建一个控制台应用程序，定义3个int类型的变量，并分别对它们进行初始化操作，然后分别使用C#中的各种关系运算符对它们的大小关系进行比较，代码如下：

```
static void Main(string[] args)
{
    int num1 = 4, num2 = 7, num3 = 7;                //定义3个int类型变量，并初始化
    Console.WriteLine("num1=" + num1 + " , num2=" + num2 + " , num3=" + num3);
```

```
Console.WriteLine();                                          //换行
Console.WriteLine("num1<num2的结果：" + (num1 < num2));        //小于操作
Console.WriteLine("num1>num2的结果：" + (num1 > num2));        //大于操作
Console.WriteLine("num1==num2的结果：" + (num1 == num2));      //等于操作
Console.WriteLine("num1!=num2的结果：" + (num1 != num2));      //不等于操作
Console.WriteLine("num1<=num2的结果：" + (num1 <= num2));      //小于等于操作
Console.WriteLine("num2>=num3的结果：" + (num2 >= num3));      //大于等于操作
Console.ReadLine();
}
```

程序运行结果如图2-7所示。

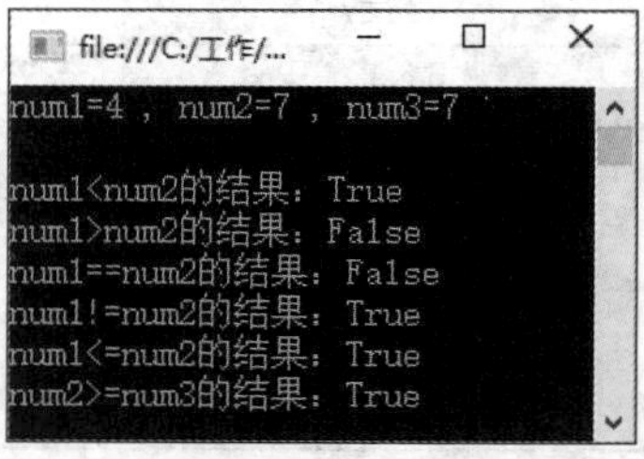

图2-7　使用关系运算符比较变量的大小关系

 关系运算符常用于判断或循环语句中。

2.3.5　逻辑运算符

逻辑运算符是对真和假这两种布尔值进行运算，运算后的结果仍是一个布尔值。C#中的逻辑运算符主要包括&与&&（逻辑与）、|与||（逻辑或）、!（逻辑非）。在逻辑运算符中，除了"！"是单目运算符之外，其他都是双目运算符。表2-7列出了逻辑运算符的用法和相关说明。

逻辑运算符

表2-7　逻辑运算符

运 算 符	含 义	用 法	结 合 方 向
&、&&	逻辑与	op1&&op2	左到右
|、||	逻辑或	op1||op2	左到右
!	逻辑非	! op	右到左

使用逻辑运算符进行逻辑运算时，其运算结果如表2-8所示。

表2-8　使用逻辑运算符进行逻辑运算

表达式1	表达式2	表达式1&&表达式2	表达式1||表达式2	！表达式1
true	true	true	true	false
true	false	false	true	false
false	false	false	false	true
false	true	false	true	true

说明 逻辑运算符"&&"与"&"都表示"逻辑与",那么它们之间的区别在哪里呢?从表2-8可以看出,当两个表达式都为true时,逻辑与的结果才会是true。使用"&"会判断两个表达式;而"&&"则是针对bool类型的数据进行判断,当第一个表达式为false时,则不去判断第二个表达式,直接输出结果从而节省计算机判断的次数。通常将这种在逻辑表达式中从左端的表达式可推断出整个表达式的值称为"短路",而那些始终执行逻辑运算符两边的表达式称为"非短路"。"&&"属于"短路"运算符,而"&"则属于"非短路"运算符。"||"与"|"的区别跟"&&"与"&"的区别类似。

【例2-3】创建一个控制台应用程序,定义两个int类型的变量,首先使用关系运算符比较它们的大小关系,然后使用逻辑运算符判断它们的结果是否为True或者Flase,代码如下:

```
static void Main(string[] args)
{
    int a = 2;                                  //声明int类型变量a
    int b = 5;                                  //声明int类型变量b
    //声明bool型变量,用于保存应用逻辑运算符"&&"后的返回值
    bool result = ((a > b) && (a != b));
    //声明bool型变量,用于保存应用逻辑运算符"||"后的返回值
    bool result2 = ((a > b) || (a != b));
    Console.WriteLine(result);                  //将变量result输出
    Console.WriteLine(result2);                 //将变量result2输出
    Console.ReadLine();
}
```

程序运行结果为:

```
False
True
```

2.3.6 位运算符

位运算符的操作数类型是整型,它可以是有符号的也可以是无符号的。C#中的位运算符有位与、位或、位异或和取反运算符,其中位与、位或、位异或为双目运算符,取反运算符为单目运算符。位运算是完全针对位方面的操作,因此,它在实际使用时,需要将要执行运算的数据转换为二进制,才能进行运算。

位运算符

1. 位与运算

位与运算的运算符为"&",位与运算的运算法则是:如果两个整型数据a、b对应位都是1,结果位才是1,否则为0。如果两个操作数的精度不同,则结果的精度与精度高的操作数相同,如图2-8所示。

2. 位或运算

位或运算的运算符为"|",位或运算的运算法则是:如果两个操作数对应位都是0,结果位才是0,否则为1。如果两个操作数的精度不同,则结果的精度与精度高的操作数相同,如图2-9所示。

3. 位异或运算

位异或运算的运算符是"^",位异或运算的运算法则是:当两个操作数的二进制表示相同(同时为0或同时为1)时,结果为0,否则为1。若两个操作数的精度不同,则结果数的精度与精度高的操作数相同,如图2-10所示。

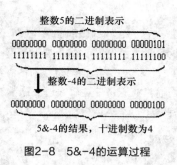

图2-8　5&-4的运算过程

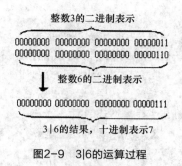

图2-9　3|6的运算过程

4.　取反运算

取反运算也称按位非运算，运算符为"~"。取反运算就是将操作数对应二进制中的1修改为0，0修改为1，如图2-11所示。

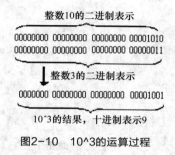

图2-10　10^3的运算过程

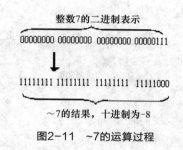

图2-11　~7的运算过程

2.3.7　移位运算符

C#中的移位运算符有两个，分别是左移位运算符和右移位运算符，这两个运算符都是双目运算符，它们主要用来对整数类型数据进行移位操作。移位运算符的右操作数不可以是负数，并且要小于左操作数的位数。下面分别对左移位运算符（<<）和右移位运算符（>>）进行讲解。

移位运算符

1.　左移位运算符

左移位运算符是将一个二进制操作数向左移动指定的位数，左边（高位端）溢出的位被丢弃，右边（低位端）的空位用0补充。左移位运算相当于乘以2的n次幂，其示意图如图2-12所示。

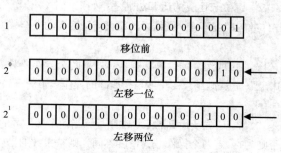

图2-12　左移位运算

例如，int类型数据368对应的二进制数为101110000，根据左移位运算符的定义可以得出$(101110000{<}{<}8)=$10111000000000000，所以转换为十进制数就是94208（368×2^8）。

2. 右移位运算符

右移位运算符是将一个二进制操作数向右移动指定的位数，右边（低位端）溢出的位被丢弃，而在填充左边（高位端）的空位时，如果最高位是0，左移空的位填入0；如果最高位是1，左移空的位填入1。右移位运算相当于除以2的n次幂，其示意图如图2-13所示。

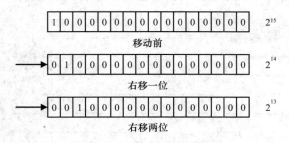

图2-13　右移位运算

例如，int类型数据368对应的二进制数为101110000，根据右移位运算符的定义可以得出$(101110000{>}{>}2)=1011100$，所以转换为十进制数就是92（$368/2^2$）。

2.3.8　条件运算符

条件运算符用?:表示，它是C#中仅有的三目运算符，该运算符作用于3个操作数，形式如下：

条件运算符

```
<表达式1> ? <表达式2> : <表达式3>
```

其中，表达式1是一个布尔值，可以为真或假。如果表达式1为真，则返回表达式2的运算结果，如果表达式1为假，则返回表达式3的运算结果。例如：

```
int x = 5, y = 6, max;
max = x<y? y : x ;
```

上面代码的返回值为6，因为x<y这个条件是成立的，所以返回y的值。

2.3.9　运算符的优先级与结合性

C#中的表达式是使用运算符连接起来的符合C#规范的式子，运算符的优先级决定了在表达式中进行运算的先后顺序。运算符优先级其实相当于进销存的业务流程，如进货、销售、出库，只能按这个步骤进行操作。运算符的优先级也是这样的，它是按照一定的先后顺序进行计算的，C#中的运算符优先级由高到低的顺序如下。

运算符的优先级
与结合性

- ❏　自增、自减运算符。
- ❏　算术运算符。
- ❏　移位运算符。
- ❏　关系运算符。
- ❏　逻辑运算符。
- ❏　条件运算符。
- ❏　赋值运算符。

如果两个运算符具有相同的优先级，则会根据其结合性确定是从左至右运算，还是从右至左运算。表2-9列出了运算符从高到低的优先级顺序及结合性。

表2-9　运算符的优先级顺序

运 算 符 类 别	运 算 符	数 目	结 合 性
单目运算符	++, --, !	单目	←
算术运算符	*, /, %	双目	→
	+, -	双目	→
移位运算符	<<, >>	双目	→
关系运算符	>, >=, <, <=	双目	→
	==, !=	双目	→
逻辑运算符	&&	双目	→
	||	双目	→
条件运算符	? :	三目	←
赋值运算符	=,+=,-=,*=,/=,%=	双目	←

表2-9中的"←"表示从右至左，"→"表示从左至右。从表2-9中可以看出，C#中的运算符中，只有单目运算符、条件运算符和赋值运算符的结合性为从右至左，其他运算符的结合性都是从左至右。

2.3.10　表达式中的类型转换

在C#中对一些不同类型的数据进行操作时，经常用到类型转换。类型转换主要分为隐式类型转换和显式类型转换，下面分别进行讲解。

表达式中的类型
转换

1. 隐式类型转换

隐式类型转换就是不需要声明就能进行的转换。进行隐式类型转换时。编译器不需要进行检查就能安全地进行转换，表2-10列出了可以进行隐式类型转换的数据类型。

表2-10　隐式类型转换表

源　类　型	目标类型
sbyte	short、int、long、float、double、decimal
byte	short、ushort、int、uint、long、ulong、float、double或decimal
short	int、long、float、double或decimal
ushort	int、uint、long、ulong、float、double或decimal
int	long、float、double或decimal
uint	long、ulong、float、double 或 decimal
char	ushort、int、uint、long、ulong、float、double或decimal
float	double
ulong	float、double或decimal
long	float、double或decimal

从int、uint、long或ulong到float，以及从long或ulong到double的转换可能导致精度损失，但不会影响它的数量级。其他的隐式转换不会丢失任何信息。

例如，将int类型的值隐式转换成long类型，代码如下：

```
int i =5;                              //声明一个整型变量i并初始化为5
long j = i;                            //隐式转换成long类型
```

2. 显式类型转换

显式类型转换也可以称为强制类型转换，它需要在代码中明确地声明要转换的类型。如果在不存在隐式转换的类型之间进行转换，就需要使用显式类型转换。表2-11列出了需要进行显式类型转换的数据类型。

表2-11　显式类型转换表

源 类 型	目 标 类 型
sbyte	byte、ushort、uint、ulong或char
byte	sbyte和char
short	sbyte、byte、ushort、uint、ulong或char
ushort	sbyte、byte、short或char
int	sbyte、byte、short、ushort、uint、ulong或char
uint	sbyte、byte、short、ushort、int或char
char	sbyte、byte或short
float	sbyte、byte、short、ushort、int、uint、long、ulong、char或decimal
ulong	sbyte、byte、short、ushort、int、uint、long或char
long	sbyte、byte、short、ushort、int、uint、ulong或char
double	sbyte、byte、short、ushort、int、uint、ulong、long、char或decimal
decimal	sbyte、byte、short、ushort、int、uint、ulong、long、char或double

说明

（1）由于显式类型转换包括所有隐式类型转换和显式类型转换，因此总是可以使用强制转换表达式从任何数值类型转换为任何其他的数值类型。

（2）在进行显式类型转换时，可能会导致溢出错误。

例如，将double类型的变量m进行显式类型转换，转换为int类型变量，代码如下：

```
double m = 5.83;                       //声明double类型变量
int n = (int)m;                        //显式转换成整型变量
```

另外，也可以通过Convert关键字进行显式类型转换，上面的例子还可以通过下面的代码实现。

例如，通过Convert关键字将double类型的变量转换为int类型的变量，代码如下：

```
double m = 5.83;                       //声明double类型变量
Console.WriteLine("原double类型数据： " + m);    //输出原数据
int n = Convert.ToInt32(m);            //通过Convert关键字转换
Console.WriteLine("转换成的int类型数据： " + n);   //输出整型变量
Console.ReadLine();
```

3. 装箱

装箱是将值类型隐式转换成object引用类型，例如，下面的代码用来实现装箱操作：

```
int i = 10;                            //声明一个int类型变量i，并初始化为10
object obj = i;                        //声明一个object类型obj，其初始化值为i
```

装箱和拆箱

装箱示意图如图2-14所示。

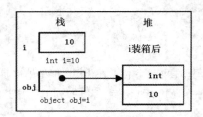

图2-14　装箱示意图

从程序运行结果可以看出，值类型变量的值复制到装箱得到的对象中，装箱后改变值类型变量的值，并不会影响装箱对象的值。

4. 拆箱

拆箱是装箱的逆过程，它是将object引用类型显式转换为值类型，例如，下面的代码用来实现拆箱操作：

```
int i = 10;                 //声明一个int类型的变量i，并初始化为10
object obj = i;             //执行装箱操作
int j = (int)obj;           //执行拆箱操作
```

拆箱示意图如图2-15所示。

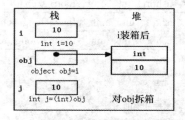

图2-15　拆箱示意图

查看程序运行结果，不难看出，拆箱后得到的值类型数据的值与装箱对象相等。需要读者注意的是，在执行拆箱操作时，要符合类型一致的原则，否则会出现异常。

装箱是将一个值类型转换为一个对象类型（object），而拆箱则是将一个对象类型显式转换为一个值类型。对于装箱而言，它是将被装箱的值类型复制一个副本来转换，而拆箱时，需要注意类型的兼容性，例如，不能将一个long类型的装箱对象拆箱为int类型。

2.4　选择语句

选择结构是程序设计过程中最常见的一种结构，比如用户登录、条件判断等都需要用到选择结构。C#中的选择语句主要包括if语句和switch语句，本节将分别进行介绍。

2.4.1　if语句

if语句是最基础的一种选择结构语句，它主要有3种形式，分别为if语句、if…else语句和if…else if…else多分支语句，本节将分别对它们进行详细讲解。

1. 最简单的if语句

C#中使用if关键字来组成选择语句，其最简单的语法形式如下：

```
if(表达式)
{
    语句块
}
```

简单的if语句

其中，表达式部分必须用()括起来，它可以是一个单纯的布尔变量或常量，也可以是关系表达式或逻辑表达式。如果表达式为真，则执行"语句块"，之后继续执行"下一条语句"；如果表达式的值为假，就跳过"语句块"，执行"下一条语句"。这种形式的if语句相当于汉语里的"如果……那么……"，其部分流程图如图2-16所示。

例如，通过if语句编写只有年龄大于等于56岁，才允许退休的代码，代码如下：

```
int Age=50;
if(Age>=56)
{
    允许退休；
}
```

2. if...else语句

如果遇到只能二选一的条件，C#中提供了if...else语句解决类似问题，其语法如下：

```
if(表达式)
{
    语句块；
}
else
{
    语句块；
}
```

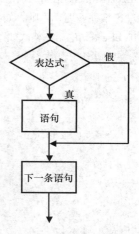

图2-16　if语句部分流程图

if...else语句

使用if...else语句时，表达式可以是一个单纯的布尔变量或常量，也可以是关系表达式或逻辑表达式。如果满足条件，则执行if后面的语句块，否则，执行else后面的语句块。这种形式的选择语句相当于汉语里的"如果……就……否则……"，其部分流程图如图2-17所示。

例如，使用if...else语句判断用户输入的分数是不是大于90，如果大于90，则表示优秀，否则，输出"希望你继续努力！"，代码如下：

```
int score = Convert.ToInt32(Console.ReadLine());
if (score > 90)              //判断输入是否大于90
    Console.WriteLine("你非常优秀！");
else                         //不大于90的情况
```

图2-17　if...else语句部分流程图

```
Console.WriteLine("希望你继续努力！");
```

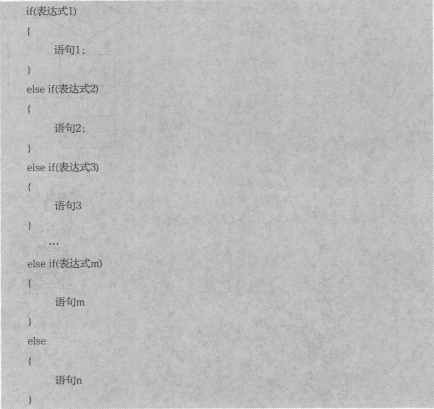

说明 建议在if后面使用大括号{}将要执行的语句括起来，这样可以避免代码混乱。

3. if...else if...else语句

在开发程序时，如果需要针对某一事件的多种情况进行处理，则可以使用if...else if...else语句，该语句是多分支选择语句，通常表现为"如果满足某种条件，进行某种处理，否则，如果满足另一种条件，则执行另一种处理……"。if...else if...else语句的语法格式如下：

if...else if...else
语句

```
if(表达式1)
{
    语句1;
}
else if(表达式2)
{
    语句2;
}
else if(表达式3)
{
    语句3
}
    …
else if(表达式m)
{
    语句m
}
else
{
    语句n
}
```

使用if...else if...else语句时，表达式部分必须用()括起来，它可以是一个单纯的布尔变量或常量，也可以是关系表达式或逻辑表达式。如果表达式为真，执行语句；而如果表达式为假，则跳过该语句，进行下一个else if的判断，只有在所有表达式都为假的情况下，才会执行else中的语句。if...else if...else语句的部分流程图如图2-18所示。

例如，使用if...else if...else多分

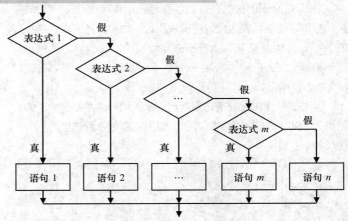

图2-18 if...else if...else语句的部分流程图

支语句实现根据用户输入的年龄输出相应信息提示的功能，代码如下：

```
int YourAge = 0int.Parse(Console.ReadLine());//声明一个int类型的变量YourAge
if (YourAge <= 18)                       //调用if语句判断输入的数据是否小于等于18
    Console.WriteLine("您的年龄还小，要努力奋斗哦！");
else if (YourAge > 18 && YourAge <= 30)    //判断是否大于18岁小于等于30岁
    Console.WriteLine("您现在的阶段正是努力奋斗的黄金阶段！");
else if (YourAge > 30 && YourAge <= 50)    //判断输入的年龄是否大于30岁小于等于50岁
    Console.WriteLine("您现在的阶段正是人生的黄金阶段！");
else
    Console.WriteLine("最美不过夕阳红！");
```

4．if语句的嵌套

前面讲过3种形式的if选择语句，这3种形式的选择语句之间都可以进行互相嵌套。例如，在最简单的if语句中嵌套if...else语句，语法格式如下：

if语句的嵌套

```
if(表达式1)
{
    if(表达式2)
            语句1;
        else
            语句2;
}
```

例如，在if...else语句中嵌套if...else语句，语法格式如下：

```
if(表达式1)
{
        if(表达式2)
            语句1;
          else
            语句2;
}
else
{
        if(表达式2)
            语句1;
        else
            语句2;
}
```

【例2-4】通过使用嵌套的if语句实现判断用户输入的年份是不是闰年的功能，代码如下：

```
static void Main(string[] args)
{
    Console.WriteLine("请输入一个年份：");
    int iYear = Convert.ToInt32(Console.ReadLine());    //记录用户输入的年份
    if (iYear % 4 == 0)                                 //四年一闰
```

```
    {
        if (iYear % 100 == 0)
        {
            if (iYear % 400 == 0)                    //四百年再闰
            {
                Console.WriteLine("这是闰年");
            }
            else                                     //百年不闰
            {
                Console.WriteLine("这不是闰年");
            }
        }
        else
        {
            Console.WriteLine("这是闰年");
        }
    }
    else
    {
        Console.WriteLine("这不是闰年");
    }
    Console.ReadLine();
}
```

运行程序，当输入一个闰年年份时（如2000），结果如图2-19所示；当输入一个非闰年年份时（如2015），结果如图2-20所示。

图2-19　输入闰年年份的结果

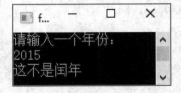

图2-20　输入非闰年年份的结果

（1）使用if语句嵌套时，要注意else关键字要和if关键字成对出现，并且遵守临近原则，即else关键字总是和自己最近的if语句相匹配。
（2）在进行条件判断时，应该尽量使用复合语句，以免产生二义性，使运行结果和预想的不一致。

2.4.2　switch语句

　　switch语句是多分支条件判断语句，它根据参数的值使程序从多个分支中选择一个用于执行的分支，其基本语法如下：

switch语句

```
switch(判断参数)
{
    case 常量值1:
        语句块1
        break;
    case 常量值2:
        语句块2
        break;
    ...
    case 常量值n:
        语句块n
        break;
    default:
        语句块n+1
        break;
}
```

switch关键字后面的括号()中是要判断的参数，参数必须是sbyte、byte、short、ushort、int、uint、long、ulong、char、string、bool或者枚举类型中的一种。大括号{ }中的代码是由多个case语句组成的，每个case关键字后面都有相应的语句块，这些语句块都是switch语句可能执行的语句块。如果符合常量值，则case下的语句块就会被执行，语句块执行完毕后，执行break语句，使程序跳出switch语句；如果条件都不满足，则执行default中的语句块。

（1）case后的各常量值不可以相同，否则会出现错误。
（2）case后面的语句块可以有多条语句，不必使用大括号{ }括起来。
（3）case语句和default语句的顺序可以改变，不会影响程序执行结果。
（4）一个switch语句中只能有一个default语句，但default语句可以省略。

switch语句的部分流程图如图2-21所示。

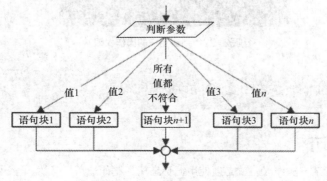

图2-21　switch语句的部分流程图

【例2-5】使用switch语句实现判断用户的操作权限的功能，代码如下：

```
static void Main(string[] args)
{
    Console.WriteLine("请您输入身份：");
    string strPop =Console.ReadLine();            //获取用户输入的数据
    switch (strPop)                               //判断用户输入的权限
    {
        case "管理员":
            Console.WriteLine("您拥有进销存管理系统的所有操作权限！");
            break;
        case "高级用户":
            Console.WriteLine("您可以编辑进货和退货信息！");
            break;
        case "用户":
            Console.WriteLine("您可以添加商品信息！");
            break;
        case "游客":
            Console.WriteLine("您只能浏览商品信息！");
            break;
        default:
            Console.WriteLine("您输入的身份信息有误！");
            break;
    }
    Console.ReadLine();
}
```

运行程序，输入一个权限，按回车键，效果如图2-22所示。

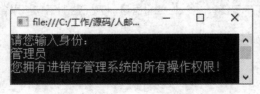

图2-22　判断用户的操作权限

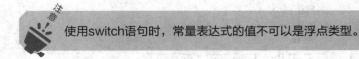

使用switch语句时，常量表达式的值不可以是浮点类型。

2.5　循环语句

当程序要反复执行某一操作时，就必须使用循环结构，比如遍历二叉树、输出数组元素等。C#中的循环语句主要包括while循环语句、do...while循环语句和for循环语句，本节将对这几种循环语句分别进行介绍。

2.5.1 while循环语句

while语句用来实现"当型"循环结构，它的语法格式如下：

```
while(表达式)
{
    语句
}
```

表达式一般是一个关系表达式或一个逻辑表达式，其表达式的值应该是一个逻辑值真或假（true或false）。当表达式的值为真时，开始循环执行语句；而当表达式的值为假时，退出循环，执行循环外的下一条语句。循环每次都是执行完语句后回到表达式处重新开始判断，重新计算表达式的值。

while循环的部分流程图如图2-23所示。

【例2-6】 使用while循环编写程序实现1到100的累加，代码如下：

```
static void Main(string[] args)
{
    int iNum = 1;            //iNum从1到100递增
    int iSum = 0;            //记录每次累加后的结果
    while (iNum <= 100)      //iNum <= 100 是循环条件
    {
        iSum += iNum;        //把每次的iNum的值累加到上次累加的结果中
        iNum++;              //每次循环iNum的值加1
    }
    Console.WriteLine("1到100的累加结果是："+ iSum);
    Console.ReadLine();
}
```

while循环语句

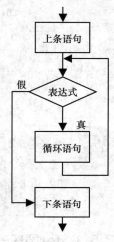

图2-23 while循环的部分流程图

2.5.2 do...while循环语句

在有些情况下，无论循环条件是否成立，循环体的内容都要被执行，这种时候可以使用do...while循环。do...while循环的特点是先执行循环体，再判断循环条件，其语法格式如下：

```
do
{
语句
}
while(表达式);
```

do为关键字，必须与while配对使用。do与while之间的语句称为循环体，该语句是用大括号{}括起来的复合语句。循环语句中的表达式与while语句中的相同，也是关系表达式或逻辑表达式，但特别值得注意的是，do...while语句后一定要有分号";"。

do...while循环的部分流程图如图2-24所示。

【例2-7】 使用do...while循环编写程序实现1到100的累加，代码如下：

do...while循环语句

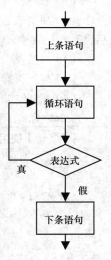

图2-24 do...while循环的部分流程图

```
static void Main(string[] args)
{
    int iNum = 1;                        //iNum从1到100递增
    int iSum = 0;                        //记录每次累加后的结果
    do
    {
        iSum += iNum;                    //把每次的iNum值累加到上次累加的结果中
        iNum++;                          //每次循环iNum的值加1
    } while (iNum <= 100);               //iNum <= 100 是循环条件
    Console.WriteLine("1到100的累加结果是：" + iSum);
    Console.ReadLine();
}
```

 说明

while语句和do...while语句都用来控制代码的循环，但while语句适用于先条件判断，再执行循环语句的场合；而do...while语句则适用于先执行循环语句，再进行条件判断的场合。具体来说，使用while语句时，如果条件不成立，则循环语句一次都不会执行；而如果使用do...while语句时，即使条件不成立，程序也至少会执行一次循环语句。

2.5.3　for循环语句

for循环是C#中最常用、最灵活的一种循环结构。for循环既能够用于循环次数已知的情况，又能够用于循环次数未知的情况。for循环的常用语法格式如下：

for循环语句

```
for(表达式1；表达式2；表达式3)
{
语句组
}
```

for循环的执行过程如下：

（1）求解表达式1；

（2）求解表达式2，若表达式2的值为"真"，则执行循环体内的语句组，然后执行第（3）步，若值为"假"，转到第（5）步；

（3）求解表达式3；

（4）转回到第（2）步执行；

（5）循环结束，执行for循环接下来的语句。

for语句的部分流程图如图2-25所示。

【例2-8】使用for循环编写程序实现1到100的累加，代码如下：

```
static void Main(string[] args)
{
    int iSum = 0;                //记录每次累加后的结果
    for (int iNum = 1; iNum <= 100; iNum++)
    {
        iSum += iNum;            //把每次的iNum的值累加到上次累加的结果中
    }
```

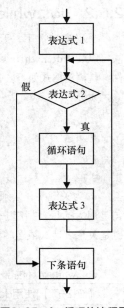
图2-25　for循环的流程图

```
        Console.WriteLine("1到100的累加结果是: " + iSum);        //输出结果
        Console.ReadLine();
    }
```

for语句的3个参数都是可选的，理论上并不一定全部具备，但是如果不设置循环条件，程序就会产生死循环，此时需要通过跳转语句才能退出。

2.6　跳转语句

跳转语句

跳转语句主要用于无条件地转移控制，它会将控制转移到某个位置，这个位置就成为跳转语句的目标。如果跳转语句出现在一个语句块内，而跳转语句的目标却在该语句块之外，则称该跳转语句退出该语句块。跳转语句主要包括break语句、continue语句和goto语句，本节将对这几种跳转语句分别进行介绍。

2.6.1　break语句

使用break语句可以使流程跳出switch多分支结构，实际上，break语句还可以用来跳出循环体，执行循环体之外的语句。break语句通常应用在switch、while、do...while或for语句中，当多个switch、while、do...while或for语句嵌套时，break语句只应用于最里层的语句。break语句的语法格式如下：

```
break;
```

break一般结合if语句使用，表示在某种条件下，循环结束。

【例2-9】修改【例2-6】，在iNum的值为50时，退出循环，代码如下：

```
static void Main(string[] args)
{
    int iNum = 1;              //iNum从1到100递增
    int iSum = 0;              //记录每次累加后的结果
    while (iNum <= 100)        //iNum <= 100 是循环条件
    {
        iSum += iNum;          //把每次的iNum的值累加到上次累加的结果中
        iNum++;                //每次循环iNum的值加1
        if (iNum == 50)        //判断iNum的值是否为50
            break;             //退出循环
    }
    Console.WriteLine("1到49的累加结果是: " + iSum);
    Console.ReadLine();
}
```

2.6.2　continue 语句

continue语句的作用是结束本次循环，它通常应用于while、do...while或for语句中，用来忽略循环语句内位于它后面的代码而直接开始一次新的循环。当多个while、do...while或for语句嵌套时，continue语句只能使直接包含它的循环开始一次新的循环。continue的语法格式如下：

```
continue;
```

 说明 continue一般结合if语句使用，表示在某种条件下不执行后面的语句，直接开始一次新的循环。

【例2-10】 通过在for循环中使用continue语句实现1到100之间的偶数和的功能，代码如下：

```
static void Main(string[] args)
{
    int iSum = 0;
    int iNum = 1;
    for (; iNum <= 100; iNum++)
    {
        if (iNum % 2 == 1)              //判断是否为奇数
            continue;                   //继续下一次循环
        iSum += iNum;
    }
    Console.WriteLine("1到100之间的偶数的和：" + iSum);
    Console.ReadLine();
}
```

 注意 continue和break语句的区别是：continue语句只结束本次循环，而不是终止整个循环；而break是结束整个循环过程，执行循环之后的语句。

2.6.3 goto语句

goto语句是无条件跳转语句，使用goto语句可以无条件地使程序跳转到方法内部的任何一条语句。goto语句后面带一个标识符，这个标识符是同一个方法内某条语句的标号，标识符可以出现在任何可执行语句的前面，并且以一个冒号"："作为后缀。goto语句的一般语法格式如下：

```
goto 标识符;
```

【例2-11】 修改【例2-6】，通过goto语句实现1到100的累加，代码如下：

```
static void Main(string[] args)
{
    int iNum = 0;                       //定义一个整型变量，初始化为0
    int iSum = 0;                       //定义一个整型变量，初始化为0
label:                                  //定义一个标签
    iNum++;                             //iNum自加1
    iSum += iNum;                       //累加求和
    if (iNum < 100)                     //判断iNum是否小于100
    {
        goto label;                     //转向标签
    }
```

```
        Console.WriteLine("1到100的累加结果是: " + iSum);
        Console.ReadLine();
}
```

2.7 数组

数组是大部分编程语言中都支持的一种数据类型，无论是C语言、C++还是C#，都支持数组的概念。数组是包含若干相同类型的变量，这些变量可以通过索引进行访问。数组中的变量称为数组的元素，数组能够容纳的元素的数量称为数组的长度。数组中的每个元素都具有唯一的索引与其相对应，数组的索引从零开始。

数组是通过指定数组的元素类型、数组的秩（维数）和数组每个维度的上限和下限来定义的，即一个数组的定义需要包含以下要素。

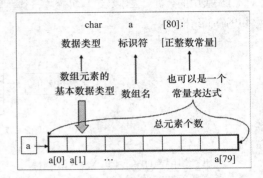

图2-26 数组的定义形式

- □ 元素类型。
- □ 数组的维数。
- □ 每个维数的上下限。

数组的定义形式如图2-26所示。

数组可以分为一维数组、多维数组和不规则数组等，下面分别讲解。

2.7.1 一维数组

一维数组是具有相同数据类型的一组数据的线性集合，在程序中可以通过一维数组来完成对一组相同数据类型数据的线性处理。一维数组的声明语法格式如下：

数组

```
type[] arrayName;
```

- □ **type**：数组存储数据的数据类型。
- □ **arrayName**：数组名称。

例如，声明一个字符串类型的静态一维数组，代码如下：

```
string[] ArryStr;                          //声明一个字符串类型的一维数组
```

数组声明完之后，需要对其进行初始化，初始化数组有很多形式。

例如，通过new运算符创建数组，并将数组元素初始化为它们的默认值，代码如下：

```
int[] arr =new int[5];                     //使用new运算符创建数组并初始化
```

 说明 以上数组中的每个元素都初始化为0。

另外，也可以在声明数组时将其初始化，初始化的值为用户自定义的值。

例如，声明一个int类型的一维数组时，直接将数组的值初始化为用户自定义的值，代码如下：

```
int[] arr=new int[5]{1,2,3,4,5};           //声明一个int类型的一维数组，并对其初始化
```

注意 数组中的元素个数必须与大括号中的元素个数相匹配，否则会产生编译错误。

另外，在初始化数组时可以省略new运算符和数组的长度，编译器将根据初始值的数量来自动计算数组长度，并创建数组。例如：

```
string[] arrStr={"Sun", "Mon", "Tue", "Wed", "Thu", "Fri", "Sat"};
```

2.7.2 多维数组

多维数组指可以用多个下标访问的数组，声明时，方括号内加逗号，就表明是多维数组，有*n*个逗号，就是*n*+1维数组。下面以最常用的二维数组为例讲解多维数组的声明及初始化。

二维数组即数组的维数为2，二维数组类似于矩形网格和非矩形网格。在程序中通常使用二维数组来存储二维表中的数据。二维数组其实就是一个基本的多维数组。例如，图2-27举例说明了一个4行3列的二维数组的存储结构。

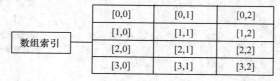

图2-27 二维数组的存储结构

二维数组的声明语法格式如下：

type[,] arrayName;

❑ type：数组存储数据的数据类型。

❑ arrayName：数组名称。

例如，声明一个3行2列的整型二维数组，代码如下：

```
int[,] arr=new int[3,2];                           //声明一个int类型的二维数组
```

数组声明完之后，需要对其进行初始化，初始化数组有很多形式。

例如，通过new运算符创建二维数组，并将数组元素初始化为它们的默认值，代码如下：

```
int[,] arr =new int[3,2];                          //声明一个二维数组，并对其进行初始化
```

 以上二维数组中的每个元素都初始化为0。在这里要说明一点，定义数值型的数组时，其默认值为0（这里包括整型、单精度型和双精度型），布尔型数组的默认值为false，字符型数组的默认值为'\0'，字符串型数组的默认值为null。

另外，也可以在声明数组时将其初始化，并且初始化的值为用户自定义的值。

例如，声明一个int类型的二维数组，在声明时，直接将二维数组的值初始化为用户自定义的值，代码如下：

```
int[,] arr=new int[3,2]{{1,2},{3,4},{5,6}};//声明一个数组，并初始化为用户自定义值
```

 数组中的元素个数必须与大括号中的元素个数相匹配，否则会产生编译错误。

2.7.3 不规则数组

前面讲的数组都是行和列固定的矩阵，如4×4、3×2等。C#中同时支持不规则的数组，例如二维数组中，不同行的元素个数不同，代码如下：

```
int[][] a = new int[3][];              // 创建二维数组，指定行数，不指定列数
a[0] = new int[5];                     // 第一行分配5个元素
```

```
a[1] = new int[3];                    // 第二行分配3个元素
a[2] = new int[4];                    // 第三行分配4个元素
```

这个不规则二维数组所占的空间就如图2-28所示。

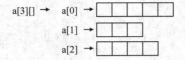

图2-28 不规则二维数组的空间占用

2.7.4 数组与System.Array

C#中的数组是由System.Array类派生而来的引用对象，因此可以使用Array类中的各种属性或者方法对数组进行操作。例如，可以使用Array类的Length属性获取数组元素的长度，可以使用Rand属性获取数组的维数。

Array类的常用方法及说明如表2-12所示。

表2-12 Array类的常用方法及说明

方　法	说　明
Copy	将数组中的指定元素复制到另一个Array中
CopyTo	从指定的目标数组索引处开始，将当前一维数组中的所有元素复制到另一个一维数组中
Exists	判断数组中是否包含指定的元素
GetLength	获取Array的指定维中的元素长度
GetValue	获取Array中指定位置的值
Reverse	反转一维Array中元素的顺序
SetValue	设置Array中指定位置的元素
Sort	对一维Array数组元素进行排序

【例2-12】使用数组输出杨辉三角。杨辉三角是一个由数字排列成的三角形数表，其最大的特征是它的两条边都是由数字1组成的，而其余的数则等于它上方的两个数之和。代码如下：

```
static void Main(string[] args)
{
    int[][] Array_int = new int[10][];                //定义一个10行的二维数组
    //向数组中记录杨辉三角形的值
    for (int i = 0; i < Array_int.Length; i++)        //遍历行数
    {
        Array_int[i] = new int[i + 1];                //定义二维数组的列数
        for (int j = 0; j < Array_int[i].Length; j++) //遍历二维数组的列数
        {
            if (i <= 1)                               //如果是数组的前两行
            {
                Array_int[i][j] = 1;                  //将其设置为1
                continue;
            }
```

```
        else
        {
            if (j == 0 || j == Array_int[i].Length - 1)    //如果是行首或行尾
              Array_int[i][j] = 1;                                //将其设置为1
            else                                                //根据杨辉算法进行计算
              Array_int[i][j] = Array_int[i - 1][j - 1] + Array_int[i - 1][j];
        }
      }
    }
    for (int i = 0; i < Array_int.Length; i++)                //输出杨辉三角
    {
      for (int j = 0; j < Array_int[i].Length; j++)
        Console.Write("{0}\t", Array_int[i][j]);
      Console.WriteLine();
    }
    Console.ReadLine();
}
```

程序运行效果如图2-29所示。

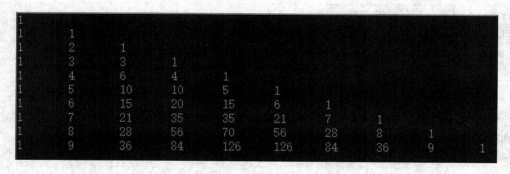

图2-29 杨辉三角

2.7.5 常用数组操作

数组的输入与输出指的是对不同维数的数组进行输入和输出的操作，数组的输入和输出可以用for语句来实现。下面将分别讲解一维数组、二维数组的输入与输出及数组的排序。

常用数组操作和
使用foreach语
句遍历数组

1. 一维数组的输入与输出

一维数组的输入与输出一般用单层循环来实现。

【例2-13】创建一个控制台应用程序，首先定义一个int类型的一维数组，然后使用for循环将数组元素值读取出来。代码如下：

```
static void Main(string[] args)
{
    //定义一个int类型的一维数组
```

```
    int[] arr = new int[10] { 0, 1, 2, 3, 4, 5, 6, 7, 8, 9 };
    for(int i=0;i<arr.Length;i++)
    {
        Console.Write(arr[i] + " ");                    //输出一维数组元素
    }
    Console.ReadLine();
}
```

2. 二维数组的输入与输出

二维数组的输入/输出是用双层循环语句实现的。多维数组的输入/输出与二维数组的输入/输出大致相同，只是根据维数来指定循环的层数。

【例2-14】创建一个控制台应用程序，在其中定义两个3行3列的矩阵，根据矩阵乘法规则对它们进行乘法运算，得到一个新的矩阵，最后输出这个矩阵的元素。代码如下：

```
static void Main(string[] args)
{
    //定义3个int类型的二维数组，作为矩阵
    int[,] MatrixEin = new int[3, 3] { { 2,2,1}, { 1,1,1}, {1,0,1 } };
    int[,] MatrixZwei = new int[3, 3] { { 0,1,2 }, { 0, 1, 1 }, { 0,1,2 } };
    int[,] MatrixResult = new int[3, 3];
    for (int i = 0; i < 3; i++)
    {
        for (int j = 0; j < 3; j++)
        {
            for (int k = 0; k < 3; k++)
            {
//计算矩阵的乘积
                MatrixResult[i, j] += MatrixEin[i, k] * MatrixZwei[k, j];
            }
        }
    }
    Console.WriteLine("两个矩阵的乘积：");
    //循环遍历新得到的矩阵并输出
    for (int i = 0; i < 3; i++)                          //遍历行
    {
        for (int j = 0; j < 3; j++)                      //遍历列
        {
            Console.Write(MatrixResult[i, j] + " ");     //输出遍历到的元素
        }
        Console.WriteLine();                             //换行
    }
    Console.ReadLine();
}
```

程序运行结果如图2-30所示。

3. 数组的排序

排序是编程中最常用的算法之一，排序的方法有很多种。在实际开发程序
时，可以使用算法对数组进行排序，也可以使用Array类的Sort方法和Reverse方
法对数组进行排序。下面介绍最常用的冒泡排序算法的实现过程。

图2-30　计算矩阵的乘积

冒泡排序是一种最常用的排序算法，数值就像气泡一样越往上走越大，因
此被人们形象地称为冒泡排序法。冒泡排序的原理很简单，首先将第1个记录的关键字和第2个记录的关键字
进行比较，若为逆序，则将2个记录交换；然后比较第2个记录和第3个记录的关键字；依次类推，直至第n-1
个记录和第n个记录的关键字进行过比较为止。上述过程称为第一趟冒泡排序，执行n-1次上述过程后，排序
即可完成。

【例2-15】创建一个控制台应用程序，使用冒泡排序算法对一维数组中的元素从小到大进行排序，
代码如下：

```csharp
static void Main(string[] args)
{
    int[] arr = new int[] {87, 85, 89, 84, 76, 82, 90, 79, 78, 68};//定义一个一维数组
    Console.Write("初始数组：");
    for (int m = 0; m < arr.Length; m++)
    {
        Console.Write(arr[m] + " ");                    //输出一维数组元素
    }
    Console.WriteLine();
    //定义两个int类型的变量，分别用来表示数组下标和存储新的数组元素
    int i, j;
    int temp = 0;
    j = 1;
    while ((j < arr.Length) && (!done))                 //判断长度
    {
        done = true;
        for (i = 0; i < arr.Length − j; i++)            //遍历数组中的数值
        {
            //如果前一个值大于后一个值
            if (Convert.ToInt32(arr[i]) > Convert.ToInt32(arr[i + 1]))
            {
                done = false;
                temp = arr[i];
                arr[i] = arr[i + 1];                    //交换数据
                arr[i + 1] = temp;
            }
        }
        j++;
    }
```

```
    Console.Write("排序后的数组：");
    for (int m = 0; m < arr.Length; m++)
    {
        Console.Write(arr[m] + " ");               //输出排序后的数组元素
    }
    Console.ReadLine();
}
```

程序运行结果如图2-31所示。

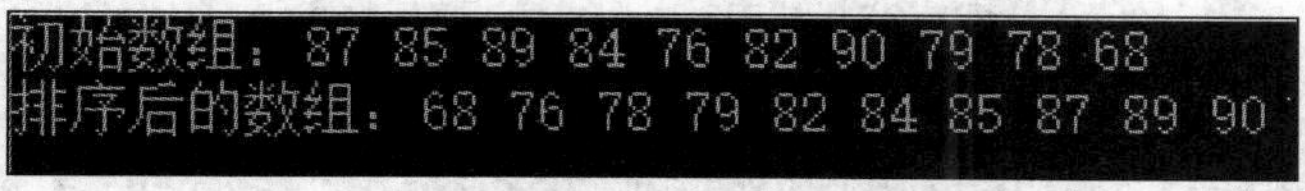

初始数组：87 85 89 84 76 82 90 79 78 68
排序后的数组：68 76 78 79 82 84 85 87 89 90

图2-31　使用冒泡排序法对数组进行排序

上面实例的冒泡排序算法排序过程如图2-32所示。

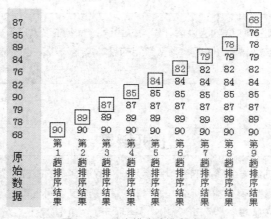

图2-32　冒泡排序法排序过程

2.7.6　使用foreach语句遍历数组

除了使用循环输出数组的元素，C#中还提供了一种foreach语句。该语句用来遍历集合中的每个元素，而数组也属于集合类型，因此，foreach语句可以遍历数组。foreach语句的语法格式如下：

```
foreach（类型 迭代变量名 in 集合表达式）
{
    语句
}
```

【例2-16】 创建一个控制台应用程序，定义一个字符串数组，存储进销存管理系统的主要功能模块，然后使用foreach语句遍历字符串数组中的每个元素，并输出，代码如下：

```
static void Main(string[] args)
{
    string[] strNames = { "进货管理", "销售管理", "库存管理", "系统设置", "常用工具" };
    foreach (string str in strNames)                    //使用foreach语句遍历数组
```

```
    {
        Console.Write(str + " ");                          //输出遍历到的数组元素
    }
    Console.ReadLine();
}
```

程序运行结果如图2-33所示。

进货管理 销售管理 库存管理 系统设置 常用工具

图2-33　使用foreach语句遍历数组

 说明　foreach语句通常用来遍历集合，数组也是一种简单的集合。

小　结

　　本章对C#基础知识进行了详细的讲解，学习本章时，读者应该重点掌握变量和常量的使用、各种运算符的使用、流程控制语句的使用，以及数组的基本操作。本章是C#程序开发的基础，因此，读者一定要熟练掌握。

上机指导

　　通过本章所学尝试制作一个简单的客车售票系统，假设客车的座位可看作9行4列的矩阵，使用一个二维数组记录客车售票系统中的所有座位号，并在每个座位号上都显示"【有票】"，然后用户输入一个坐标位置，按回车键，即可将该座位号显示为"【已售】"。程序运行效果如图2-34所示。

　　开发步骤如下。

　　（1）打开VS 2017，创建一个控制台应用程序，命名为Ticket。

上机指导

图2-34　简单客车售票系统

（2）打开创建的项目的Program.cs文件，使用一个二维数组记录客车的座位号，并在控制台中输出初始的座位号，每个座位号的初始值为"【有票】"；然后使用一个字符串记录用户输入的行号和列号，根据记录的行号和列号，将客车相应的座位设置为"【已售】"，代码如下：

```csharp
static void Main()                                          //入口方法
{
    Console.Title = "简单客车售票系统";                      //设置控制台标题
    string[,] zuo = new string[9, 4];                       //定义二维数组
    for (int i = 0; i < 9; i++)                             //for循环开始
    {
        for (int j = 0; j < 4; j++)                         //for循环开始
        {
            zuo[i, j] = "【有票】";                          //初始化二维数组
        }
    }
    string s = string.Empty;                                //定义字符串变量
    while (true)                                            //开始售票
    {
        System.Console.Clear();                             //清空控制台信息
        Console.WriteLine("\n      简单客车售票系统" + "\n"); //输出字符串
        for (int i = 0; i < 9; i++)
        {
            for (int j = 0; j < 4; j++)
            {
                System.Console.Write(zuo[i, j]);            //输出售票信息
            }
            System.Console.WriteLine();                     //输出换行符
        }
        System.Console.Write("请输入座位行号和列号(如：0,2)输入q键退出：");
        s = System.Console.ReadLine();                      //售票信息输入
        if (s == "q") break;                                //输入字符串"q"退出系统
        string[] ss = s.Split(',');                         //拆分字符串
        int one = int.Parse(ss[0]);                         //得到座位行数
        int two = int.Parse(ss[1]);                         //得到座位列数
        zuo[one, two] = "【已售】";                          //标记售出票状态
    }
}
```

完成以上操作后，按【F5】键运行程序。

习 题

2-1 C#中的数据类型主要分为哪两种？分别是什么？

2-2 列举出几种主要的变量命名规则。

2-3 说出X<<N或X>>N形式的运算的含义。

2-4 条件运算符（?:）的运算过程是什么？

2-5 C#中的选择语句主要包括哪两种？

2-6 C#中的循环语句主要包括哪几种？

2-7 简述do...while语句与while语句的区别。

2-8 尝试定义一个一维数组，并使用冒泡排序算法对其进行排序。

CHAPTER 03

第3章
面向对象编程基础

■ 面向对象程序设计是在面向过程程序设计的基础上发展而来的，它将数据和对数据的操作看作一个不可分割的整体，力求将现实问题简单化，因为这样不仅符合人们的思维习惯，同时可以提高软件的开发效率，并方便后期的维护。本章将对面向对象程序设计中的基础知识进行详细讲解。

3.1 面向对象概念

在程序开发初期人们使用结构化开发语言，但随着软件的规模越来越大，结构化语言的弊端也逐渐暴露出来，开发周期被无休止地拖延，产品的质量也不尽如人意，结构化语言渐渐不再适用于当前的软件开发。这时人们开始将另一种开发思想引入程序中，即面向对象的开发思想。面向对象思想是人类最自然的一种思考方式，它将所有预处理的问题抽象为对象，同时了解这些对象具有哪些相应的属性，以及展示这些对象的行为，以解决这些对象面临的一些实际问题。这样就在程序开发中引入了面向对象设计的概念，面向对象设计实质上就是对现实世界的对象进行建模操作。

面向对象概念

3.1.1 对象、类、实例化

面向对象编程（Object-Oriented Programming，OOP）是开发应用程序的一种新方法、新思想。在面向对象编程中，最常见的概念是对象、类和实例化，下面分别进行介绍。

在面向对象中，算法与数据结构被看作一个整体，称为对象。现实世界中任何类的对象都具有一定的属性和操作，也总能用数据结构与算法合二为一来描述，所以可以用下面的等式来定义对象和程序：

> 对象=（算法+数据结构）
>
> 程序=（对象+对象+……）

从上面的等式可以看出，程序就是许多对象在计算机中相继表现自己，而对象则是一个个程序实体。

现实世界中，随处可见的一种事物就是对象，对象是事物存在的实体，如人类、书桌、计算机、高楼大厦等。人类解决问题的方式总是将复杂的事物简单化，于是就会思考这些对象都是由哪些部分组成的。通常都会将对象划分为两个部分，即静态部分与动态部分。静态部分，顾名思义就是不能动的部分，这个部分被称为"属性"，任何对象都具备其自身属性，如一个人，包括高矮、胖瘦、性别、年龄等属性。具有这些属性的人会执行哪些动作也是一个值得探讨的部分，这个人可以哭泣、微笑、说话、行走，这些是这个人具备的行为（动态部分），人类通过观察对象的属性和探讨对象的行为了解对象。

在计算机的世界中，面向对象程序设计的思想要以对象来思考问题，首先要将现实世界的实体抽象为对象，然后考虑这个对象具备的属性和行为。例如，现在面临一只大雁要从北方飞往南方这样一个实际问题，可以试着以面向对象的思想来解决这一实际问题。步骤如下。

（1）可以从这一问题中抽象出对象，这里抽象出的对象为大雁。

（2）识别这个对象的属性。对象具备的属性都是静态属性，如大雁有一对翅膀、一双脚等。这些属性如图3-1所示。

（3）识别这个对象的动态行为，即这只大雁可以进行的动作，如飞行、觅食等，这些行为都是因为这个对象基于其属性而具有的动作。这些行为如图3-2所示。

（4）识别出这些对象的属性和行为后，这个对象就被定义完成，然后可以根据这只大雁具有的特性制定这只大雁要从北方飞向南方的具体方案以解决问题。

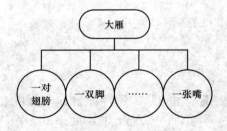

图3-1 识别对象的属性

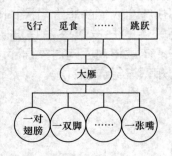

图3-2 识别对象的属性以及对象具有的行为

究其本质，所有的大雁都具有以上的属性和行为，可以将这些属性和行为封装起来以描述大雁这类动物。由此可见，类实质上就是封装对象属性和行为的载体，对象则是类抽象出来的一个实例，而根据类创建对象的过程，就是一个实例化的过程。类与对象两者之间的类比关系如图3-3所示。

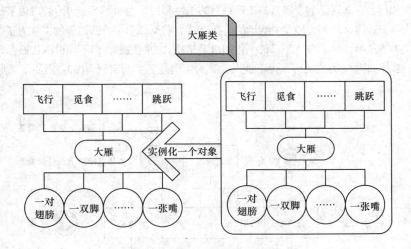

图3-3 描述对象与类之间的类比关系

3.1.2 面向对象程序设计语言的三大原则

面向对象程序设计具有封装、继承和多态三大基本原则，分别如下。

1. 封装

封装是面向对象编程的核心思想，将对象的属性和行为封装起来，而将对象的属性和行为封装起来的载体就是类，类通常对客户隐藏其实现细节，这就是封装的思想。例如，用户使用计算机，只需要使用手指敲击键盘就可以实现一些功能，用户无须知道计算机内部是如何工作的，即使用户知道计算机的工作原理，但在使用计算机时并不完全依赖于计算机工作原理这些细节。

采用封装的思想可以保证类内部数据结构的完整性，应用该类的用户不能轻易直接操作此数据结构，而只能执行类允许公开的数据。这样就避免了外部对内部数据的影响，提高了程序的可维护性。使用类实现封装特性如图3-4所示。

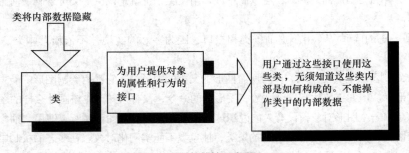

图3-4 封装特性示意图

2. 继承

类与类之间同样具有关系，如一个百货公司与销售员有联系，类之间的这种关系被称为关联。关联是描述两个类之间的一般二元关系，例如，一个百货公司与销售员就是一个关联，学生与教师也是一个关联。两个类之间的关系有很多种，继承是关联中的一种。

当处理一个问题时，可以将一些有用的类保留下来，在遇到同样问题时拿来复用，这就是继承的基本思想。

继承性主要利用特定对象之间的共有属性。例如，平行四边形是四边形（矩形也是四边形），平行四边形与四边形具有共同特性，就是拥有4条边。我们可以将平行四边形类看作四边形的延伸。平行四边形复用了四边形的属性和行为，同时添加了平行四边形独有的属性和行为，如平行四边形的对边平行且相等。这里可以将平行四边形类看作是从四边形类中继承的。在C#中，将类似于平行四边形的类称为子类，将类似于四边形的类称为父类。值得注意的是，可以说平行四边形是特殊的四边形，但不能说四边形是平行四边形。也就是说，子类的实例都是父类的实例，但不能说父类的实例是子类的实例。图3-5阐明了图形类之间的继承关系。

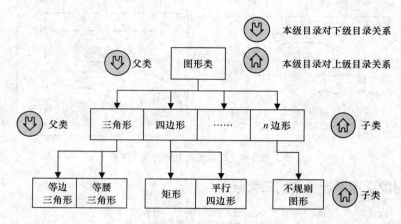

图3-5 图形类层次结构示意图

从图3-5中可以看出，继承关系可以使用树形结构来表示，父类与子类存在一种层次关系。一个类处于继承体系中，它既可以是其他类的父类，为其他类提供属性和行为，也可以是其他类的子类，继承父类的属性和方法，如三角形既是图形类的子类，也是等边三角形的父类。

3. 多态

继承中提到了父类和子类，其实将父类对象应用于子类的特征就是多态。依然以图形类来说明多态，每个图形都拥有表现自己的能力，这个能力可以看作是该类具有的行为。如果将子类的对象统一看作是父类的实例对象，这样当绘制任何图形时，可以简单地调用父类，也就是说图形类可绘制任何图形，这就是多态最基本的思想。

在提到多态的同时，不得不提抽象类和接口，因为多态的实现并不依赖具体类，而是依赖抽象类和接口。

再回到绘制图形的实例上来。作为所有图形的父类的图形类，它具有绘制图形的能力，这个方法可以称为"绘制图形"。但如果要执行这个"绘制图形"的命令，没有人知道应该画什么样的图形，并且如果要在图形类中抽象出一个图形对象，没有人能说清这个图形究竟是什么图形，所以使用"抽象"这个词汇来描述图形类比较恰当。在C#中称这样的类为抽象类，抽象类不能实例化对象。在多态的机制中，父类通常会被定义为抽象类，在抽象类中给出一个方法的标准，而不给出实现的具体流程。实质上这个方法也是抽象的，如图形类中的"绘制图形"方法只提供一个可以绘制图形的标准，并没有提供具体绘制图形的流程，因为没有人知道究竟需要绘制什么形状的图形。

在多态机制中，更为方便的方式是将抽象类定义为接口。由抽象方法组成的集合就是接口。接口的概念在现实中极为常见，如从不同的五金商店买来螺丝帽和螺丝钉，螺丝帽可以很轻松地被拧在螺丝钉上，可能生产螺丝帽和螺丝钉的厂家不同，但这两个物品可以很严丝合缝地组合在一起，这是因为生产螺丝帽和螺丝钉的厂家都遵循着一个标准，这个标准在C#中就是接口。依然以"绘制图形"为例来说明，可以将"绘制图形"作为一个接口的抽象方法，然后使图形类实现这个接口，同时实现"绘制图形"这个抽象方法。当三角形类需要绘制时，就可以继承图形类，重写其中的"绘制图形"方法，并改写这个方法为"绘制三角形"，这样就可以通过这个标准绘制图形。

3.2 类

类（class）是一种数据结构，它可以包含数据成员（常量和域）、函数成员（方法、属性、事件、索引器、运算符、构造函数和析构函数）和嵌套类型。

类实际上是对某种类型的对象定义变量和方法的原型,它表示对现实生活中一类具有共同特征的事物进行抽象，是面向对象编程的基础。本节将对类进行详细讲解。

3.2.1 类的概念

类是对象概念在面向对象编程语言中的反映，是相同对象的集合。类描述了一系列在概念上有相同含义的对象，并为这些对象统一定义了编程语言上的属性和方法。比如，水果就可以看作一个类，苹果、梨、葡萄都是该类的子类（派生类），苹果的生产地、品种、价格、运输途径相当于该类的属性，苹果的种植方法相当于类方法。果汁也可以看作一个类，包含苹果汁、葡萄汁、草莓汁等。如果想要知道苹果汁是用什么地方的苹果制作而成的，可以查看水果类中关于苹果的相关属性，这时就用到了类的继承，也就是说果汁类是水果类的继承类。简而言之，类是C#中功能最为强大的数据类型，像结构一样，类也定义了数据类型的数据和行为。然后，程序开发人员可以创建作为此类的实例的对象。类支持继承，而继承是面向对象编程的基础部分。

类（上）

3.2.2 类的声明

C#中，类是使用class关键字来声明的，语法如下：

```
类修饰符 class 类名
{
}
```

下面以汽车为例声明一个类，代码如下：

```
public class Car
{
    public int number;          //编号
    public string color;        //颜色
    private string brand;       //厂家
}
```

其中，public是类的修饰符，下面介绍几个常用的类修饰符。

❑ new：仅允许在嵌套类声明时使用，表明类中隐藏了由基类中继承而来的、与基类中同名的成员。

❑ public：不限制对该类的访问。

❑ protected：只能从其所在类和所在类的子类（派生类）进行访问。

❑ internal：只有其所在类才能访问。

❑ private：只能访问此类。

❑ abstract：抽象类，不允许建立类的实例。
❑ sealed：密封类，不允许被继承。

 说明　类定义可在不同的源文件之间进行拆分。

3.2.3　类的成员

类的定义包括类头和类体两部分，其中，类头就是使用class关键字定义的类名，而类体是用一对大括号{}括起来的，在类体中主要定义类的成员。类的成员包括字段、属性、方法、构造函数、事件、索引器等。本节将对类的成员字段和属性进行讲解。

1. 字段

字段就是程序开发中常见的常量或者变量，它是类的一个构成部分，它使得类和结构可以封装数据。

例如，在控制台应用程序中定义一个字段，再在构造函数中为其赋值并将其输出，代码如下：

```
class Program
{
    string sentence;                                    //定义字段
    public Program(string strsentence)                  //定义构造函数
    {
        sentence = strsentence;                         //为变量赋初值
        Console.WriteLine(sentence);                    //输出字段
    }
    static void Main(string[] args)
    {
        //创建类的实例
        Program english = new Program("the Brirish speak:\"My name is U.K\"");
        Program chinese = new Program("中国人说："我的名字叫"+"中国！"");
    }
}
```

如果在定义字段时，在字段的类型前面使用了readonly关键字，那么该字段就被定义为只读字段。如果程序中定义了一个只读字段，那么它只能在以下两个位置被赋值或者传递到方法中被改变。

❑ 在定义字段时赋值。
❑ 在类的构造函数内被赋值，或传递到方法中被改变，而且在构造函数中可以被多次赋值。

例如，在类中定义一个只读字段，并在定义时为其赋值，代码如下：

```
class TestClass
{
    readonly string strName = "爱上C#编程";
}
```

从上面的介绍可以看到只读字段的值除了在构造函数中，在程序中的其他位置都是不可以改变的，那么，它与常量有何区别呢？只读字段与常量的区别如下。

❑ 只读字段可以在定义或构造函数内赋值，它的值不能在编译时确定，而只能是在运行时确定；常量只能在定义时赋值，而且常量的值在编译时已经确定。

❑ 只读字段的类型可以是任何类型，而常量的类型只能是下列类型之一：sbyte、byte、short、ushort、

int、uint、long、ulong、char、float、double、decimal、bool、string或者枚举类型。

 字段属于类级别的变量，未初始化时，C#将其初始化为默认值，而不会为局部变量初始化为默认值。

2. 枚举

枚举是一种独特的字段，它是值类型数据，主要用于声明一组具有相同性质的常量。编写与日期相关的应用程序时，经常需要使用年、月、星期、日等日期数据，可以将这些数据组织成多个不同名称的枚举类型。使用枚举可以增加程序的可读性和可维护性。同时，枚举类型可以避免类型错误。

 在定义枚举类型时，如果不对其进行赋值，在默认情况下，第一个枚举数的值为0，后面每个枚举数的值依次递增1。

在C#中使用关键字enum类声明枚举，语法如下：

```
enum 枚举名
{
  list1=value1,
  list2=value2,
  list3=value3,
  …
  listN=valueN,
}
```

其中，大括号{}中的内容为枚举值列表，每个枚举值均对应一个枚举值名称，value1~valueN为整数数据类型，list1~listN则为枚举值的标识名称。下面通过一个实例来演示如何使用枚举类型。

例如，声明一个表示用户权限的枚举，代码如下：

```
enum POP                          //使用enum创建枚举
{
  Admin,                          //管理员权限
  User,                           //普通用户权限
  SUSer,                          //高级用户权限
}
```

3. 属性

属性是对现实实体特征的抽象，提供对类或对象的访问。类的属性描述的是状态信息，在类的实例中，属性的值表示对象的状态值。属性不表示具体的存储位置，属性有访问器，这些访问器指定在它们的值被读取或写入时需要执行的语句。所以属性提供了一种机制，把读取和写入对象的某些特性与一些操作关联起来，程序员可以像使用公共数据成员一样使用属性，属性的声明格式如下：

```
修饰符 类型 属性名
{
    get {get访问器体}
    set {set访问器体 }
}
```

- 修饰符：指定属性的访问级别。
- 类型：指定属性的类型，可以是任何的预定义或自定义类型。
- 属性名：一种标识符，命名规则与字段相同，但是，属性名的第一个字母通常都大写。
- get访问器：相当于一个具有属性类型返回值的无参数方法，它除了作为赋值的目标外，当在表达式中引用属性时，将调用该属性的get访问器计算属性的值。get访问器必须用return语句来返回，并且所有的return语句都必须返回一个可隐式转换为属性类型的表达式。
- set访问器：相当于一个具有单个属性类型值参数和void返回类型的方法。set访问器的隐式参数始终命名为value。当一个属性作为赋值的目标被引用时就会调用set访问器，所传递的参数将提供新值。不允许set访问器中的return语句指定表达式。由于set访问器存在隐式的参数value，所以set访问器中不能自定义使用名称为value的局部变量或常量。

根据是否存在get和set访问器，属性可以分为以下几种。

- 可读可写属性：包含get和set访问器。
- 只读属性：只包含get访问器。
- 只写属性：只包含set访问器。

说明 属性的主要用途是限制外部类对类中成员的访问权限，定义在类级别上。

例如，自定义一个TradeCode属性，表示商品编号，要求该属性为可读可写属性，并设置其访问级别为public，代码如下：

```
private string tradecode = "";
public string TradeCode
{
    get { return tradecode; }
    set { tradecode = value; }
}
```

由于属性的set访问器中可以包含大量的语句，因此可以对赋予的值进行检查，如果值不安全或者不符合要求，可以进行提示，这样就能避免因为给属性设置了错误的值而导致的错误。

【例3-1】创建一个控制台应用程序，在默认的Program类中定义一个Age属性，设置访问级别为public，因为该属性提供了get和set访问器，因此它是可读可写属性；然后在该属性的set访问器中对属性的值进行判断。主要代码如下：

```
private int age;                              //定义字段
public int Age                               //定义属性
{
    get                                      //设置get访问器
    {
        return age;
        Console.WriteLine("输入正确！\n字段age={0}", age);
    }
    set                                      //设置set访问器
    {
        if (value > 0 && value < 130)        //如果数据合理，将值赋给字段
```

```
    {
        age = value;
    }
    else
    {
        Console.WriteLine("输入数据不合理！");
    }
    }
}
```

运行结果如图3-6所示。

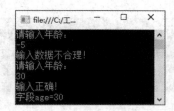

图3-6　用set访问器对年龄进行判断

3.2.4　构造函数和析构函数

构造函数和析构函数是类中比较特殊的两种成员函数，主要用来对对象进行初始化和回收对象资源。一般来说，对象的生命周期从构造函数处开始，在析构函数处结束。如果一个类含有构造函数，在创建该类的对象时就会调用，如果含有析构函数，则会在销毁对象时调用。构造函数和析构函数的名字和类名相同，但析构函数要在名字前加一个波浪号（~）。当退出含有该对象的成员时，析构函数将自动释放这个对象所占用的内存空间。

1. 构造函数

构造函数是在创建给定类型的对象时执行的类方法，构造函数具有与类相同的名称，它通常初始化新对象的数据成员。

【例3-2】创建一个控制台应用程序，在Program类中定义3个int类型的变量，分别用来表示加数、被加数和加法运算的和，然后声明Program类的一个构造函数，并在该构造函数中为加法的和赋值，最后在Main方法中实例化Program类的对象，并输出加法的和。代码如下：

```
class Program
{
    public int x = 3;                    //定义int型变量，作为加数
    public int y = 5;                    //定义int型变量，作为被加数
    public int z = 0;                    //定义int型变量，记录加法运算的和
    public Program()
    {
        z = x + y;                       //在构造函数中为和赋值
    }
    static void Main(string[] args)
```

```
    {
        Program program = new Program();          //使用构造函数实例化Program对象
        Console.WriteLine("结果：" + program.z);    //使用实例化的Program对象输出加法运算的和
    }
}
```

按【Ctrl+F5】组合键查看运行结果，如图3-7所示。

图3-7　构造函数的使用

 不带参数的构造函数称为"默认构造函数"。无论何时，只要使用new运算符创建对象，并且不为new提供任何参数，就会调用默认构造函数；另外，用户可以自定义构造函数，并在构造函数中设置参数。

2. 析构函数

析构函数是以类名加~来命名的。.NET Framework类库有垃圾回收功能，当某个类的实例被认为不再有效，并符合析构条件时，.NET Framework类库的垃圾回收功能就会调用该类的析构函数，实现回收。

例如，为控制台应用程序的Program类定义一个析构函数，代码如下：

```
~Program()                              //析构函数
{
    Console.WriteLine("析构函数自动调用");    //输出一个字符串
}
```

 析构函数是自动调用的，但是，NET提供了垃圾回收机制（GC）来自动释放资源。因此，如果析构函数仅仅是为了释放对象由系统管理的资源而编写，就没有必要了，而在释放非系统管理的资源时，可以使用析构函数实现。

3.2.5　对象的创建及使用

C#是面向对象的程序设计语言，对象是由类抽象出来的，所有的问题都通过对象来处理，对象可以操作类的属性和方法解决相应的问题，所以了解对象的创建、操作和销毁对学习C#是十分必要的。本节就来讲解对象在C#中的应用。

1. 对象的创建

对象可以被认为是在一类事物中抽象出的某一个特例，通过这个特例来处理这类事物出现的问题。在C#中通过new操作符来创建对象。前文在讲解构造函数时介绍过，每实例化一个对象就会自动调用一次构造函数，实质上这个过程就是创建对象的过程。准确地说，可以在C#中使用new操作符调用构造函数创建对象。

语法如下：

类（下）

```
Test test=new Test();
Test test=new Test("a");
```

参数说明如表3-1所示。

表3-1　创建对象语法中的参数说明

参　　数	说　　明
Test	类名
test	创建Test类对象
new	创建对象操作符
a	构造函数的参数

　　test对象被创建时，就是一个对象的引用，这个引用在内存中为对象分配了存储空间；另外，可以在构造函数中初始化成员变量，当创建对象时，自动调用构造函数，也就是说，在C#中，初始化与创建是被捆绑在一起的。

　　每个对象都是相互独立的，在内存中占据独立的内存地址，并且每个对象都具有自己的生命周期，当一个对象的生命周期结束时，对象节就变成垃圾，由.NET自带的垃圾回收机制处理。

 在C#中，对象和实例可以通用。

　　例如，在项目中创建cStockInfo类，表示库存商品类，在该类中创建对象并在主方法中创建对象，代码如下：

```
public class cStockInfo
{
    public cStockInfo()                              //构造函数
    {
        Console.WriteLine("获取库存商品信息");
    }
    public static void main(String args[])           //主方法
    {
        new cStockInfo();                            //创建对象
    }
}
```

　　在上述实例的主方法中使用new操作符创建对象，在创建对象的同时，自动调用构造函数中的代码。

2. 访问对象的属性和行为

　　当用户使用new操作符创建一个对象后，可以使用"对象.类成员"来获取对象的属性和行为。前文已经提到过，对象的属性和行为在类中是通过类成员变量和成员方法的形式来表示的，所以当对象获取类成员时，也就相应地获取了对象的属性和行为。

　　【例3-3】创建一个控制台应用程序，在程序中创建一个cStockInfo类，表示库存商品类，在该类中定义一个FullName属性和ShowGoods方法；然后在Program类中创建cStockInfo类的对象，并使用该对象调用其中的属性和方法，代码如下：

```
class Program
{
    static void Main(string[] args)
```

```
    {
        cStockInfo stockInfo = new cStockInfo();              //创建cStockInfo对象
        stockInfo.FullName = "笔记本电脑";                      //使用对象调用类成员属性
        stockInfo.ShowGoods();                                //使用对象调用类成员方法
        Console.ReadLine();
    }
}
public class cStockInfo
{
    private string fullname = "";
    /// <summary>
    /// 商品名称
    /// </summary>
    public string FullName
    {
        get { return fullname; }
        set { fullname = value; }
    }
    public void ShowGoods()
    {
        Console.WriteLine("库存商品名称：");
        Console.WriteLine(FullName);
    }
}
```

运行程序，结果如图3-8所示。

图3-8 使用对象调用类成员

3. 对象的引用

在C#中，尽管一切都可以看作对象，但实质上，真正的操作标识符是一个引用，那么，引用究竟在C#中是如何体现的呢？来看下面的语法：

类名 对象引用名称

例如，一个Book类的引用可以使用以下代码：

Book book;

通常一个引用不一定需要有一个对象相关联，引用与对象相关联的语法如下：

Book book=new Book();

❑ Book：类名。

❑ book：对象。

❑ new：创建对象操作符。

 引用只是存放一个对象的内存地址，并非存放一个对象，严格地说，引用和对象是不同的，但是可以将这种区别忽略。简单地说，book是Book类的一个对象，但事实上，应该是book包含Book对象的一个引用。

4. 对象的销毁

每个对象都有生命周期，当对象的生命周期结束时，分配给该对象的内存地址会被回收。在其他语言中需要手动回收废弃的对象，但是C#拥有一套完整的垃圾回收机制，用户不必担心废弃的对象占用内存，垃圾回收器将回收无用的且占用内存的资源。

在谈垃圾回收机制之前，首先需要了解何种对象会被.NET垃圾回收器视为垃圾。主要包括以下两种情况。

❑ 对象引用超过其作用范围，则这个对象将被视为垃圾，如图3-9所示。

❑ 将对象赋值为null，如图3-10所示。

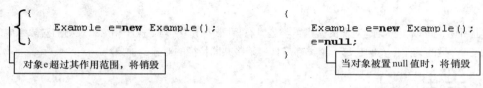

图3-9　对象超过作用范围将销毁　　　　图3-10　对象被置为null值时将销毁

3.2.6　this关键字

先来看下面这段代码。这是在项目中创建一个类文件，该类中定义了setName方法，并将方法的参数值赋予类中的成员变量。

```
private void setName(String name)        //定义一个setName方法
{
    this.name=name;                      //将参数值赋予类中的成员变量
}
```

在上述代码中可以看到，成员变量与在setName方法中的形式参数的名称相同，都为name，那么，该如何在类中区分使用的是哪一个变量呢？在C#中可以使用this关键字来代表本类对象的引用，this关键字被隐式地用于引用对象的成员变量和方法。如在上述代码中，this.name指的就是Book类中的name成员变量，而this.name=name语句中的第二个name则指的是形参name。实质上setName方法实现的功能就是将形参name的值赋予成员变量name。

在这里，读者明白了this可以调用成员变量和成员方法，但C#中最常规的调用方式是使用"对象.成员变量"或"对象.成员方法"进行调用。

既然this关键字和对象都可以调用成员变量和成员方法，那么this关键字与对象之间具有怎样的关系呢？

事实上，this引用的就是本类的一个对象，在局部变量或方法参数覆盖了成员变量时，如上面代码的情况，就要添加this关键字以明确引用的是类成员还是局部变量或方法参数。

如果省略this关键字，直接写成name = name，那只是把参数name赋值给参数变量本身而已，成员变量name的值没有改变，因为参数name在方法的作用域中覆盖了成员变量name。

其实，this除了可以调用成员变量或成员方法之外，还可以用作方法的返回值。

例如，在项目中创建一个类文件，在该类中定义Book类的方法，并通过this关键字进行返回，代码如下：

```
public Book getBook()
{
    return this;                //返回Book类引用
}
```

在getBook方法中，方法的返回值为Book类，所以方法体中使用return this这种形式将Book类的对象返回。

3.2.7　类与对象的关系

类是一种抽象的数据类型，但是其抽象的程度可能不同，而对象就是一个类的实例，例如，将农民看作一个类，张三和李四就可以各为一个对象。

从这里可以看出，张三和李四有很多共同点，他们都在某个地方生活，早上都要出门务农，晚上都会回家。对于这样相似的对象就可以将其抽象出一个数据类型，此处抽象为农民。因此，只要将农民这个类型编写好，程序中就可以方便地创建张三和李四这样的对象。在代码需要更改时，只需要对农民类型进行修改即可。

综上所述，可以看出类与对象的区别：类是具有相同或相似结构、操作和约束规则的对象组成的集合，而对象是某一类的具体化实例，每一个类都是具有某些共同特征的对象的抽象。

3.3　方法

方法是用来定义类可执行的操作，它包含一系列语句的代码块。本质上讲，方法就是和类相关联的动作，是类的外部界面，我们可以通过外部界面操作类的所有字段。

方法

3.3.1　方法的声明

方法在类或结构中声明，声明时需要指定访问级别、返回值、方法名称和方法参数，方法参数放在括号中，并用逗号隔开。如果方法后面的括号中没有内容，表示该方法没有参数。

声明方法的语法格式如下：

```
修饰符 返回值类型 方法名(参数列表)
{
        //方法的具体实现;
}
```

其中，修饰符可以是private、public、protected、internal这4个中的任意一个。返回值类型指定方法返回数据的类型，可以是任何类型，如果方法不需要返回一个值，则使用void关键字。参数列表是用逗号分隔的类型、标识符，如果方法中没有参数，那么"参数列表"为空。

另外，在方法声明中，还可以包含new、static、virtual、override、sealed、abstract和extern等修饰符，但在使用这些修饰符时，应该符合以下要求。

❏　方法声明中最多包含下列修饰符中的一个：new和override。

❏　如果声明包含abstract修饰符，则声明不能包含下列任何修饰符：static、virtual、sealed或extern。

❏　如果声明包含private修饰符，则声明不能包含下列任何修饰符：virtual、override或abstract。

❑ 如果声明包含sealed修饰符，则声明还应包含override修饰符。

一个方法的名称和形参列表定义了该方法的签名。具体地讲，一个方法的签名由它的名称以及它的形参的个数、修饰符和类型组成。返回类型不是方法签名的组成部分，形参的名称也不是方法签名的组成部分。

例如，定义一个ShowGoods方法，用来输出库存商品信息，代码如下：

```
public void ShowGoods()
{
    Console.WriteLine("库存商品名称：");
    Console.WriteLine(FullName);
}
```

 方法的定义必须在某个类中，定义方法时如果没有声明访问修饰符，方法的默认访问权限为private。

3.3.2 方法的参数

调用方法时可以给该方法传递一个或多个值，传递给方法的值叫作实参；在方法内部，接收实参的变量叫作形参，形参在紧跟着方法名的括号中声明，形参的声明语法与变量的声明语法一样。形参只在括号内部有效。方法的参数主要有4种，分别为值参数、ref参数、out参数和params参数，下面分别进行讲解。

1. 值参数

值参数就是在声明时不加修饰的参数，它表明实参与形参之间按值传递。当使用值参数的方法被调用时，编译器为形参分配存储单元，然后将对应的实参的值复制到形参中。由于是值类型的传递方式，所以，在方法中对形参的修改并不会影响实参。

【例3-4】定义一个Add方法，用来计算两个数的和，该方法中有两个形参，但在方法体中，对其中的一个形参x执行加y操作，并返回x；在Main方法中调用该方法，为该方法传入定义好的实参；最后分别显示调用Add方法计算之后的x值和实参x的值。代码如下：

```
private int Add(int x, int y)                        //计算两个数的和
{
    x = x + y;                                       //对x进行加y操作
    return x;                                        //返回x
}
static void Main(string[] args)
{
    Program pro = new Program();                     //创建Program对象
    int x = 30;                                      //定义实参变量x
    int y = 40;                                      //定义实参变量y
    Console.WriteLine("运算结果：" + pro.Add(x, y));   //输出运算结果
    Console.WriteLine("实参x的值："+x);                //输出实参x的值
    Console.ReadLine();
}
```

按【Ctrl+F5】组合键查看运行结果，如图3-11所示。

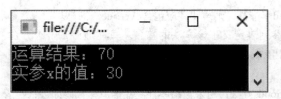

图3-11　值参数的使用

从图3-11可以看出，在方法中对形参x值的修改并没有改变实参x的值。

2. ref参数

ref参数使形参按引用传递，在方法中对形参所做的任何更改都将反映在实参中。如果要使用ref参数，则方法声明和方法调用都必须显式地使用ref参数。

【例3-5】 修改【例3-4】，将形参x定义为ref参数，再显式调用Add方法之后的实参x的值。代码如下：

```csharp
private int Add(ref int x, int y)              //计算两个数的和
{
    x = x + y;                                  //对x进行加y操作
    return x;                                   //返回x
}
static void Main(string[] args)
{
    Program pro = new Program();               //创建Program对象
    int x = 30;                                 //定义实参变量x
    int y = 40;                                 //定义实参变量y
    Console.WriteLine("运算结果：" + pro.Add(ref x, y));  //输出运算结果
    Console.WriteLine("实参x的值：" + x);        //输出实参x的值
    Console.ReadLine();
}
```

按【Ctrl+F5】组合键查看运行结果，如图3-12所示。

图3-12　ref参数的使用

对比图3-11和图3-12，可以看出：在形参x前面加ref之后，在方法体中对形参x的修改最终影响了实参x的值。

使用ref参数时，需要注意以下几点。

- ref只对跟在它后面的参数有效，而不是应用于整个参数列表。
- 调用方法时，必须使用ref修饰实参，而且，因为是引用参数，所以实参和形参的数据类型一定要完全匹配。
- 实参只能是变量，不能是常量或者表达式。
- ref参数在调用之前，一定要进行赋值。

3. out参数

out参数用来定义输出参数，它会导致参数通过引用来传递，这与ref类似，不同之处在于：ref要求变量必须在传递之前进行赋值，而使用out定义的参数，无须进行赋值即可使用。如果要使用out参数，则方法声明和方法调用都必须显式地使用out参数。

【例3-6】修改【例3-4】，在Add方法中添加一个out参数z，并在Add方法中使用z记录x与y的相加结果；在Main方法中调用Add方法时，为其传入一个未赋值的实参变量z，最后输出实参变量z的值。代码如下：

```
private int Add(int x, int y,out int z)                  //计算两个数的和
{
    z = x + y;                                          //记录x+y的结果
    return z;                                           //返回z
}
static void Main(string[] args)
{
    Program pro = new Program();                        //创建Program对象
    int x = 30;                                         //定义实参变量x
    int y = 40;                                         //定义实参变量y
    int z;                                              //定义实参变量z
    Console.WriteLine("运算结果: " + pro.Add(x, y,out z));  //输出运算结果
    Console.WriteLine("实参z的值: " + z);                 //输出实参Z的值
    Console.ReadLine();
}
```

按【Ctrl+F5】组合键查看运行结果，如图3-13所示。

图3-13　out参数的使用

4. params参数

声明方法时，如果有多个相同类型的参数，可以定义为params参数。params参数是一个一维数组，主要用来指定在参数数目可变时所采用的方法参数。

【例3-7】定义一个Add方法，用来计算多个int类型数据的和。在具体定义时，将参数定义为int类型的一维数组，并指定为params参数；在Main方法中调用该方法，为该方法传入一个int类型的一维数组，并输出计算结果。代码如下：

```
private int Add(params int[] x)                         //定义Add方法，并指定params参数
{
    int result = 0;                                     //记录运算结果
    for (int i = 0; i < x.Length; i++)                  //遍历参数数组
    {
        result += x[i];                                 //执行相加操作
```

```
    }
    return result;                          //返回运算结果
}
static void Main(string[] args)
{
    Program pro = new Program();            //创建Program对象
    int[] x = { 20,30,40,50,60};            //定义一维数组，用来作为参数
    Console.WriteLine("运算结果： " + pro.Add(x));   //输出运算结果
    Console.ReadLine();
}
```

按【Ctrl+F5】组合键查看运行结果，如图3-14所示。

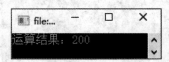

图3-14　params参数的使用

3.3.3　静态方法与实例方法

方法分为静态方法和实例方法，如果一个方法声明中含有static修饰符，则称该方法为静态方法；如果没有static修饰符，则称该方法为实例方法。下面分别对静态方法和实例方法进行介绍。

1. 静态方法

静态方法不对特定实例进行操作，在静态方法中引用this会导致编译错误，调用静态方法时，使用类名直接调用。

【例3-8】 创建一个控制台应用程序，定义一个静态方法Add，实现两个整形数相加，然后在Main方法中直接使用类名调用静态方法，代码如下：

```
class Program
{
    public static int Add(int x, int y)         //定义静态方法实现整形数相加
    {
        return x + y;
    }
    static void Main(string[] args)
    {
        Console.WriteLine("{0}+{1}={2}", 23, 34, Program.Add(23, 34));
        Console.ReadLine();
    }
}
```

运行结果为：

23+34=57

2. 实例方法

实例方法是对类的某个给定的实例进行操作，使用实例方法时，需要使用类的对象调用，而且可以用this来访问该方法。

> **【例3-9】** 创建一个控制台应用程序，定义一个实例方法Add，实现两个整形数相加，然后在Main方法中使用类的对象调用实例方法，代码如下：

```
class Program
{
    public int Add(int x, int y)                    //定义实例方法实现整形数相加
    {
        return x + y;
    }
    static void Main(string[] args)
    {
        Program pro = new Program();                //创建类的对象
        Console.WriteLine("{0}+{1}={2}", 23, 34, pro.Add(23, 34));
        Console.ReadLine();
    }
}
```

运行结果为：

```
23+34=57
```

说明　静态方法属于类，实例方法属于对象；静态方法使用类来引用，实例方法使用对象来引用。

3.3.4　方法的重载

方法重载是指方法名相同，但参数的数据类型、个数或顺序不同的方法。只要类中有两个以上的同名方法，使用的参数类型、个数或顺序不同，调用时，编译器就可判断在哪种情况下调用哪种方法。

> **【例3-10】** 创建一个控制台应用程序，定义一个Add方法，该方法有3种重载形式，分别用来计算两个int数据的和、计算一个int和一个double数据的和、计算3个int数据的和；然后在Main方法中分别调用Add方法的3种重载形式，并输出计算结果。代码如下：

```
class Program
{
    //定义静态方法Add，返回值为int类型，有两个int类型的参数
    public static int Add(int x, int y)
    {
        return x + y;
    }
    //重新定义方法Add，它与第一个的返回值类型及参数类型不同
    public double Add(int x, double y)
    {
        return x + y;
```

```
    }
    public int Add(int x, int y, int z)                //重新定义方法Add，它与第一个的参数个数不同
    {
        return x + y + z;
    }
    static void Main(string[] args)
    {
        Program program = new Program();            //创建类对象
        int x = 3;
        int y = 5;
        int z = 7;
        double y2 = 5.5;
        //根据传入的参数类型及参数个数的不同调用不同的Add重载方法
        Console.WriteLine(x + "+" + y + "=" + Program.Add(x, y));
        Console.WriteLine(x + "+" + y2 + "=" + program.Add(x, y2));
        Console.WriteLine(x + "+" + y + "+" + z + "=" + program.Add(x, y, z));
        Console.ReadLine();
    }
}
```

运行结果如图3-15所示。

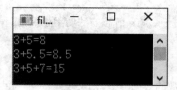

图3-15　重载方法的应用

小　结

　　本章主要对面向对象编程的基础知识进行了详细讲解，具体讲解时，首先介绍了对象、类与实例化这3个基本概念，以及面向对象程序设计语言的三大原则；然后重点对类和对象，以及方法的使用进行了详细的讲解。学习本章内容时，一定要重点掌握类与对象的创建及使用，并熟练掌握常见的几种方法和参数类型，以及静态方法与实例方法的主要区别。

上机指导

　　在进销存管理系统中，商品的库存信息有很多种类，比如商品型号、商品名称、商品库存量等。在面向对象编程中，这些商品的信息可以存储到属性中，当需要使用这些信息时，再从对应的属性中读取出来。这里要求定义库存商品结构，并输出库存商品的信息，运行效果如图3-16所示。

　　程序开发步骤如下。

　　（1）创建一个控制台应用程序，命名为GoodsStruct。

　　（2）打开Program.cs文件，在其中编写cStockInfo类，用来作为商品的库存信息结构，代码如下：

图3-16　输出库存商品信息

```csharp
public class cStockInfo
{
    private string tradecode = "";
    private string fullname = "";
    private string tradetpye = "";
    private string standard = "";
    private string tradeunit = "";
    private string produce = "";
    private float qty = 0;
    private float price = 0;
    private float averageprice = 0;
    private float saleprice = 0;
    private float check = 0;
    private float upperlimit = 0;
    private float lowerlimit = 0;
    public string TradeCode                              // 商品编号
    {
        get { return tradecode; }
        set { tradecode = value; }
    }
    public string FullName                               //单位全称
    {
        get { return fullname; }
        set { fullname = value; }
    }
    public string TradeType                              //商品型号
    {
        get { return tradetpye; }
        set { tradetpye = value; }
    }
    public string Standard                               //商品规格
    {
        get { return standard; }
        set { standard = value; }
    }
    public string Unit                                   //商品单位
    {
```

上机指导

```csharp
        get { return tradeunit; }
        set { tradeunit = value; }
    }

    public string Produce                          //商品产地
    {
        get { return produce; }
        set { produce = value; }
    }

    public float Qty                               //库存数量
    {
        get { return qty; }
        set { qty = value; }
    }

    public float Price                             //进货时的最后一次价格
    {
        get { return price; }
        set { price = value; }
    }

    public float AveragePrice                      //加权平均价格
    {
        get { return averageprice; }
        set { averageprice = value; }
    }

    public float SalePrice                         //销售时的最后一次销价
    {
        get { return saleprice; }
        set { saleprice = value; }
    }

    public float Check                             //盘点数量
    {
        get { return check; }
        set { check = value; }
    }

    public float UpperLimit                        //库存报警上限
    {
        get { return upperlimit; }
        set { upperlimit = value; }
    }

    public float LowerLimit                        //库存报警下限
    {
        get { return lowerlimit; }
```

```
        set { lowerlimit = value; }
    }
}
```

（3）在cStockInfo类中定义一个ShowInfo方法，该方法无返回值，主要用来输出库存商品信息，代码如下：

```
public void ShowInfo()
{
    Console.WriteLine("仓库中存有{0}型号{1}{2}台", TradeType, FullName, Qty);
}
```

（4）在Main方法中，创建cStockInfo类的两个实例，并对其中的部分属性赋值，然后在控制台中调用cStockInfo中的ShowInfo方法输出商品信息，代码如下：

```
static void Main(string[] args)
{
    Console.WriteLine("库存盘点信息如下：");
    cStockInfo csi1 = new cStockInfo();              //实例化cStockInfo类
    csi1.FullName = "空调";                          //设置商品名称
    csi1.TradeType = "TYPE-1";                       //设置商品型号
    csi1.Qty = 2000;                                 //设置库存数量
    csi1.ShowInfo();                                 //输出商品信息
    cStockInfo csi2 = new cStockInfo();              //实例化cStockInfo类
    csi2.FullName = "空调";                          //设置商品名称
    csi2.TradeType = "TYPE-2";                       //设置商品型号
    csi2.Qty = 3500;                                 //设置库存数量
    csi2.ShowInfo();                                 //输出商品信息
    Console.ReadLine();
}
```

习 题

3-1 简述对象、类和实例化的关系。

3-2 面向对象程序设计语言的三大原则是什么？

3-3 构造函数和析构函数的主要作用是什么？

3-4 简述this关键字的作用。

3-5 方法有几种参数？分别是什么？

3-6 简述静态方法与实例方法的区别。

3-7 什么是重载方法？

CHAPTER 04

第4章
面向对象编程进阶

本章要点

类的继承与多态 ■
结构及其与接口的区别 ■
接口的使用 ■
集合与索引器 ■
程序中的异常处理 ■
委托和匿名方法的使用 ■
事件的实现 ■
预处理指令的使用 ■
泛型的应用 ■

■ 面向对象程序设计是非常重要的一种编程思想。第3章中对面向对象编程的基础知识进行了讲解，本章将进一步对面向对象编程进行讲解。

4.1 类的继承与多态

4.1.1 继承

类的继承与多态

继承是面向对象编程最重要的特性之一。任何类都可以从另外一个类继承，这就是说，这个类拥有它继承的类的所有成员。在面向对象编程中，被继承的类称为父类或基类。C#中提供了类的继承机制，但只支持单继承，而不支持多重继承，即在C#中一次只允许继承一个类，不能同时继承多个类。

1. 使用继承

继承的基本思想是基于某个基类的扩展，制定出一个新的派生类（子类），派生类可以继承基类原有的属性和方法，也可以增加原来基类所不具备的属性和方法，或者直接重写基类中的某些方法。例如，平行四边形是特殊的四边形，可以说平行四边形类继承了四边形类，这时平行四边形类将四边形具有的一般属性和方法都保留下来，并基于四边形类扩展了一些新的平行四边形类特有的属性和方法。

下面演示一下继承性。创建一个新类Test，同时创建另一个新类Test2继承Test类，其中包括重写的基类成员方法及新增成员方法等。在图4-1中描述了类Test与Test2的结构，以及两者之间的关系。

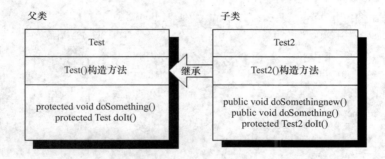

图4-1 Test与Test2类之间的继承关系

在C#中使用“:”来标识两个类的继承关系。继承一个类时，类成员的可访问性是一个重要的问题。派生类不能访问基类的私有成员，但是可以访问其公共成员。也就是说，只要使用public声明类成员，就可以让一个类成员被基类和派生类同时访问，并且也可以被外部的代码访问。

为了解决基类成员访问问题，C#还提供了另外一种可访问性——protected，只有派生类才能访问protected成员，基类和外部代码都不能访问protected成员。

说明 派生类不能继承基类中所定义的private成员，只能继承基类的public成员和protected成员。

【例4-1】创建一个控制台应用程序，模拟实现进销存管理系统的进货信息并输出。自定义一个Goods类，该类中定义两个公有属性，表示商品编号和名称；然后自定义JHInfo类，继承自Goods类，在该类中定义进货编号属性，以及输出进货信息的方法；最后在Program类的Main方法中创建派生类JHInfo的对象，并使用该对象调用基类Goods中定义的公有属性。代码如下：

```
class Goods
{
```

```
        public string TradeCode{ get; set; }              //定义商品编号
        public string FullName { get; set; }              //定义商品名称
    }
    class JHInfo : Goods
    {
        public string JHID { get; set; }                  //定义进货编号
        public void showInfo()                            //输出进货信息
        {
            Console.WriteLine("进货编号：{0},商品编号：{1},商品名称：{2}", JHID, TradeCode, FullName);
        }
    }
    class Program
    {
        static void Main(string[] args)
        {
            JHInfo jh = new JHInfo();                      //创建JHInfo对象
            jh.TradeCode = "T100001";                      //设置基类中的TradeCode属性
            jh.FullName = "笔记本电脑";                     //设置基类中的FullName属性
            jh.JHID = "JH00001";                           //设置JHID属性
            jh.showInfo();                                 //输出水果的信息
            Console.ReadLine();
        }
    }
```

程序运行结果如图4-2所示。

图4-2 输出进货信息

2. base关键字

base关键字用于从派生类中访问基类的成员，它主要有两种使用形式，分别如下。

- 调用基类上已被其他方法重写的方法。
- 指定创建派生类实例时应调用的基类构造函数。

基类访问只能在构造函数、实例方法或实例属性访问器中进行，因此，从静态方法中使用base关键字是错误的。

例如，修改【例4-1】，在基类Goods中定义一个构造函数，用来为定义的属性赋初始值，代码如下：

```
public Goods(string tradecode, string fullname)
{
    TradeCode = tradecode;
    FullName = fullname;
}
```

在派生类JHInfo中定义构造函数时，即可使用base调用基类的构造函数，代码如下：

```
public JHInfo(string jhid, string tradecode, string fullname) : base(tradecode, fullname)
{
    JHID = jhid;
}
```

3．继承中的构造函数与析构函数

在进行类的继承时，派生类的构造函数会隐式地调用基类的无参构造函数，但是，如果基类也是从其他类派生的，C#会根据层次结构找到最顶层的基类，并调用基类的构造函数，然后依次调用各级派生类的构造函数。析构函数的执行顺序正好与构造函数相反。继承中的构造函数和析构函数执行顺序示意图如图4-3所示。

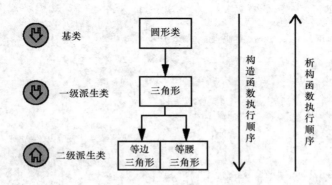

图4-3　继承中的构造函数和析构函数执行顺序示意图

4.1.2　多态

多态是面向对象编程的基本特征之一，它使得派生类的实例可以直接赋予基类的对象，然后直接通过这个对象调用派生类的方法。在C#中，类的多态是通过在派生类中重写基类的虚方法来实现的。

1．虚方法的重写

在类的方法前面加上关键字virtual，则称该方法为虚方法。通过对虚方法重写，可以实现在程序运行过程确定调用的方法。重写（还可以称为覆盖）就是在派生类中将基类的成员方法的名称保留，重写成员方法的实现内容，更改成员方法的存储权限，或者修改成员方法的返回值类型。

【例4-2】创建一个控制台应用程序，其中自定义一个Vehicle类，用来作为基类，该类中自定义一个虚方法Move；然后自定义Train类和Car类，都继承自Vehicle类，在这两个派生类中重写基类中的虚方法Move，输出不同交通工具的形态；最后，在Program类的Main方法中，分别使用基类和派生类的对象生成一个Vehicle类型的数组，使用数组中的每个对象调用Move方法，比较它们的输出信息。代码如下：

```
class Vehicle
{
    string name;                          //定义字段
    public string Name                    //定义属性为字段赋值
```

```
    {
        get { return name; }
        set { name = value; }
    }
    public virtual void Move()                                  //定义方法输出交通工具的形态
    {
        Console.WriteLine("{0}都可以移动", Name);
    }
}
class Train : Vehicle
{
    public override void Move()                                 //重写方法输出交通工具形态
    {
        Console.WriteLine("{0}在铁轨上行驶",Name);
    }
}
class Car : Vehicle
{
    public override void Move()                                 //重写方法输出交通工具形态
    {
        Console.WriteLine("{0}在公路上行驶",Name);
    }
}
class Program
{
    static void Main(string[] args)
    {
        Vehicle vehicle = new Vehicle();                        //创建Vehicle类的实例
        Train train = new Train();                              //创建Train类的实例
        Car car = new Car();                                    //创建Car类的实例
        //使用基类和派生类对象创建Vehicle类型数组
        Vehicle[] vehicles = { vehicle, train, car};
        vehicle.Name = "交通工具";                               //设置交通工具的名字
        train.Name = "火车";                                     //设置交通工具的名字
        car.Name = "汽车";                                       //设置交通工具的名字
        vehicles[0].Move();                                     //输出交通工具的形态
        vehicles[1].Move();                                     //输出交通工具的形态
        vehicles[2].Move();                                     //输出交通工具的形态
        Console.ReadLine();
    }
}
```

程序运行结果如图4-4所示。

2. 抽象类与抽象方法

如果一个类不与具体的事物相联系，只是表达一种抽象的概念或行为，仅仅是作为其派生类的一个基类，这样的类就可以声明为抽象类，在抽象类中声明方法时，如果加上abstract关键字，则为抽象方法。举例如，去商场买衣服，这句话描述的就是一个抽象的行为。到底去哪个商

图4-4　交通工具的形态

场买衣服，买什么样的衣服，是短衫、裙子，还是其他的什么衣服？在"去商场买衣服"这句话中，并没有对"买衣服"这个抽象行为指明一个确定的信息。如果要将"去商场买衣服"这个动作封装为一个行为类，那么这个类就应该是一个抽象类。本节将对抽象类及抽象方法进行详细介绍。

说明 C#中规定，类中只要有一个方法声明为抽象方法，这个类也必须被声明为抽象类。

- 抽象类主要用来提供多个派生类可共享的基类的公共定义，它与非抽象类的主要区别如下。
- 抽象类不能直接实例化。
- 抽象类中可以包含抽象成员，但非抽象类中不可以。
- 抽象类不能被密封。

C#中声明抽象类时需要使用abstract关键字，具体语法格式如下：

```
访问修饰符  abstract class 类名：基类或接口
{
    //类成员
}
```

注意 声明抽象类时，除abstract关键字、class关键字和类名外，其他的都是可选项。

在抽象类中定义的方法，如果加上abstract关键字，就是一个抽象方法，抽象方法不提供具体的实现。引入抽象方法的原因是抽象类本身是一个抽象的概念，有的方法并不需要具体的实现，而是留下让派生类来重写实现。声明抽象方法时需要注意以下两点。

- 抽象方法必须声明在抽象类中。
- 声明抽象方法时，不能使用virtual、static和private修饰符。

例如，声明一个抽象类，该抽象类中声明一个抽象方法。代码如下：

```
public abstract class TestClass
{
    public abstract void AbsMethod();                          //抽象方法
}
```

当从抽象类派生一个非抽象类时，需要在非抽象类中重写抽象方法，以提供具体的实现，重写抽象方法时使用override关键字。

【例4-3】创建一个控制台应用程序，主要通过重写抽象方法输出进货信息和销售信息。声明一个抽象类Information，在该抽象类中主要定义两个属性和一个抽象方法，其中，抽象方法用来输出信息，但具体输出什么信息是不确定的；然后声明两个派生类JHInfo和XSInfo，这两个类继承自Information，分

别用来表示进货类和销售类，在这两个类中分别重写Information抽象类中的抽象方法，并分别输出进货信息和销售信息；最后在Program类的Main方法中分别创建JHInfo和XSInfo类的对象，并分别使用这两个对象调用重写的方法输出相应的信息。代码如下：

```
public abstract class Information
{
    public string Code { get; set; }                //编号属性及实现
    public string Name { get; set; }                //名称属性及实现
    public abstract void ShowInfo();                //抽象方法，用来输出信息
}
public class JHInfo : Information                    //继承抽象类，定义进货类
{
    public override void ShowInfo()                 //重写抽象方法，输出进货信息
    {
        Console.WriteLine("进货信息：\n" + Code + " " + Name);
    }
}
public class XSInfo : Information                    //继承抽象类，定义销售类
{
    public override void ShowInfo()                 //重写抽象方法，输出销售信息
    {
        Console.WriteLine("销售信息：\n" + Code + " " + Name);
    }
}
class Program
{
    static void Main(string[] args)
    {
        JHInfo jhInfo = new JHInfo();               //创建进货类对象
        jhInfo.Code = "JH0001";                     //使用进货类对象访问基类中的编号属性
        jhInfo.Name = "笔记本电脑";                   //使用进货类对象访问基类中的名称属性
        jhInfo.ShowInfo();                          //输出进货信息
        XSInfo xsInfo = new XSInfo();               //创建销售类对象
        xsInfo.Code = "XS0001";                     //使用销售类对象访问基类中的编号属性
        xsInfo.Name = "手机";                        //使用销售类对象访问基类中的名称属性
        xsInfo.ShowInfo();                          //输出销售信息
        Console.ReadLine();
    }
}
```

程序运行结果如图4-5所示。

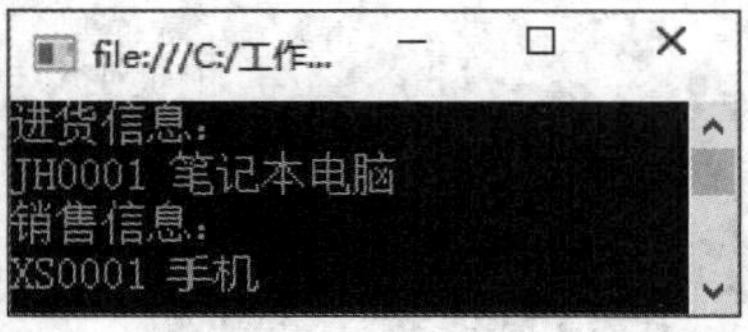

3．密封类与密封方法

为了避免滥用继承，C#中提出了密封类的概念。密封类可以用来限制扩展性，如果密封了某个类，则其他类不能从该类继承；如果密封了某个成员，则派生类不能重写该成员的实现。密封类语法格式如下：

图4-5　抽象类及抽象方法的使用

```
访问修饰符 sealed class 类名:基类或接口
{
    //密封类的成员
}
```

例如，声明一个密封类，代码如下：

```
public sealed class SealedTest            //声明密封类
{
}
```

如果类的方法声明中包含sealed修饰符，则称该方法为密封方法。密封方法只能用于对基类的虚方法进行实现，因此，声明密封方法时，sealed修饰符总是与override修饰符同时使用。

【例4-4】修改【例4-3】，将基类Information修改为普通的类，并将其中的抽象方法ShowInfo修改为虚方法；然后将派生类JHInfo修改为密封类，并在其中将基类中的虚方法重写为一个密封方法；最后在Program类的Main方法中，使用派生类对象调用重写的方法输出进货信息。代码如下：

```
public class Information
{
    public string Code { get; set; }              //编号属性及实现
    public string Name { get; set; }              //名称属性及实现
    public virtual void ShowInfo() { }            //虚方法，用来输出信息
}
public sealed class JHInfo : Information           //定义进货类，并设置为密封类
{
    //将基类的虚方法重写，并设置为密封方法
    public sealed override void ShowInfo()
    {
        Console.WriteLine("进货信息：\n" + Code + " " + Name);
    }
}
class Program
{
    static void Main(string[] args)
    {
        JHInfo jhInfo = new JHInfo();             //创建进货类对象
```

```
        jhInfo.Code = "JH0001";                        //使用进货类对象访问基类中的编号属性
        jhInfo.Name = "笔记本电脑";                      //使用进货类对象访问基类中的名称属性
        jhInfo.ShowInfo();                             //输出进货信息
        Console.ReadLine();
    }
}
```

程序运行结果如图4-6所示。

如果在【例4-4】中再定义一个类，使其继承自JHInfo类，将会出现图4-7所示的错误提示，因为JHInfo类是一个密封类，密封类是不能被继承的。

图4-6　密封类和密封方法的使用　　　　　　　　　　图4-7　继承密封类时的错误提示

4.2　结构与接口

4.2.1　结构

结构是一种值类型，通常用来封装一组相关的变量。结构中可以包括构造函数、常量、字段、方法、属性、运算符、事件和嵌套类型等，但如果要同时包括上述几种成员，则应该考虑使用类。

结构实际是将多个相关的变量包装成为一个整体使用。结构体中的变量，可以是相同、部分相同，或完全不同的数据类型。结构具有以下特点。

结构与接口

    ❑　结构是值类型。

    ❑　向方法传递结构时，结构是通过传值方式传递的，而不是作为引用传递的。

    ❑　结构的实例化可以不使用new运算符。

    ❑　结构可以声明构造函数，但它们必须带参数。

    ❑　一个结构不能从另一个结构或类继承。所有结构都直接继承自System.ValueType，后者继承自System.Object。

    ❑　结构可以实现接口。

    ❑　在结构中初始化实例字段是错误的。

C#中使用struct关键字来声明结构，语法格式如下：

```
结构修饰符 struct 结构名
{
}
```

结构通常用于较小的数据类型，下面通过一个实例说明如何在程序中使用结构。

例如，定义一个结构，在结构中存储职工的信息；然后在结构中定义一个构造函数，用来初始化职工信息；最后定义一个Information方法，输出职工的信息，代码如下：

```
public struct Employee                    //定义一个结构，用来存储职工信息
{
    public string name;                   //职工的姓名
    public string sex;                    //职工的性别
    public int age;                       //职工的年龄
    public string duty;                   //职工的职务
    public Employee(string n, string s, string a, string d)//职工信息
    {
        name = n;                         //设置职工的姓名
        sex = s;                          //设置职工的性别
        age =Convert .ToInt16 ( a);       //设置职工的年龄
        duty = d;                         //设置职工的职务
    }
    public void Information()             //输出职工的信息
    {
        Console.WriteLine("{0} {1} {2} {3}", name, sex, age, duty);
    }
}
```

4.2.2 接口

C#中的类不支持多重继承，但是客观世界出现多重继承的情况又比较多。为了避免传统的多重继承给程序带来的复杂性等问题，同时保证多重继承带给程序员的诸多好处，C#提出了接口的概念，通过接口可以实现多重继承的功能。

1. 接口的概念及声明

接口提出了一种契约（或者说规范），让使用接口的程序员必须严格遵守接口提出的规范。举个例子来说，在组装计算机时，主板与机箱之间就存在一种事先约定。因为不管什么型号或品牌的机箱，什么种类或品牌的主板，都必须遵照一定的标准来设计制造，所以在组装机箱时，计算机的零配件都可以安装在现今的大多数机箱上。接口就可以看作是这种标准，它强制性地要求派生类必须实现接口提出的规范，以保证派生类必须拥有某些特性。

接口可以将方法、属性、索引器和事件作为成员，但是并不能设置这些成员的具体值，也就是说，只能定义。

 接口可以继承其他接口，类可以通过其继承的基类（或接口）多次继承同一个接口。

接口具有以下特征。
- ❑ 接口类似于抽象基类：继承接口的任何非抽象类型都必须实现接口的所有成员。
- ❑ 不能直接实例化接口。
- ❑ 接口可以包含事件、索引器、方法和属性。
- ❑ 接口不包含方法的实现。
- ❑ 类和结构可从多个接口继承。
- ❑ 接口自身可从多个接口继承。

在C#中声明接口时，使用interface关键字，其语法格式如下：

```
修饰符  interface  接口名称：继承的接口列表
{
    接口内容；
}
```

例如，下面使用interface关键字定义一个Information接口，该接口中声明Code和Name两个属性，分别表示编号和名称，声明了一个方法ShowInfo，用来输出信息，代码如下：

```
interface Information                                //定义接口
{
  string Code { get; set; }                          //编号属性及实现
  string Name { get; set; }                          //名称属性及实现
  void ShowInfo();                                   //用来输出信息
}
```

 说明 接口中的成员默认是公共的，因此，不允许写入访问修饰符。

2. 接口的实现与继承

接口的实现通过类继承来完成，一个类虽然只能继承一个基类，但可以继承任意接口。声明实现接口的类时，需要在基类列表中包含类所实现的接口的名称。

【例4-5】修改【例4-3】，通过继承接口实现输出进货信息和销售信息的功能，代码如下：

```
interface Information                               //定义接口
{
  string Code { get; set; }                         //编号属性及实现
  string Name { get; set; }                         //名称属性及实现
  void ShowInfo();                                  //用来输出信息
}
public class JHInfo : Information                    //继承接口，定义进货类
{
  string code = "";
  string name = "";
  public string Code                                //实现编号属性
  {
    get
    {
      return code;
    }
    set
    {
      code = value;
    }
```

```
    }
    public string Name                                //实现名称属性
    {
        get
        {
            return name;
        }
        set
        {
            name = value;
        }
    }
    public void ShowInfo()                            //实现方法，输出进货信息
    {
        Console.WriteLine("进货信息：\n" + Code + " " + Name);
    }
}
public class XSInfo : Information                      //继承接口，定义销售类
{
    string code = "";
    string name = "";
    public string Code                                //实现编号属性
    {
        get
        {
            return code;
        }
        set
        {
            code = value;
        }
    }
    public string Name                                //实现名称属性
    {
        get
        {
            return name;
        }
        set
        {
```

```
                name = value;
            }
        }
        public void ShowInfo()                          //实现方法，输出销售信息
        {
            Console.WriteLine("销售信息：\n" + Code + " " + Name);
        }
    }
class Program
{
        static void Main(string[] args)
        {
        Information[] Infos = { new JHInfo(), new XSInfo() };   //定义接口数组
        Infos[0].Code = "JH0001";                       //使用接口对象设置编号属性
        Infos[0].Name = "笔记本电脑";                      //使用接口对象设置名称属性
        Infos[0].ShowInfo();                            //输出进货信息
        Infos[1].Code = "XS0001";                       //使用接口对象设置编号属性
        Infos[1].Name = "手机";                          //使用接口对象设置名称属性
        Infos[1].ShowInfo();                            //输出销售信息
        Console.ReadLine();
    }
}
```

程序运行结果如图4-5所示。

 说明

上面的实例中只继承了一个接口，接口还可以多重继承。使用多重继承时，要继承的接口之间用逗号（,）分隔。

3. 显式接口成员实现

如果类实现两个接口，并且这两个接口包含具有相同签名的成员，那么在类中实现该成员将导致两个接口都使用该成员作为它们的实现；如果两个接口成员实现不同的功能，那么这可能会导致其中一个接口的实现不正确或两个接口的实现都不正确，这时可以显式地实现接口成员，即创建一个仅通过该接口调用并且特定于该接口的类成员。显式接口成员实现是使用接口名称和一个句点命名该类成员来实现的。

【例4-6】创建一个控制台应用程序，其中声明了两个接口——ICalculate1和ICalculate2，在这两个接口中声明了一个同名方法Add；然后定义一个类Compute，该类继承自已经声明的两个接口，在Compute类中实现接口中的方法时，由于ICalculate1和ICalculate2接口中声明的方法名相同，这里使用了显式接口成员实现；最后在主程序类Program的Main方法中使用接口对象调用接口中定义的方法。代码如下：

```
interface ICalculate1
```

```
{
    int Add();                                    //求和方法，加法运算的和
}
interface ICalculate2
{
    int Add();                                    //求和方法，加法运算的和
}
class Compute : ICalculate1, ICalculate2          //继承接口
{
    int ICalculate1.Add()                         //显式接口成员实现
    {
        int x = 10;
        int y = 40;
        return x + y;
    }
    int ICalculate2.Add()                         //显式接口成员实现
    {
        int x = 10;
        int y = 40;
        int z = 50;
        return x + y + z;
    }
}
class Program
{
    static void Main(string[] args)
    {
        Compute compute = new Compute();          //实例化接口继承类的对象
        ICalculate1 Cal1 = compute;               //使用接口继承类的对象实例化接口
        Console.WriteLine(Cal1.Add());            //使用接口对象调用接口中的方法
        ICalculate2 Cal2 = compute;               //使用接口继承类的对象实例化接口
        Console.WriteLine(Cal2.Add());            //使用接口对象调用接口中的方法
        Console.ReadLine();
    }
}
```

程序运行结果如下：

```
50
100
```

 说明 显式接口成员实现中不能包含访问修饰符、abstract、virtual、override或static修饰符。

4. 抽象类与接口

抽象类和接口都包含可以由派生类继承的成员,它们都不能直接实例化,但可以声明它们的变量。如果这样做,就可以使用多态性把继承这两种类型的对象指定给它们的变量,然后通过这些变量来使用抽象类或者接口中的成员,但不能直接访问派生类中的其他成员。

抽象类和接口的区别主要有以下几点。

❑ 它们的派生类只能继承一个基类,即只能直接继承一个抽象类,但可以继承任意多个接口。

❑ 抽象类中可以定义成员的实现,但接口中不可以。

❑ 抽象类中可以包含字段、构造函数、析构函数、静态成员或常量等,接口中不可以。

❑ 抽象类中的成员可以是私有的(只要它们不是抽象的)、受保护的、内部的或受保护的内部成员(受保护的内部成员只能在应用程序的代码或派生类中访问),但接口中的成员默认是公共的,定义时不能加修饰符。

4.3 集合与索引器

4.3.1 集合

.NET提供了一种称为集合的类型,它类似于数组,是一组组合在一起的类型化对象,可以通过遍历获取其中的每个元素。

集合与索引器

1. 自定义集合

自定义集合需要通过实现System.Collections命名空间提供的集合接口实现,System.Collections命名空间提供的常用接口及说明如表4-1所示。

表4-1　System.Collections命名空间提供的常用接口及说明

接　口	说　明
ICollection	定义所有非泛型集合的大小、枚举数和同步方法
IComparer	公开一种比较两个对象的方法
IDictionary	表示键/值对的非通用集合
IDictionaryEnumerator	枚举非泛型字典的元素
IEnumerable	公开枚举数,该枚举数支持在非泛型集合上进行简单迭代
IEnumerator	支持对非泛型集合的简单迭代
IList	表示可按照索引单独访问的对象的非泛型集合

下面以继承IEnumerable接口为例,讲解如何自定义集合。

IEnumerable接口用来公开枚举数,该枚举数支持在非泛型集合上进行简单迭代,该接口的定义如下:

```
public interface IEnumerable
```

IEnumerable接口中有一个GetEnumerator方法,因此在实现该接口时,需要定义GetEnumerator方法的实现。GetEnumerator方法定义如下:

```
IEnumerator GetEnumerator()
```

在实现IEnumerable接口的同时,也需要实现IEnumerator接口,该接口中有3个成员,分别是Current属性、MoveNext方法和Reset方法,它们的定义如下:

```
Object Current { get; }
bool MoveNext()
void Reset()
```

【例4-7】创建一个控制台应用程序，通过继承IEnumerable和IEnumerator接口自定义一个集合，用来存储进销存管理系统中的商品信息，最后使用遍历的方式输出自定义集合中存储的商品信息。代码如下：

```
public class Goods                              //定义集合中的元素类，表示商品信息类
{
    public string Code;                         //编号
    public string Name;                         //名称
    public Goods(string code, string name)      //定义构造函数，赋初始值
    {
        this.Code = code;
        this.Name = name;
    }
}
public class JHClass : IEnumerable, IEnumerator //定义集合类
{
    private Goods[] _goods;                     //初始化Goods类型的集合
    public JHClass(Goods[] gArray)              //使用带参构造函数赋值
    {
        _goods = new Goods[gArray.Length];
        for (int i = 0; i < gArray.Length; i++)
        {
            _goods[i] = gArray[i];
        }
    }
    //实现IEnumerable接口中的GetEnumerator方法
    IEnumerator IEnumerable.GetEnumerator()
    {
        return (IEnumerator)this;
    }
    int position = -1;                          //记录索引位置
    object IEnumerator.Current                   //实现IEnumerator接口中的Current属性
    {
        get
        {
            return _goods[position];
        }
    }
```

95

```
    public bool MoveNext()                          //实现IEnumerator接口中的MoveNext方法
    {
        position++;
        return (position < _goods.Length);
    }
    public void Reset()                             //实现IEnumerator接口中的Reset方法
    {
        position = -1;                              //指向第一个元素
    }
}
class Program
{
    static void Main()
    {
        Goods[] goodsArray = new Goods[3]
        {
        new Goods("T0001", "笔记本电脑"),
        new Goods("T0002", "手机"),
        new Goods("T0003", "平板电脑"),
        };                                          //初始化Goods类型的数组
        JHClass jhList = new JHClass(goodsArray);   //使用数组创建集合类对象
        foreach (Goods g in jhList)                 //遍历集合
            Console.WriteLine(g.Code + " " + g.Name);
        Console.ReadLine();
    }
}
```

程序运行结果如图4-8所示。

2. 使用集合类

.NET Framework中定义了很多的集合类，包括ArrayList、Quueue、Stacke、Hashtable等，下面以ArrayList类为例介绍集合类的使用。

ArrayList类是一种非泛型集合类，它可以动态地添加和删除元素。ArrayList类相当于一种高级的动态数组，它是Array类的升级版本，但它并不等同于数组。

图4-8　自定义集合存储商品信息

与数组相比，ArrayList类为开发人员提供了以下功能。

❑ 数组的容量是固定的，而ArrayList的容量可以根据需要自动扩充。

❑ ArrayList提供添加、删除和插入某一范围元素的方法，但在数组中，只能一次获取或设置一个元素的值。

❑ ArrayList提供将只读和固定大小包装返回到集合的方法，而数组不提供。

❑ ArrayList只能是一维形式，而数组可以是多维的。

ArrayList类提供了3个构造器，分别如下：

```
public ArrayList();
public ArrayList(ICollection arryName);
public ArrayList(int n);
```

❑ arryName：要添加集合的数组名。

❑ n：ArrayList对象的空间大小。

例如，声明一个具有10个元素的ArrayList对象，并为其赋初始值，代码如下：

```
ArrayList List = new ArrayList(10);
```

ArrayList集合类的常用属性及说明如表4-2所示。

表4-2　ArrayList集合类的常用属性及说明

属　性	说　明
Capacity	获取或设置ArrayList可包含的元素数
Count	获取ArrayList中实际包含的元素数
IsFixedSize	获取一个值，该值指示ArrayList是否具有固定大小
IsReadOnly	获取一个值，该值指示ArrayList是否为只读
IsSynchronized	获取一个值，该值指示是否同步对ArrayList的访问
Item	获取或设置指定索引处的元素
SyncRoot	获取可用于同步ArrayList访问的对象

ArrayList集合类的常用方法及说明如表4-3所示。

表4-3　ArrayList集合类的常用方法及说明

方　法	说　明
Add	将对象添加到ArrayList的结尾处
AddRange	将ICollection的元素添加到ArrayList的末尾
Clear	从ArrayList中移除所有元素
Contains	确定某元素是否在ArrayList中
CopyTo	将ArrayList或它的一部分复制到一维数组中
GetEnumerator	返回循环访问ArrayList的枚举数
IndexOf	返回ArrayList或它的一部分中某个值的第一个匹配项的从零开始的索引
Insert	将元素插入ArrayList的指定索引处
InsertRange	将集合中的某个元素插入ArrayList的指定索引处
LastIndexOf	返回ArrayList或它的一部分中某个值的最后一个匹配项的从零开始的索引
Remove	从ArrayList中移除特定对象的第一个匹配项
RemoveAt	移除ArrayList的指定索引处的元素
RemoveRange	从ArrayList中移除一定范围的元素
Reverse	将ArrayList或它的一部分元素的顺序反转
Sort	对ArrayList或它的一部分元素进行排序
ToArray	将ArrayList的元素复制到新数组中

【例4-8】使用ArrayList集合存储商品名称列表并输出，代码如下：

```
static void Main(string[] args)
{
    ArrayList list = new ArrayList();              //创建ArrayList集合
    //向集合中添加商品列表
    list.Add("笔记本电脑");
    list.Add("手机");
    list.Add("平板电脑");
    foreach (string name in list)                  //遍历集合
        Console.WriteLine(name);                   //输出遍历到的集合元素
    Console.ReadLine();
}
```

程序运行结果如图4-9所示。

4.3.2 索引器

C#支持一种名为索引器的特殊"属性"，它能够通过引用数组元素的方式来引用对象。

索引器的声明方式与属性比较相似，这二者的一个重要区别是索引器在声明时需要定义参数，而属性则不需要定义参数，索引器的声明格式如下：

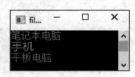

图4-9　使用ArrayList集合存储商品名称列表并输出

```
修饰符 类型 this[参数列表]
{
    get {get访问器}
        set {set访问器}
}
```

索引器与属性除了在定义参数方面不同之外，它们之间的区别主要还有以下两点。

□　索引器的名称必须是关键字this，this后面一定要跟一对方括号（[ ]），在方括号之间指定索引的参数列表，其中至少必须有一个参数。

□　索引器不能被定义为静态的，而只能是非静态的。

索引器的修饰符有new、public、protected、internal、private、virtual、sealed、override、abstract和extern。当索引器声明包含extern修饰符时，称为外部索引器，由于外部索引器声明不提供任何实现，所以它的每个索引器声明都由一个分号组成。

索引器的使用方式不同于属性的使用方式，需要使用元素访问运算符（[ ]），并在其中指定参数来进行引用。

【例4-9】定义一个类CollClass，在该类中声明一个用于操作字符串数组的索引器；然后在Main方法中创建CollClass类的对象，并通过索引器为数组中的元素赋值；最后使用for循环通过索引器获取数组中的所有元素。代码如下：

```
class CollClass
{
    public const int intMaxNum = 3;                                    //表示数组的长度
    private string[] arrStr;                                           //声明数组的引用
```

```
    public CollClass()                                        //构造方法
    {
        arrStr = new string[intMaxNum];                       //设置数组的长度
    }
    public string this[int index]                             //定义索引器
    {
        get
        {
            return arrStr[index];                             //通过索引器取值
        }
        set
        {
            arrStr[index] = value;                            //通过索引器赋值
        }
    }
}
class Program
{
    static void Main(string[] args)                           //入口方法
    {
        CollClass cc = new CollClass();                       //创建CollClass类的对象
        cc[0] = "CSharp";                                     //通过索引器给数组元素赋值
        cc[1] = "ASP.NET";                                    //通过索引器给数组元素赋值
        cc[2] = "Visual Basic";                               //通过索引器给数组元素赋值
        for (int i = 0; i < CollClass.intMaxNum; i++)         //遍历所有的元素
        {
            Console.WriteLine(cc[i]);                         //通过索引器取值
        }
        Console.Read();
    }
}
```

程序运行结果如图4-10所示。

图4-10　索引器的定义及使用

4.4　异常处理

　　在编写程序时，不仅要关心程序是否能正常操作，还要检查错误代码及准备可能发生的各类不可预期的事件的对策。在现代编程语言中，异常处理是解决这些问题的主要方法。异常处理是一种功能强大的机制，用于处理应用程序可能产生的错误或是其他会中断程序执行的异常情况。异常处理可以捕捉程序执行所发生的错误。通过异常处理可以有效、快速地编写各种用来处理程序异常情况的程序代码。

异常处理

4.4.1　异常处理类

在.NET类库中，提供了针对各种异常情况所设计的异常类，这些类包含了异常的相关信息。配合异常处理语句，应用程序能够轻易地避免程序执行时可能中断应用程序的各种错误。.NET Framework中公共异常类及说明如表4-4所示，这些异常类都是System.Exception的直接或间接派生类。

表4-4　公共异常类及说明

异 常 类	说 明
System.ArithmeticException	在算术运算期间发生的异常
System.ArrayTypeMismatchException	当存储一个数组时，如果由于被存储的元素的实际类型与数组的实际类型不兼容而导致存储失败，就会引发此异常
System.DivideByZeroException	在试图用零除整数值时引发
System.IndexOutOfRangeException	在试图使用小于零或超出数组界限的下标索引数组时引发
System.InvalidCastException	当从基类型或接口到派生类型的显示转换在运行时失败，就会引发此异常
System.NullReferenceException	在需要使用引用对象的场合，如果使用null引用，就会引发此异常
System.OutOfMemoryException	在分配内存的尝试失败时引发
System.OverflowException	在选中的上下文中所进行的算术运算、类型转换或转换操作导致溢出时引发的异常
System.StackOverflowException	挂起的方法调用过多而导致执行堆栈溢出时引发的异常
System.TypeInitializationException	在静态构造函数引发异常，并且没有可以捕捉到它的catch子句时引发

4.4.2　异常处理语句

C#程序中，可以使用异常处理语句处理异常，主要的异常处理语句有try...catch语句、try...catch...finally语句和throw语句。通过这3个异常处理语句，可以对可能产生异常的程序代码进行监控，下面将对这3个异常处理语句进行详细讲解。

1. try...catch语句

try...catch语句允许在try后面的大括号{}中放置可能发生异常情况的程序代码，对这些程序代码进行监控；在catch后面的大括号{}中放置处理错误的程序代码，以处理程序发生的异常。try...catch语句的语法格式如下：

```
try
{
    被监控的代码
}
catch(异常类名 异常变量名)
{
```

```
        异常处理
    }
```

在catch子句中，异常类名必须为System.Exception或从System.Exception派生的类型。当catch子句指定了异常类名和异常变量名后，就相当于声明了一个具有给定名称和类型的异常变量，此异常变量表示当前正在处理的异常。

另外，将finally语句与try...catch语句结合，可以形成try...catch...finally语句。finally语句以区块的方式存在，它被放在所有try...catch语句的最后面，程序执行完毕，最后都会执行finally语句块中的代码。语法格式如下：

```
try
{
        被监控的代码
}
catch(异常类名   异常变量名)
{
        异常处理
}
...
finally
{
        程序代码
}
```

 说明 无论是否引发了异常，都可以使用 finally 子句清理代码。如果分配了昂贵或有限的资源（如数据库连接或流），则应将释放这些资源的代码放置在 finally 块中。

【例4-10】创建一个控制台应用程序，使用try...catch...finally捕获除数为0的异常信息，并输出。代码如下：

```
static void Main(string[ ] args)
{
    try
    {
        int i = 50;                                    //声明一个int类型的变量i
        int j = 0;                                     //声明一个int类型的变量j
        int num;                                       //声明一个int类型的变量num
        num = i / j;                                   //执行除法运算
    }
    catch (Exception ex)                               //捕获异常
    {
        Console.WriteLine("捕获异常：" + ex);            //输出异常
```

```
    }
    finally
    {
        Console.WriteLine("执行完毕！：");
    }
    Console.ReadLine();
}
```

程序的运行结果如图4-11所示。

查看运行结果，抛出了异常。因为声明的object
变量obj被初始化为null，然后又将obj强制转换成int类
型，这样就产生了异常。由于使用了try...catch语句，
所以将这个异常捕获，并将异常输出。

图4-11　使用try...catch...finally捕获除数为0的异常

2．throw语句

throw语句用于主动引发一个异常，使用throw语句可以在特定的情形下，自行抛出异常。throw语句的语
法格式如下：

```
throw  ExObject
```

参数ExObject表示所要抛出的异常对象，这个异常对象是派生自System.Exception类的对象。

 通常throw语句与try...catch或try...Catch...finally语句一起使用。当引发异常时，程序查找处理
此异常的catch语句。也可以用throw语句重新引发已捕获的异常。

例如，使用throw语句抛出除数为0时的异常信息，代码如下：

```
int i=50;                              //声明一个int类型的变量i
int j=0;                               //声明一个int类型的变量j
int num;                               //声明一个int类型的变量num
if (j == 0)                            //判断j是否等于0，若等于0，抛出异常
{
    throw new DivideByZeroException(); //抛出DivideByZeroException异常
}
num = i / j;                           //计算i除以j的值
```

4.5　委托和匿名方法

为了实现方法的参数化，提出了委托的概念。委托是一种引用方法的类型，
即委托是方法的引用，一旦为委托分配了方法，委托将与该方法具有完全相同的行
为；另外，.NET中为了简化委托方法的定义，提出了匿名方法的概念。本节对委
托和匿名方法进行讲解。

委托和匿名方法

4.5.1　委托

C#中的委托（Delegate）是一种引用类型，该引用类型与其他引用类型有所不同。在委托对象的引用中存
放的不是对数据的引用，而是存放对方法的引用，即在委托的内部包含一个指向某个方法的指针。通过使用
委托把方法的引用封装在委托对象中，然后将委托对象传递给调用引用方法的代码。委托类型的声明语法格
式如下：

修饰符 delegate 返回类型 委托名称（参数列表）

其中，修饰符是可选项；返回类型、关键字**delegate**和委托名称是必需项；参数列表用来指定委托所匹配的方法的参数列表，所以是可选项。

一个与委托类型相匹配的方法必须满足以下两个条件。

❑ 这二者具有相同的签名，即具有相同的参数数目，并且类型相同，顺序相同，参数的修饰符也相同。

❑ 这二者具有相同的返回值类型。

委托是方法的类型安全的引用，之所以说委托是安全的，是因为委托和其他所有的C#成员一样，是一种数据类型，并且任何委托对象都是System.Delegate的某个派生类的一个对象，委托的类结构如图4-12所示。

图4-12　委托的类结构

从图4-12的结构图中可以看出，任何自定义委托类型都继承自System.Delegate类型，并且该类型封装了许多委托的特性和方法。下面通过一个具体的例子来说明委托的定义及应用。

【例4-11】创建一个控制台应用程序，首先定义一个实例方法Add，该方法将作为自定义委托类型MyDelegate的匹配方法；然后在控制台应用程序的默认类Program中定义一个委托类型MyDelegate，接着在应用程序的入口方法Main中创建该委托类型的实例md，并绑定到Add方法。代码如下：

```
public class TestClass
{
    public int Add(int x,int y)
    {
        return x+y;
    }
}
class Program
{
    public delegate int MyDelegate(int x, int y);          //定义一个委托类型
    static void Main(string[] args)
    {
        TestClass tc = new TestClass();
        MyDelegate md = tc.Add;                            //创建委托类型的实例md,并绑定到Add方法
        int intSum = md(2, 3);                             //委托的调用
        Console.WriteLine("运算结果是："+intSum.ToString());
        Console.Read();
    }
}
```

上面代码中的**MyDelegate**自定义委托类型继承自System.MulticastDelegate，并且该自定义委托类型包含一个名为Invoke的方法，该方法接受两个整型参数并返回一个整数值，由此可见Invoke方法的参数及返回值类型与Add方法完全相同。实际上程序在进行委托调用时就是调用了Invoke方法，所以上面的委托调用完全可以写成下面的形式：

```
int intSum = md.Invoke(2, 3);                                           //委托的调用
```

其实，上面的这种形式更有利于初学者的理解，本实例的运行结果为"运算结果是：5"。

4.5.2　匿名方法

为了提高委托的可操作性，C#中提出了匿名方法的概念，它在一定程度上减少了代码量，并简化了委托引用方法的过程。

匿名方法允许一个与委托关联的代码被内联地写入使用委托的位置，这使得代码对于委托的实例很直接。除了这种便利之外，匿名方法还共享了对本地语句包含的函数成员的访问。匿名方法的语法格式如下：

```
delegate(参数列表)
{
    代码块
}
```

【例4-12】创建一个控制台应用程序，首先定义一个无返回值且其参数为字符串的委托DelOutput；然后在控制台应用程序的默认类Program中定义一个静态方法NamedMethod，使该方法与委托DelOutput相匹配，在Main方法中定义一个匿名方法delegate(string j)，并创建委托DelOutput的对象del；最后通过委托对象del调用匿名方法和命名方法（NamedMethod），代码如下：

```
delegate void DelOutput(string s);              //自定义委托
class Program
{
    static void NamedMethod(string k)           //与委托匹配的命名方法
    {
        Console.WriteLine(k);
    }
    static void Main(string[] args)
    {
        //委托的引用指向匿名方法delegate(string j){}
        DelOutput del = delegate(string j)
        {
            Console.WriteLine(j);
        };
        del.Invoke("匿名方法被调用");            //委托对象del调用匿名方法
        //del("匿名方法被调用");                 //委托也可使用这种方式调用匿名方法
        Console.Write("\n");
        del = NamedMethod;                       //委托绑定命名方法NamedMethod
        del("命名方法被调用");                   //委托对象del调用命名方法
        Console.ReadLine();
    }
}
```

程序运行结果为：

```
匿名方法被调用
命名方法被调用
```

事件

4.6 事件

C#中的事件是指某个类的对象在运行过程中遇到的一些特定事情，而这些特定的事情有必要通知给这个对象的使用者。当发生与某个对象相关的事件时，类会使用事件将这一对象通知给用户，这种通知即称为"引发事件"。引发事件的对象称为事件的源或发送者。对象引发事件的原因很多，响应对象数据的更改、长时间运行的进程完成或服务中断等。

对于事件的相关理论和实现技术细节，本节将从委托的发布和订阅、事件的发布和订阅、EventHandler类和Windows事件这4个方面进行讲解。

4.6.1 委托的发布和订阅

由于委托能够引用方法，而且能够链接和删除其他委托对象，所以就能够通过委托来实现事件的"发布和订阅"这两个必要的过程。通过委托来实现事件处理的过程，通常需要以下4个步骤。

（1）定义委托类型，并在发布者类中定义一个该类型的公有成员。

（2）在订阅者类中定义委托处理方法。

（3）订阅者对象将其事件处理方法链接到发布者对象的委托成员（一个委托类型的引用）上。

（4）发布者对象在特定的情况下"激发"委托操作，从而自动调用订阅者对象的委托处理方法。

下面以学校铃声为例。通常，学生会对上下课铃声做出相应的动作响应。例如，打上课铃，同学们开始学习；打下课铃，同学们开始休息。下面就通过委托的发布和订阅来实现这个功能。

> 【例4-13】创建一个控制台应用程序，通过委托来实现学生们对铃声所做出的响应，具体步骤如下。

（1）定义一个委托类型RingEvent，其整型参数ringKind表示铃声种类（1表示上课铃声；2表示下课铃声），具体代码如下：

```
public delegate void RingEvent(int ringKind);          //声明一个委托类型
```

（2）定义委托发布者类SchoolRing，并在该类中定义一个RingEvent类型的公有成员（即委托成员，用来进行委托发布），再定义一个成员方法Jow，用来实现激发委托操作，代码如下：

```
public class SchoolRing                                //定义发布者类
{
    public RingEvent OnBellSound;                      //委托发布
    public void Jow(int ringKind)                      //实现打铃操作
    {
        if (ringKind == 1 || ringKind == 2)            //判断打铃参数是否合法
        {
            Console.Write(ringKind == 1 ?"上课铃声响了，" : "下课铃声响了，");
            if (OnBellSound != null)                    //不等于空，说明它已经订阅了具体的方法
            {
                OnBellSound(ringKind);                  //回调OnBellSound委托所订阅的具体方法
            }
        }
        else
```

```
        {
            Console.WriteLine("这个铃声参数不正确！");
        }
    }
}
```

（3）由于学生会对铃声做出相应的动作响应，所以这里定义一个Students类，然后在该类中定义一个铃声事件的处理方法SchoolJow，并在某个激发时刻或状态下链接到SchoolRing对象的OnBellSound委托上。另外，在订阅完毕之后，还可以通过CancelSubscribe方法删除订阅，具体代码如下：

```
public class Students                                    //定义订阅者类
{
    public void SubscribeToRing(SchoolRing schoolRing)   //学生们订阅铃声这个委托事件
    {
        schoolRing.OnBellSound += SchoolJow;             //通过委托的链接操作进行订阅
    }
    public void SchoolJow(int ringKind)                  //事件的处理方法
    {
        if (ringKind == 2)                               //打下课铃
        {
            Console.WriteLine("同学们开始课间休息！");
        }
        else if (ringKind == 1)                          //打上课铃
        {
            Console.WriteLine("同学们开始认真学习！");
        }
    }
    public void CancelSubscribe(SchoolRing schoolRing)   //取消订阅铃声动作
    {
        schoolRing.OnBellSound -= SchoolJow;
    }
}
```

（4）当发布者SchoolRing类的对象调用其Jow方法进行打铃时，就会自动调用Students对象的SchoolJow这个事件处理方法，代码如下：

```
class Program
{
    static void Main(string[] args)
    {
        SchoolRing sr = new SchoolRing();                           //创建一个事件发布者实例
        Students student = new Students();                          //创建一个事件订阅者实例
        student.SubscribeToRing(sr);                                //学生订阅学校铃声
        Console.Write("请输入打铃参数（1：表示打上课铃；2：表示打下课铃）：");
```

```
        sr.Jow(Convert.ToInt32(Console.ReadLine()));            //开始打铃动作
        Console.ReadLine();
    }
}
```

本例运行结果如图4-13所示。

4.6.2 事件的发布和订阅

委托可以进行发布和订阅，从而使不同的对象对特定的情况做出反应，但这种机制存在一个问题，即外部对象可以任意修改已发布的委托（因为这个委托仅是一个普通的类级公有成员），这会影响到其他对象对委托的订阅（使委托丢掉了其他的订阅）。比如，在进行委托订阅时，使用"="符号，而不是"+="，或者在订阅时，设置委托指向一个空引用，这些都会对委托的安全性造成严重的威胁，如下面的示例代码。

例如，使用"="运算符进行委托的订阅，或者设置委托指向一个空引用，代码如下：

图4-13　发布和订阅铃声事件

```
public void SubscribeToRing(SchoolRing schoolRing)  //学生们订阅铃声这个委托事件
{
    //通过赋值运算符进行订阅，使委托OnBellSound丢掉了其他的订阅
    schoolRing.OnBellSound = SchoolJow;
}
或
public void SubscribeToRing(SchoolRing schoolRing)   //学生们订阅铃声这个委托事件
{
    schoolRing.OnBellSound = null;              //取消委托订阅的所有内容
}
```

为了解决这个问题，C#提供了专门的事件处理机制，以保证事件订阅的可靠性，其做法是在发布委托的定义中加上event关键字，其他代码不变。例如：

```
public event RingEvent OnBellSound;                    //事件发布
```

经过这个简单的修改后，其他类型再使用OnBellSound委托时，就只能将其放在复合赋值运算符"+="或"-="的左侧，而直接使用"="运算符，编译系统会报错，例如，下面的代码是错误的：

```
schoolRing.OnBellSound = SchoolJow;                    //系统会报错的
schoolRing.OnBellSound = null;                         //系统会报错的
```

这样就解决了上面出现的安全隐患。通过这个分析，可以看出，事件是一种特殊的类型，发布者在发布一个事件之后，订阅者对它只能进行自身的订阅或取消，而不能干涉其他订阅者。

事件是类的一种特殊成员：即使是公有事件，除了其所属类型之外，其他类型只能对其进行订阅或取消，别的任何操作都是不允许的，因此事件具有特殊的封装性。和一般委托成员不同，某个类型的事件只能由自身触发。例如，在Students的成员方法中，使用"schoolRing.OnBellSound(2)"直接调用SchoolRing对象的OnBellSound事件是不被允许的，因为OnBellSound这个委托只能在包含其自身定义的发布者类中被调用。

4.6.3 EventHandler类

在事件发布和订阅的过程中，定义事件的类型（即委托类型）是一件重复性的工作，为此，.NET类库中定义了一个EventHandler类，并建议尽量使用该类作为事件的委托类型。该委托类型的定义为：

```
public delegate void EventHandler(object sender,EventArgs e);
```

其中，object类型的参数sender表示引发事件的对象，由于事件成员只能由类型本身（即事件的发布者）触发，因此在触发时传递给该参数的值通常为this。例如，可将SchoolRing类的OnBellSound事件定义为EventHandler委托类型，那么触发该事件的代码就是"OnBellSound(this,null);"。

事件的订阅者可以通过sender参数来了解是哪个对象触发的事件（这里当然是事件的发布者），不过在访问对象时通常要进行强制类型转换。例如，Students类对OnBellSound事件的处理方法可以修改为：

```
public void SchoolJow(object sender , EventArgs e)
{
    if (((RingEventArgs)e).RingKind == 2)          //e强制转化为RingEventArgs类型
    {
        Console.WriteLine("同学们开始课间休息！");
    }
    else if (((RingEventArgs)e).RingKind==1)        //e强制转化为RingEventArgs类型
    {
        Console.WriteLine("同学们开始认真学习！");
    }
}
public void CancelSubscribe(SchoolRing schoolRing)  //取消订阅铃声动作
{
    schoolRing.OnBellSound -= SchoolJow;
}
```

EventHandler委托类型的第二个参数e表示事件中包含的数据。如果发布者还要向订阅者传递额外的事件数据，那么就需要定义EventArgs类型的派生类。例如，由于需要把打铃参数（1或2）传入事件中，则可以定义如下的RingEventArgs类：

```
public class RingEventArgs : EventArgs
{
    private int ringKind;                           //描述铃声种类的字段
    public int RingKind
    {
        get { return ringKind; }                    //获取打铃参数
    }
    public RingEventArgs(int ringKind)
    {
        this.ringKind = ringKind;                   //在构造器中初始化铃声参数
    }
}
```

而SchoolRing的实例在触发OnBellSound事件时，就可以将该类型（RingEventArgs）的对象作为参数传递给EventHandler委托类型，下面来看激发OnBellSound事件的主要代码：

```
public event EventHandler OnBellSound;                    //委托发布
public void Jow(int ringKind)                             //打铃方法
{
    if (ringKind == 1 || ringKind == 2)
    {
        Console.Write(ringKind == 1 ? "上课铃声响了，" : "下课铃声响了，");
        if (OnBellSound != null)                          //不等于空，说明它已经订阅具体的方法
        {
            //为了安全，事件成员只能由类型本身触发（this）
            OnBellSound(this, new RingEventArgs(ringKind));   //回调委托所订阅的方法
        }
    }
    else
    {
        Console.WriteLine("这个铃声参数不正确！");
    }
}
```

由于EventHandler原始定义中的参数类型是EventArgs，那么订阅者在读取参数内容时同样需要进行强制类型转换，例如：

```
public void SchoolJow(object sender, EventArgs e)
{
    if (((RingEventArgs)e).RingKind == 2)                 //打了下课铃
    {
        Console.WriteLine("同学们开始课间休息！");
    }
    else if (((RingEventArgs)e).RingKind==1)              //打了上课铃
    {
        Console.WriteLine("同学们开始认真学习！");
    }
}
```

4.6.4 Windows事件

事件在Windows这样的图形界面程序中有着极其广泛的应用，事件响应是程序与用户交互的基础。用户的绝大多数操作，如移动鼠标、单击鼠标、改变光标位置、选择菜单命令等，都可以触发相关的控件事件。以Button控件为例，其成员Click就是一个EventHandler类的事件：

```
public event EventHandler Click;
```

用户单击按钮时，Button对象就会调用其保护成员方法OnClick（它包含了激发Click事件的代码），并通过它来触发Click事件。

例如，在Form1窗体包含一个名为button1的按钮，那么可以在窗体的构造方法中关联事件处理方法，并在方法代码中执行所需要的功能，代码如下：

```
public Form1()
{
    InitializeComponent();
    button1.Click+= new EventHandler(button1_Click);                    //关联事件处理方法
}
private void button1_Click(object sender, EventArgs e)
{
    this.Close();
}
```

4.7 预处理指令

C#中包含很多的预处理指令，这些预处理指令主要用来告诉C#编译器要编译哪些代码，并指出如何处理特定的错误和警告。C#中的预处理指令都以"#"开始，其常用预处理指令及说明如表4-5所示。

预处理指令

表4-5　C#中的预处理指令及说明

指令名称	说　　明
#region	使开发人员可以在使用Visual Studio代码编辑器的大纲显示功能时，指定可展开或折叠的代码块
#endregion	标记#region块的结尾
#define	定义符号。当将符号用作传递给#if指令的表达式时，此表达式的计算结果为true
#undef	取消符号的定义，以便通过将该符号用作#if指令中的表达式时，使表达式的计算结果为false
#if	条件指令，结尾处必须有#endif指令
#else	允许创建复合条件指令，因此，如果前面的#if或#elif指令中的任何表达式都不为true，则编译器将计算#else与后面的#endif之间的所有代码
#elif	使开发人员能够创建复合条件指令
#endif	指定以#if指令开头的条件指令的结尾
#warning	使开发人员能够从代码的特定位置生成一级警告
#error	使开发人员能够从代码中的特定位置生成错误
#line	使开发人员能够修改编译器的行号以及输出错误和警告的文件名

下面对C#中常见的预处理指令进行简单介绍。

在C语言和C++中，预处理指令是非常重要的，但是在C#中，C#提供了很多其他的机制来实现C++指令的相应功能，因此，预处理指令在C#中使用得并不太频繁。

4.7.1 #region和#endregion

#region和#endregion指令使开发人员可以在使用Visual Studio代码编辑器的大纲显示功能时，指定可展开或折叠的代码块，它们在程序中是成对出现的。

【例4-14】在控制台应用程序中定义一个实现用户登录的方法，然后使用#region和#endregion指令折叠该方法，代码如下：

```
#region 实现用户登录的方法
public void Login(string Name, string Pwd)
{
  if (Name == "mr" && Pwd == "mrsoft")        //判断用户名和密码是否正确
  {
    Console.WriteLine(Name + " 欢迎您登录本系统！ ");
  }
  else
  {
    Console.WriteLine("请输入正确的用户名或密码！ ");
  }
}
#endregion
```

在Visual Studio开发环境中折叠上面的代码段，效果如图4-14所示。

⊞ 实现用户登录的方法

图4-14　用户登录方法在Visual Studio
开发环境中的折叠效果

#region块不能与#if块重叠，但是，可以将#region块嵌套在#if块内，或将#if块嵌套在#region块内。

4.7.2 #define和#undef

#define主要用来定义符号，当将符号用作传递给#if指令的表达式时，此表达式的计算结果为true。 例如，下面的代码定义一个DEBUG符号：

```
#define DEBUG
```

使用#define定义符号时，只能在代码文件的顶部（所有引用命名空间的代码之前）定义，如果在其他区域定义，会出现错误提示。

#undef用来取消符号的定义，以便通过将该符号用作#if指令中的表达式时，使表达式的计算结果为false。例如，下面代码为取消DEBUG符号的定义：

```
#undef DEBUG
```

（1）使用#undef取消符号时，与#define一样，只能出现在代码文件的顶部。
（2）用#define定义的符号与具有相同名称的变量或常量不冲突。

4.7.3 #if、#else、#elif和#endif

#if、#else、#elif和#endif这4个指令主要用来判断符号是否已经定义，它们相当于C#中的if条件判断语句，它们的对应关系如表4-6所示。

表4-6 #if、#else、#elif和#endif指令与if语句的对应关系

指令名称	说　明
#if	if语句
#else	else语句
#elif	else if语句
#endif	对应if条件判断语句的结尾

结合使用#if、#else、#elif、#endif指令，可以根据一个或多个符号是否存在来包含或排除代码，这在编译调试版本的代码或针对特定配置进行代码编译时，非常有用。

【例4-15】在控制台应用程序中定义两个符号IOS和WINDOWS，分别表示iOS操作系统和Windows操作系统的测试版本，然后使用#if、#else、#elif、#endif指令分别进行各种组合判断，判断当前测试的是哪种操作系统的版本。代码如下：

```
#define IOS                              //定义一个IOS符号
#define WINDOWS                          //定义一个WINDOWS符号
using System;
using System.Collections.Generic;
using System.Linq;
using System.Text;
namespace Test
{
  class Program
  {
    static void Main(string[] args)
    {
#if (IOS && !WINDOWS)                     //判断IOS符号已经定义，并且WINDOWS符号未定义
      Console.WriteLine("针对iOS操作系统的测试版本");
#elif(!IOS && WINDOWS)                    //判断IOS符号未定义，并且WINDOWS符号已定义
      Console.WriteLine("针对Windows操作系统的测试版本");
#else                                     //不满足上述两种条件的情况
      Console.WriteLine("针对Android操作系统的测试版本");
#endif                                    //结束符
      Console.ReadLine();
    }
  }
}
```

程序运行效果如图4-15所示。

4.7.4 #warning和#error

#warning指令用来使开发人员能够从代码的特定位置生成警告。例如，在程序中编写如下代码：

```
#warning "生成警告信息"
```

图4-15 #if、#else、#elif、#endif指令的结合使用

会在"错误列表"窗口中显示设置的警告信息，如图4-16所示。

#error指令用来使开发人员能够从代码中的特定位置生成错误。例如，在程序中编写如下代码：

```
#error "生成错误信息"
```

会在"错误列表"窗口中显示设置的错误信息，如图4-17所示。

图4-16 使用#warning指令生成警告信息　　　　图4-17 使用#error指令生成错误信息

说明 #warning和#error指令通常用在条件指令中。

4.7.5 #line

#line指令用来使开发人员能够修改编译器的行号，以及输出错误和警告的文件名。该指令在平时用得并不多，因为如果使用该指令，则表示编译器显示的行号与代码文件本身的行号可能并不匹配，或者编译器中显示的错误、警告的文件名并不正确。#line指令的使用方法如下：

```
        static void Main(string[] args)

        {

#line 115 "Demo.cs"                     //强制指定该行为第115行，编译文件为Demo.cs

            int i = 0;

            int j = 0;

#line default                           //恢复默认行

            int r = 0;

            int s = 0;

#line hidden                            //隐藏下面的两行

            Console.WriteLine("隐藏当前行");

            Console.ReadLine();

        }
```

运行程序，在"输出"窗口中查看"生成"来源，如图4-18所示。

图4-18 #line指令的使用

4.8 泛型

泛型

泛型是用于处理算法、数据结构的一种编程方法，它的目标是采用广泛适用和可交互性的形式来表示算法和数据结构，以使它们能够直接用于软件构造。泛型类、结构、接口、委托和方法可以根据它们存储和操作的数据的类型来进行参数化。泛型能在编译时，提供强大的类型检查，减少数据类型之间的显式转换、装箱操作和运行时的类型检查。泛型通常用在集合和在集合上运行的方法中。

4.8.1 类型参数T

泛型的类型参数T可以看作是一个占位符，它不是一种类型，它仅代表某种可能的类型。在定义泛型时，T出现的位置可以在使用时用任何类型来代替。类型参数T的命名准则如下。

□   使用描述性名称命名泛型类型参数，除非单个字母名称完全可以让人了解它表示的含义，否则描述性名称不会有更多的意义。

例如，使用代表一定意义的单词作为类型参数T的名称，代码如下：

```
public interface IStudent<TStudent>
public delegate void ShowInfo<TKey, TValue>
```

□   将T作为描述性类型参数名的前缀。例如，使用T作为类型参数名的前缀，代码如下：

```
public interface IStudent<T>
{
    T Sex { get; }
}
```

4.8.2 泛型接口

泛型接口的声明形式如下：

```
interface 接口名<T>
{
    接口体
}
```

声明泛型接口时，与声明一般接口的唯一区别是增加了一个<T>。一般来说，声明泛型接口与声明非泛型接口遵循相同的规则。泛型类型声明所实现的接口必须对所有可能的构造类型都保持唯一，否则就无法确定它为某些构造类型调用哪个方法。

例如，定义一个泛型接口ITest<T>，在该接口中声明CreateIObject方法，然后定义实现ITest<T>接口的派生类Test<T, TI>，并在此类中实现接口的CreateIObject方法。代码如下：

```
public interface ITest<T>                              //创建一个泛型接口
{
    T CreateIObject();                                 //接口中定义CreateIObject方法
}
//实现上面泛型接口的泛型类
//派生约束where T : TI（T要继承自TI）
//构造函数约束where T : new()（T可以实例化）
public class Test<T, TI> : ITest<TI> where T : TI, new()
```

```
    {
        public TI CreateIObject()                              //实现接口中的CreateIObject方法
        {
            return new T();                                    //返回T类型的对象
        }
    }
```

4.8.3 泛型方法

泛型方法的声明形式如下：

```
修饰符  void  方法名 <类型参数T>
{
    方法体
}
```

泛型方法是在声明中包括了类型参数T的方法。泛型方法可以在类、结构或接口声明中声明，这些类、结构或接口本身可以是泛型或非泛型。如果在泛型类中声明泛型方法，则泛型方法中可以同时引用该方法的类型参数T和泛型类中声明的类型参数T。

【例4-16】创建一个控制台应用程序，通过泛型方法实现计算商品销售额的功能。在具体实现时，首先定义Sale类，表示销售类，该类中定义一个泛型方法CaleMoney<T>(T[] items)，用来计算商品销售额；在Program类的Main方法中，定义存储每月销售数据的数组，然后调用Sale类中的泛型方法计算每月的总销售额，并输出。代码如下：

```
public class Sale                                        //创建Sale类，表示销售类
{
    public static double CaleMoney<T>(T[] items)         //定义泛型方法
    {
        double sum = 0;
        foreach (T item in items)                        //遍历泛型参数数组
        {
            sum += Convert.ToDouble(item);
        }
        return sum;                                      //返回计算结果
    }
}
class Program
{
    static void Main(string[] args)
    {
        //创建数组，用来存储1—6月的每月的销售数据
        double[] dbJan = { 3500, 999, 3288, 1999, 12888 };
        double[] dbFeb = { 1499, 1699 };
        double[] dbMar = { 3288, 1998, 1999.9, 49 };
```

```
        double[] dbApr = { 98, 1298, 298, 298, 69,1999,1699 };
        double[] dbMay = { 4500, 5288, 1698, 2188, 2999,3999,6088,298 };
        double[] dbJun = { 1280, 99, 399, 998, 5288,5288,1298 };
        Console.WriteLine("——————上半年销售数据——————\n");
        //调用泛型方法计算每月的总销售额，并输出
        Console.WriteLine("1月商品总销售额：" + Sale.CaleMoney<double>(dbJan));
        Console.WriteLine("2月商品总销售额：" + Sale.CaleMoney<double>(dbFeb));
        Console.WriteLine("3月商品总销售额：" + Sale.CaleMoney<double>(dbMar));
        Console.WriteLine("4月商品总销售额：" + Sale.CaleMoney<double>(dbApr));
    Console.WriteLine("5月商品总销售额：" + Sale.CaleMoney<double>(dbMay));
    Console.WriteLine("6月商品总销售额：" + Sale.CaleMoney<double>(dbJun));
        Console.ReadLine();
    }
}
```

程序的运行结果如图4-19所示。

图4-19　通过泛型方法实现计算商品销售额

<h1 align="center">小　结</h1>

　　本章对面向对象编程的高级知识进行了详细讲解，学习本章内容，需要重点掌握类的继承与多态、接口的使用、集合及泛型的使用，难点是委托和事件的应用。另外，对于结构、索引器、异常处理和预处理指令等知识点，熟悉它们的使用方法即可。

<h1 align="center">上机指导</h1>

　　模拟实现输出进销存管理系统中的每月销售明细。运行程序，输入要查询的月份，如果输入的月份正确，则显示本月商品销售明细；如果输入的月份不存在，则提示"该月没有销售数据或者输入的月份有误！"信息；如果输入的月份不是数字，则显示异常信息。运行效果如图4-20所示。

　　程序开发步骤如下。

　　（1）创建一个控制台应用程序，命名为SaleManage。

（2）打开Program.cs文件，定义一个Information接口，其中定义两个属性Code和Name分别表示商品编号和名称，定义一个ShowInfo方法，用来输出信息，代码如下：

```
interface Information                    //定义接口
{
    string Code { get; set; }           //编号属性及实现
    string Name { get; set; }           //名称属性及实现
    void ShowInfo();                    //用来输出信息
}
```

图4-20　输出进销存管理系统中的每月销售明细

（3）定义一个Sale类，继承自Information接口，首先实现接口中的成员，然后定义一个有两个参数的构造函数，用来为属性赋初始值；定义一个ShowInfo重载方法，用来输出销售的商品信息；定义一个泛型方法CaleMoney<T>(T[ ] items)，用来计算商品销售额。Sale类代码如下：

```
public class Sale : Information          //继承接口，定义销售类
{
    string code = "";
    string name = "";
    public string Code                  //实现编号属性
    {
        get
        {
            return code;
        }
        set
        {
            code = value;
        }
    }
    public string Name                  //实现名称属性
    {
        get
        {
            return name;
        }
        set
        {
            name = value;
        }
    }
    public Sale(string code, string name)   //定义构造函数，为属性赋初始值
    {
```

上机指导

```
      Code = code;
      Name = name;
    }
    public void ShowInfo(){ }                          //实现接口方法
    public static void ShowInfo(Sale[] sales)    //定义ShowInfo方法，输出销售的商品信息
    {
       foreach (Sale s in sales)
          Console.WriteLine("商品编号："+s.Code + "  商品名称： " + s.Name);
    }
    public static double CaleMoney<T>(T[] items)      //定义泛型方法
    {
       double sum = 0;
       foreach (T item in items)                        //遍历泛型参数数组
          sum += Convert.ToDouble(item);
       return sum;                                       //返回计算结果
    }
  }
```

（4）在Program类的Main方法中，创建Sale类型的数组，用来存储每月的商品销售明细；创建double类型的数组，用来存储每月的商品销售数据明细；然后根据用户输入，调用Sale类中的方法，输出指定月份的商品销售明细及总销售额，代码如下：

```
  static void Main(string[ ] args)
  {
  Console.WriteLine("————销售明细————");
  //创建Sale数组，用来存储1—3月份的每月的销售商品
  Sale[ ] salesJan = { new Sale("T0001", "笔记本电脑"), new Sale("T0002", "手机"), new Sale("T0003", "平板电
脑"),new Sale("T0004", "手机1"), new Sale("T0005", "笔记本电脑1") };
  Sale[ ] salesFeb = { new Sale("T0006", "手机2"), new Sale("T0007", "手机3") };
  Sale[ ] salesMar = { new Sale("T0003", "平板电脑"), new Sale("T0004", "手机1"), new Sale("T0008", "手机
4"), new Sale("T0009", "充电宝") };
  //创建数组，用来存储1—3月份的每月的销售数据
  double[ ] dbJan = { 3500, 999, 3288, 1999, 12888 };
  double[ ] dbFeb = { 1499, 1699 };
  double[ ] dbMar = { 3288, 1999, 1999.9, 49 };
  while (true)
  {
    Console.Write("\n请输出要查询的月份（比如1、2、3等）：");
    try
    {
      int month = Convert.ToInt32(Console.ReadLine());
      switch (month)
      {
```

```
            case 1:
                Console.WriteLine("1月份的商品销售明细如下：");
                Sale.ShowInfo(salesJan);                    //调用方法输出销售的商品信息
                Console.WriteLine("\n1月商品总销售额：" + Sale.CaleMoney<double>(dbJan));
                                            //调用泛型方法计算每月的总销售额，并输出
                break;
            case 2:
                Console.WriteLine("2月份的商品销售明细如下：");
                Sale.ShowInfo(salesJan);
                Console.WriteLine("\n2月商品总销售额：" + Sale.CaleMoney<double>(dbFeb));
                break;
            case 3:
                Console.WriteLine("3月份的商品销售明细如下：");
                Sale.ShowInfo(salesJan);
                Console.WriteLine("\n3月商品总销售额：" + Sale.CaleMoney<double>(dbMar));
                break;
            default:
                Console.WriteLine("该月没有销售数据或者输入的月份有误！");
                break;
            }
        }
        catch (Exception ex)                        //捕获可能出现的异常信息
        {
            Console.WriteLine(ex.Message);              //输出异常信息
        }
    }
}
```

习　题

4-1　简述继承的主要作用。

4-2　base关键字有什么作用？

4-3　实现多态有几种方法？分别进行描述。

4-4　结构和类有什么区别？

4-5　简述接口的主要作用，其与抽象类有何区别？

4-6　列举.NET中包含的3种集合类。

4-7　为什么要在委托中使用匿名方法？

4-8　委托和事件有什么关系？

4-9　通过什么指令可以折叠代码段？

4-10　描述泛型中的类型参数T的主要作用。

CHAPTER 05

第5章
Windows应用程序开发

■ Windows环境中主流的应用程序都是窗体应用程序，而Windows窗体应用程序比命令行应用程序要复杂得多，理解它的结构的基础是理解窗体，所以深刻认识Windows窗体变得尤为重要。控件是开发Windows应用程序最基本的部分，每一个Windows应用程序的操作窗体都是由各种控件组合而成的，因此，熟练掌握控件是合理、有效地进行Windows应用程序开发的重要前提。本章将对Windows应用程序开发进行详细讲解。

5.1 开发应用程序的步骤

使用C#开发应用程序时，一般包括创建项目、设计界面、设置属性、编写程序代码、保存项目、运行程序等6个步骤。

【例5-1】下面以进销存管理系统的登录窗体为例，说明开发应用程序的具体步骤。

1. 创建项目

在VS 2017中选择"文件"/"新建"/"项目"菜单命令，弹出"新建项目"对话框，如图5-1所示。

图5-1 "新建项目"对话框

选择"Windows窗体应用程序"，输入项目的名称，选择保存路径，然后单击"确定"按钮，即可创建一个Windows窗体应用程序。创建完成的Windows窗体应用程序如图5-2所示。

图5-2 Windows窗体应用程序

2. 设计界面

创建完项目后，在VS 2017中会有一个默认的窗体，可以通过工具箱向其中添加各种控件来设计窗体界面。具体步骤是，用鼠标指针选中工具箱中要添加的控件，然后将其拖放到窗体中的指定位置即可。本实例分别向窗体中添加两个Label控件、两个TextBox控件和两个Button控件，设计效果如图5-3所示。

图5-3　界面设计效果

3. 设置属性

在窗体中选择指定控件，在"属性"窗口中对控件的相应属性进行设置，如表5-1所示。

表5-1　设置属性

名　称	属　性	设　置　值
label1	Text	用户名：
label2	Text	密　码：
textBox1	Text	空
textBox2	Text	空
button1	Text	登录
button2	Text	退出

4. 编写代码

分别双击两个Button控件，都可以进入代码编辑器，并自动触发Button控件的Click事件，即可在该事件中编写代码，代码如下：

```csharp
private void button1_Click(object sender, EventArgs e)
{


}
private void button2_Click(object sender, EventArgs e)
{


}
```

5. 保存项目

单击VS 2017工具栏中的 ■ 按钮，或者选择"文件" / "全部保存"菜单命令，即可保存当前项目。

6. 运行程序

单击VS 2017工具栏中的 ▶ 启动 按钮，或者选择"调试" / "开始调试"菜单命令，即可运行当前程序，效果如图5-4所示。

图5-4　运行程序

5.2　Windows窗体介绍

在Windows窗体应用程序中，窗体是向用户显示信息的可视界面，它是Windows窗体应用程序的基本单元。窗体也是对象，窗体类定义了生成窗体的模板，每实例化一个窗体类，就产生一个窗体，.NET Framework类库的System.Windows.Forms命名空间中定义的Form类是所有窗体类的基类。

5.2.1 添加窗体

如果要向项目中添加一个新窗体，可以在项目名称上单击鼠标右键，在弹出的快捷菜单中选择"添加"/"Windows窗体"或者"添加"/"新建项"命令，打开"添加新项"对话框，选择"Windows窗体"选项，输入窗体名称后，单击"添加"按钮，即可向项目中添加一个新的窗体，如图5-5所示。

Windows窗体
介绍

图5-5 "添加新项"对话框

5.2.2 设置启动窗体

向项目中添加了多个窗体以后，如果要调试程序，必须要设置首先运行的窗体，而这时就需要设置项目的启动窗体。项目的启动窗体是在Program.cs文件中设置的，在Program.cs文件中改变Run方法的参数，即可实现设置启动窗体。

Run方法用于在当前线程上运行标准应用程序，并使指定窗体可见。其语法格式如下：

```
public static void Run (Form mainForm)
```

其中，mainForm代表要设为启动窗体的窗体。

例如，要将Form1窗体设置为项目的启动窗体，可以通过下面的代码实现：

```
Application.Run(new Form10());
```

5.2.3 设置窗体属性

Windows窗体中包含一些基本的组成要素，比如图标、标题、位置和背景等。设置这些要素可以通过窗体的属性面板进行，也可以通过代码实现，但是为了快速开发Windows窗体应用程序，通常都是通过属性窗口进行设置。下面介绍Windows窗体的常用属性设置。

1. 更换窗体的图标

添加一个新的窗体后，窗体的图标是系统默认的图标。如果想更换窗体的图标，可以在属性面板中设置窗体的Icon属性，具体操作方法如下。

选中窗体，在窗体的属性面板中选中Icon属性，会出现 ... 按钮，如图5-6所示，单击 ... 按钮，打开选择图标文件的对话框，在其中选择新

图5-6 窗体的Icon属性

的窗体图标文件，再单击"打开"按钮，即可完成窗体图标的更换。

2．隐藏窗体的标题栏

通过设置窗体的FormBorderStyle属性为None，实现隐藏窗体标题栏功能。FormBorderStyle属性有7个属性值，其属性值及说明如表5-2所示。

表5-2　FormBorderStyle属性的属性值及说明

属性值	说　明
Fixed3D	固定的三维边框
FixedDialog	固定的对话框样式的粗边框
FixedSingle	固定的单行边框
FixedToolWindow	不可调整大小的工具窗口边框
None	无边框
Sizable	可调整大小的边框
SizableToolWindow	可调整大小的工具窗口边框

3．控制窗体的显示位置

设置窗体的显示位置时，可以通过设置窗体的StartPosition属性来实现。StartPosition属性有5个属性值，其属性值及说明如表5-3所示。

表5-3　StartPosition属性的属性值及说明

属性值	说　明
CenterParent	窗体在其父窗体中居中
CenterScreen	窗体在当前显示窗口中居中，其尺寸在窗体大小中指定
Manual	窗体的位置由Location属性确定
WindowsDefaultBounds	窗体定位在Windows默认位置，其边界也由Windows默认决定
WindowsDefaultLocation	窗体定位在Windows默认位置，其尺寸在窗体大小中指定

 说明　设置窗体的显示位置时，只需根据不同的需要选择属性值即可。

4．修改窗体的大小

在窗体的属性中，通过Size属性可以设置窗体的大小。双击窗体属性面板中的Size属性，可以看到其下拉菜单中有Width和Height两个属性，分别用于设置窗体的宽和高。修改窗体的大小，只需更改Width和Height属性的值即可。窗体的Size属性如图5-7所示。

5．设置窗体背景图片

设置窗体的背景图片时，可以通过设置窗体的BackgroundImage属性实现，具体操作如下。

选中窗体属性面板中的BackgroundImage属性，会出现 ··· 按钮，单击 ··· 按钮，打开"选择资源"对话框，如图5-8所示。"选择资源"对话框中有两个选项，一个是"本地资源"，另一个是"项目资源文件"，其差别是选择"本地资源"后，直接选择图片，保存的是图片的路径；

图5-7　窗体的Size属性

而选择"项目资源文件"后，会将选择的图片保存到项目资源文件Resources.resx中。无论选择哪种方式，都需要单击"导入"按钮选择背景图片，选择完成后单击"确定"按钮，完成窗体背景图片的设置。

图5-8　"选择资源"对话框

设置窗体背景图片时，窗体还提供了一个BackgroundImageLayout属性，该属性主要用来控制背景图片的布局，开发人员需要将该属性的属性值设置为Stretch，以便图片能够自动适应窗体的大小。

6. 控制窗体总在最前

Windows桌面上允许多个窗体同时显示，但有时候根据实际情况，可能需要将某一个窗体总显示在桌面的最前面，那么在C#中可以通过设置窗体的TopMost属性来实现。该属性主要用来获取或设置一个值，这个值指示窗体是否显示为最顶层窗体，设置为true，表示窗体总在最前，设置为false，表示为普通窗体。

5.2.4　窗体常用方法

1. Show方法

Show方法用来显示窗体，它有两种重载形式，分别如下：

```
public void Show()
public void Show(IWin32Window owner)
```

❑　owner：任何实现 IWin32Window 并表示将拥有此窗体的顶级窗口的对象。

例如，通过使用Show方法显示Form1窗体，代码如下：

```
Form1 frm = new Form1();                          //创建窗体对象
frm.Show();                                       //调用Show方法显示窗体
```

2. Hide方法

Hide方法用来隐藏窗体，语法如下：

```
public void Hide()
```

例如，通过使用Hide方法隐藏Form1窗体，代码如下：

```
Form1 frm = new Form1();                          //创建窗体对象
frm.Hide();                                       //调用Hide方法隐藏窗体
```

说明 使用Hide方法隐藏窗体之后，窗体所占用的资源并没有从内存中释放掉，而是继续存储在内存中，开发人员可以随时调用Show方法来显示隐藏的窗体。

3. Close方法

Close方法用来关闭窗体，语法如下：

```
public void Close( )
```

例如，使用Close方法关闭Form1窗体，代码如下：

```
Form1 frm = new Form1( );                          //创建窗体对象
frm.Close( );                                      //调用Close方法关闭窗体
```

5.2.5　窗体常用事件

Windows是事件驱动的操作系统，对Form类的任何交互都是基于事件来实现的。Form类提供了大量的事件用于响应执行窗体的各种操作，下面对窗体的几种常用事件进行介绍。

说明 选择窗体事件时，可以通过选中控件，然后单击其"属性"窗口中的 ✏ 按钮来实现。

1. Load事件

窗体加载时，将触发窗体的Load事件，该事件是窗体的默认事件，其语法格式如下：

```
public event EventHandler Load
```

例如，Form1窗体的默认Load事件代码如下：

```
private void Form1_Load(object sender, EventArgs e)//窗体的Load事件
{

}
```

2. FormClosing事件

窗体关闭时，触发窗体的FormClosing事件，其语法格式如下：

```
public event FormClosingEventHandler FormClosing
```

例如，Form1窗体的默认FormClosing事件代码如下：

```
private void Form1_FormClosing(object sender, FormClosingEventArgs e)
{

}
```

说明 开发网络程序或多线程程序时，可以在窗体的FormClosing事件中关闭网络连接或多线程，以便释放网络连接或多线程所占用的系统资源。

5.3　Windows控件的使用

在Windows应用程序开发中，控件的使用非常重要，本节将对常用Windows控件的使用进行详细讲解。

5.3.1　Control 基 类

1. Control类概述

Control类是定义控件的基类，控件是带有可视化表示形式的组件。Control类实现

Windows控件
的使用（上）

向用户显示信息的类所需的最基本功能，它处理用户通过键盘和指针设备所进行的输入，另外，它还处理消息路由和安全。

2. 常用控件

Control类派生的控件类构成了Windows应用程序中的控件，常用Windows控件及说明如表5-4所示。

表5-4　常用Windows控件及说明

控件名称	说　明	控件名称	说　明
Label	标签	Button	按钮
TextBox	文本框	CheckBox	复选框
RadioButtion	单选按钮	RichTextBox	格式文本框
ComboBox	下拉组合框	ListBox	列表框
GroupBox	分组框	ListView	列表视图
TreeView	树	ImageList	存储图像列表
Timer	定时器	MenuStrip	菜单
ToolStrip	工具栏	StatusStrip	状态栏

3. 常用属性

Control类所包含的控件有一些公用属性，它们的说明如表5-5所示。

表5-5　Control类的公用属性及说明

属　性	说　明
BackColor	获取或设置控件的背景色
BackgroundImage	获取或设置在控件中显示的背景图片
BackgroundImageLayout	获取或设置在ImageLayout枚举中定义的背景图片布局
CheckForIllegalCrossThreadCalls	获取或设置一个值，该值指示是否捕获对错误线程的调用，这些调用在调试应用程序时访问控件的Handle属性
ContextMenu	获取或设置与控件关联的快捷菜单
ContextMenuStrip	获取或设置与此控件关联的ContextMenuStrip
Controls	获取包含在控件内的控件的集合
DataBindings	为该控件获取数据绑定
Enabled	获取或设置一个值，该值指示控件是否可以对用户交互做出响应
Font	获取或设置控件显示的文字的字体
ForeColor	获取或设置控件的前景色
Height	获取或设置控件的高度
Location	获取或设置该控件的左上角相对于其容器的左上角的坐标
Name	获取或设置控件的名称
Size	获取或设置控件的高度和宽度
Tag	获取或设置包含有关控件的数据的对象

续表

属　性	说　明
Text	获取或设置与此控件关联的文本
Visible	获取或设置一个值，该值指示是否显示该控件及其所有子控件
Width	获取或设置控件的宽度

4. 常用事件

Control类所包含的控件有一些公用事件，它们的说明如表5-6所示。

表5-6　Control类的公用事件及说明

事　件	说　明
Click	在单击控件时发生
DoubleClick	在双击控件时发生
DragDrop	拖放操作完成时发生
DragEnter	在将对象拖入控件的边界时发生
DragLeave	将对象拖出控件的边界时发生
DragOver	将对象拖过控件的边界时发生
KeyDown	在控件有焦点的情况下按下键时发生
KeyPress	在控件有焦点的情况下按下键时发生
KeyUp	在控件有焦点的情况下释放键时发生
LostFocus	在控件失去焦点时发生
MouseClick	用鼠标单击控件时发生
MouseDoubleClick	用鼠标双击控件时发生
MouseDown	当鼠标指针位于控件上，并按下鼠标键时发生
MouseMove	在鼠标指针移到控件上时发生
MouseUp	在鼠标指针在控件上，并释放鼠标键时发生
Paint	在重绘控件时发生
TextChanged	在 Text 属性值更改时发生

5.3.2　Label 控件

Label控件，又称为标签控件。它主要用于显示用户不能编辑的文本，标识窗体上的对象（例如，给文本框、列表框添加描述信息等），另外，也可以通过编写代码来设置要显示的文本信息。

1. 设置标签文本

可以通过两种方法设置Label控件显示的文本：第一种是直接在Label控件的属性面板中设置Text属性；第二种是通过代码设置Text属性。

例如，向窗体中拖动一个Label控件，然后将其显示文本设置为"用户名："，代码如下：

```
label1.Text = "用户名：";                    //设置Label控件的Text属性
```

2. 显示/隐藏控件

通过设置Visible属性来设置显示/隐藏Label控件，如果Visible属性的值为true，则显示控件；如果Visible

属性的值为false，则隐藏控件。

例如，通过代码将Label控件设置为可见，将其Visible属性设置为true即可，代码如下：

```
label1.Visible = true;                          //设置Label控件的Visible属性
```

5.3.3 Button控件

Button控件，又称为按钮控件，它表示允许用户通过单击来执行操作。Button控件既可以显示文本，也可以显示图像，当该控件被单击时，它看起来像是被按下，然后被释放。Button控件最常用的是Text属性，Text属性用来设置Button控件显示的文本，Click事件用来指定单击Button控件时执行的操作。

【例5-2】创建一个Windows应用程序，在默认窗体中添加两个Button控件，分别设置它们的Text属性为"登录"和"退出"，然后触发它们的Click事件，执行相应的操作。代码如下：

```
private void button1_Click(object sender, EventArgs e)
{
    MessageBox.Show("系统登录");              //输出提示信息
}
private void button2_Click(object sender, EventArgs e)
{
    Application.Exit();                      //退出当前程序
}
```

程序运行结果如图5-9所示，单击"登录"按钮，弹出图5-10所示的提示信息，单击"退出"按钮，退出当前的程序。

图5-9　显示Button控件

图5-10　弹出提示信息

5.3.4 TextBox控件

TextBox控件，又称为文本框控件。它主要用于获取用户输入的数据或者显示文本，它通常用于可编辑文本，也可以成为只读控件。文本框可以显示多行，开发人员可以使文本换行以便符合控件的大小。

下面对TextBox控件的一些常见用法进行介绍。

1. 创建只读文本框

通过设置TextBox控件的ReadOnly属性，可以设置文本框是否为只读。如果ReadOnly属性为true，那么不能编辑文本框，而只能通过文本框显示数据。

例如，将文本框设置为只读，代码如下：

```
textBox1.ReadOnly = true;                                      //将文本框设置为只读
```

2. 创建密码文本框

通过设置TextBox控件的PasswordChar属性或者UseSystemPasswordChar属性可以将文本框设置成密码文本框，使用PasswordChar属性可以设置输入密码时，文本框中显示的字符（例如，将密码显示成"*"

或"#"等）。如果将UseSystemPasswordChar属性设置为true，则输入密码时，文本框中密码将显示成为
"*"。

【例5-3】修改【例5-2】，在窗体中添加两个TextBox控件，分别用来输入用户名和密码，其中将第二个TextBox控件的PasswordChar属性设置为*，以便使密码文本框中的字符显示为"*"，代码如下：

```
private void Form1_Load(object sender, EventArgs e)//窗体的Load事件
{
    textBox2.PasswordChar = '*';    //设置文本框的PasswordChar属性为字符*
}
```

程序的运行结果如图5-11所示。

3. 创建多行文本框

默认情况下，TextBox控件只允许输入单行数据，如果将其Multiline属性设置为true，TextBox控件就可以输入多行数据。

例如，将文本框的Multiline属性设置为true，使其能够输入多行数据，代码如下：

```
textBox1.Multiline = true;                    //设置文本框的Multiline属性
```

多行文本框效果如图5-12所示。

图5-11　密码文本框　　　　　　　　　　　　　图5-12　多行文本框

4. 响应文本框的文本更改事件

当TextBox控件中的文本发生更改时，会引发文本框的TextChanged事件。

例如，在文本框的TextChanged事件中编写代码，实现当文本框中的文本更改时，Label控件中显示更改后的文本。代码如下：

```
private void textBox1_TextChanged(object sender, EventArgs e)
{
    label1.Text = textBox1.Text;                //label控件显示的文字随文本框中的数据而改变
}
```

5.3.5　CheckBox控件

CheckBox控件（复选框控件）用来表示是否选取了某个选项条件，常用于为用户提供具有是/否或真/假值的选项。

下面详细介绍CheckBox控件的一些常见用法。

1. 判断复选框是否选中

通过CheckState属性可以判断复选框是否被选中。CheckState属性的返回值是Checked或Unchecked，返回值Checked表示控件处在选中状态，而返回值Unchecked表示控件已经取消选中状态。

CheckBox控件指示某个特定条件是处于打开状态还是处于关闭状态。它常用于为用户提供是/否或真/假选项。可以成组使用CheckBox控件以显示多重选项，用户可以从中选择一项或多项。

2. 响应复选框的选中状态更改事件

当CheckBox控件的选择状态发生改变时，将会引发控件的CheckStateChanged事件。

【例5-4】创建一个Windows窗体应用程序，通过复选框的选中状态设置用户的操作权限。在默认窗体中添加5个CheckBox控件，Text属性分别设置为"基本信息管理""进货管理""销售管理""库存管理"和"系统管理"，主要用来表示要设置的权限；添加一个Button控件，用来显示选择的权限。代码如下：

```
private void button1_Click(object sender, EventArgs e)
{
    string strPop = "您选择的权限如下：";
    foreach(Control ctrl in this.Controls)          //遍历窗体中的所有控件
    {
        if (ctrl.GetType().Name == "CheckBox")      //判断是否为CheckBox
        {
            CheckBox cBox = (CheckBox)ctrl;          //创建CheckBox对象
            if (cBox.Checked == true)                //判断CheckBox控件是否选中
            {
                strPop += "\n" + cBox.Text;          //获取CheckBox控件的文本
            }
        }
    }
    MessageBox.Show(strPop);
}
```

程序的运行结果如图5-13所示。

5.3.6 RadioButton控件

RadioButton控件（单选按钮控件）为用户提供由两个或多个互斥选项组成的选项集。当用户选中某单选按钮时，同一组中的其他单选按钮不能同时被选中。

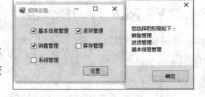

图5-13 通过复选框的选中状态设置用户权限

 单选按钮必须在同一组中才能实现单选效果。

下面详细介绍RadioButton控件的一些常见用法。

1. 判断单选按钮是否选中

通过Checked属性可以判断RadioButton控件的选中状态，如果返回值是true，则控件被选中；返回值为false，则控件选中状态被取消。

2. 响应单选按钮选中状态更改事件

当RadioButton控件的选中状态发生更改时，会引发控件的CheckedChanged事件。

【例5-5】修改【例5-3】，在窗体中添加两个RadioButton控件，用来选择采用管理员方式登录还是普通用户方式登录，它们的Text属性分别设置为"管理员"和"普通用户"，然后分别触发这两个RadioButton控件的CheckedChanged事件，在该事件中，通过判断其Checked属性确定是否选中。代码如下：

```
private void radioButton1_CheckedChanged(object sender, EventArgs e)
{
    if (radioButton1.Checked)                          //判断单选按钮是否选中
    {
        MessageBox.Show("您选择的是管理员");
    }
}
private void radioButton2_CheckedChanged(object sender, EventArgs e)
{
    if (radioButton2.Checked)                          //判断单选按钮是否选中
    {
        MessageBox.Show("您选择的是普通用户");
    }
}
```

运行程序，选中"管理员"单选按钮，弹出"您选择的是管理员"提示框，如图5-14所示；选中"普通用户"单选按钮，弹出"您选择的是普通用户"提示框，如图5-15所示。

图5-14　选中"管理员"单选按钮

图5-15　选中"普通用户"单选按钮

5.3.7　RichTextBox控件

RichTextBox控件，又称为有格式文本框控件。它主要用于显示、输入和操作带有格式的文本，比如它可以实现显示字体、颜色、链接、从文件加载文本及嵌入的图片、撤销和重复编辑操作，以及查找指定的字符等功能。

下面详细介绍RichTextBox控件的常见用法。

1. 在RichTextBox控件中显示滚动条

通过设置RichTextBox控件的Multiline属性，可以控制控件中是否显示滚动条。将Multiline属性设置为true，则显示滚动条；否则，不显示滚动条。默认情况下，此属性被设置为true。滚动条分为水平滚动条和垂直滚动条，通过ScrollBars属性可以设置如何显示滚动条。ScrollBars属性的属性值及说明如表5-7所示。

表5-7　ScrollBars属性的属性值及说明

属 性 值	说 明
Both	只有当文本超过控件的宽度或长度时，才显示水平滚动条或垂直滚动条，或两个滚动条都显示

续表

属 性 值	说 明
None	从不显示任何类型的滚动条
Horizontal	只有当文本超过控件的宽度时，才显示水平滚动条。必须将WordWrap属性设置为false，才会出现这种情况
Vertical	只有当文本超过控件的高度时，才显示垂直滚动条
ForcedHorizontal	当WordWrap属性设置为false时，显示水平滚动条。在文本未超过控件的宽度时，该滚动条显示为浅灰色
ForcedVertical	始终显示垂直滚动条。在文本未超过控件的长度时，该滚动条显示为浅灰色
ForcedBoth	始终显示垂直滚动条。当WordWrap属性设置为false时，显示水平滚动条。在文本未超过控件的宽度或长度时，两个滚动条均显示为灰色

例如，使RichTextBox控件只显示垂直滚动条。首先将Multiline属性设置为true，然后将ScrollBars属性的值设置为Vertical。代码如下：

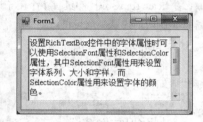

```
richTextBox1.Multiline = true;
                     //将Multiline属性设置为true，实现多行显示
//设置ScrollBars属性，实现只显示垂直滚动条
richTextBox1.ScrollBars = RichTextBoxScrollBars.Vertical;
```

图5-16 显示垂直滚动条

效果如图5-16所示。

2. 在RichTextBox控件中设置字体属性

设置RichTextBox控件中的字体属性时，可以使用SelectionFont属性和SelectionColor属性，其中SelectionFont属性用来设置字体系列、大小和字样，而SelectionColor属性用来设置字体的颜色。

例如，将RichTextBox控件中文本的字体设置为楷体，大小设置为12，字样设置为粗体，文本的颜色设置为蓝色。代码如下：

```
//设置SelectionFont属性实现控件中的文本为楷体，大小为12，字样是粗体
richTextBox1.SelectionFont = new Font("楷体", 12, FontStyle.Bold);
//设置SelectionColor属性实现控件中的文本颜色为蓝色
richTextBox1.SelectionColor = System.Drawing.Color.Blue;
```

效果如图5-17所示。

3. 将RichTextBox控件显示为超链接样式

利用RichTextBox控件可以将Web链接显示为彩色或下画线形式，然后通过编写代码，在单击链接时打开浏览器窗口，显示链接文本中指定的网站。设计思路：首先通过Text属性设置控件中含有超链接的文本，然后在控件的LinkClicked事件中编写事件处理程序，将所需的文本发送到浏览器。

例如，RichTextBox控件的文本内容中含有超链接地址（链接地址显示为彩色，并且带有下画线），单击该超链接地址将打开相应的网站。代码如下：

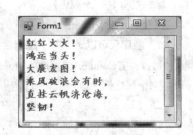

图5-17 设置控件中文本的字体属性

```
private void Form1_Load(object sender, EventArgs e)
{
    richTextBox1.Text = "欢迎登录http://www.******.com明日软件";
}
private void richTextBox1_LinkClicked(object sender, LinkClickedEventArgs e)
{
    //在控件的LinkClicked事件中编写如下代码实现内容中的网址带下画线
    System.Diagnostics.Process.Start(e.LinkText);
}
```

效果如图5-18所示。

4. 在RichTextBox控件中设置段落格式

RichTextBox控件具有多个用于设置所显示文本的格式的选项，比如可以通过设置SelectionBullet属性将选定的段落设置为项目符号列表的格式，也可以使用SelectionIndent和SelectionHangingIndent属性设置段落相对于控件的左右边缘的缩进位置。

例如，将RichTextBox控件的SelectionBullet属性设为true，使控件中的内容以项目符号列表的格式排列。代码如下：

```
richTextBox1.SelectionBullet = true;
```

向RichTextBox控件中输入数据，效果如图5-19所示。

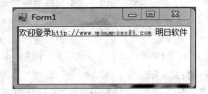

图5-18 文本中含有超链接地址　　　　　图5-19 将控件中的内容设置为项目符号列表

5.3.8 ComboBox控件

ComboBox控件，又称为下拉组合框控件，它主要用于在下拉组合框中显示数据。该控件主要由两部分组成，其中，第一部分是一个允许用户输入列表项的文本框；第二部分是一个列表框，它显示一个选项列表，用户可以从中选择项。

下面详细介绍ComboBox控件的一些常见用法。

Windows控件
的使用（下）

1. 创建只可以选择的下拉组合框

通过设置ComboBox控件的DropDownStyle属性，可以将其设置成可以选择的下拉组合框。DropDownStyle属性有3个属性值，这3个属性值对应不同的样式。

❑ Simple：使得ComboBox控件的列表部分总是可见的。

❑ DropDown：DropDownStyle属性的默认值，它使得用户可以编辑ComboBox控件的文本框部分，只有单击右侧的箭头才能显示列表部分。

❑ DropDownList：用户不能编辑ComboBox控件的文本框部分，只能呈现下拉列表框的样式。

将ComboBox控件的DropDownStyle属性设置为DropDownList，它就只能是可以选择的下拉列表框，而不能编辑文本框部分的内容。

2. 响应下拉组合框的选项值更改事件

当下拉列表的选项发生改变时，将会引发控件的SelectedValueChanged事件。

下面通过一个例子看一下如何使用ComboBox控件。

【例5-6】创建一个Windows应用程序，在默认窗体中添加一个ComboBox控件和一个Label控件，其中ComboBox控件用来显示并选择职位，Label控件用来显示选择的职位。代码如下：

```
private void Form1_Load(object sender, EventArgs e)
{
    comboBox1.DropDownStyle = ComboBoxStyle.DropDownList;        //设置comboBox1的下拉框样式
    string[] str = new string[] { "总经理", "副总经理", "人事部经理", "财务部经理", "部门经理", "普通员工" };
                                                                  //定义职位数组
    comboBox1.DataSource = str;                                  //指定comboBox1控件的数据源
    comboBox1.SelectedIndex = 0;                                 //指定默认选择第一项
}
//触发comboBox1控件的选择项更改事件
private void comboBox1_SelectedIndexChanged(object sender, EventArgs e)
{
    label2.Text = "您选择的职位为：" + comboBox1.SelectedItem;    //获取comboBox1中的选中项
}
```

程序运行结果如图5-20所示。

5.3.9 ListBox控件

ListBox控件，又称为列表控件，它主要用于显示一个列表。用户可以从中选择一项或多项，如果选项总数超出可以显示的项数，则控件会自动添加滚动条。

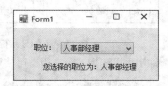

图5-20 使用ComboBox控件选择职位

下面详细介绍ListBox控件的常见用法。

1. 在ListBox控件中添加和移除项

通过ListBox控件的Items属性的Add方法，可以向ListBox控件中添加项目。通过ListBox控件的Items属性的Remove方法，可以将ListBox控件中选中的项目移除。

例如，通过ListBox控件的Items属性的Add方法和Remove方法，实现向控件中添加和移除项，代码如下：

```
listBox1.Items.Add("品牌电脑");                    //添加项
listBox1.Items.Add("品牌手机");
listBox1.Items.Add("引擎耳机");
listBox1.Items.Add("充电宝");
listBox1.Items.Remove("引擎耳机");                  //移除项
```

效果如图5-21所示。

2. 创建总显示滚动条的列表控件

通过设置ListBox控件的HorizontalScrollbar属性和ScrollAlwaysVisible属性，可以使列表控件总显示滚动条。如果将HorizontalScrollbar属性设置为true，则始终显示水平滚动条；如果将ScrollAlwaysVisible属性设置为true，则始终显示垂直滚动条。

图5-21 添加和移除项

例如，将ListBox控件的HorizontalScrollbar属性和ScrollAlwaysVisible属性都设置为true，使其显示水平和垂直方向的滚动条，代码如下：

```
//HorizontalScrollbar属性设置为true，使其能显示水平方向的滚动条
listBox1.HorizontalScrollbar = true;

//ScrollAlwaysVisible属性设置为true，使其能显示垂直方向的滚动条
listBox1.ScrollAlwaysVisible = true;
```

效果如图5-22所示。

图5-22　控件总显示滚动条

3. 在ListBox控件中选择多项

通过设置SelectionMode属性的值，可以实现在ListBox控件中选择多项。SelectionMode属性的属性值是SelectionMode枚举值之一，默认为SelectionMode.One。SelectionMode枚举成员及说明如表5-8所示。

表5-8　SelectionMode枚举成员及说明

枚举成员	说　明
MultiExtended	可以选择多项，并且用户可使用【Shift】键、【Ctrl】键和箭头键来进行选择
MultiSimple	可以选择多项
None	无法选择项
One	只能选择一项

例如，通过设置ListBox控件的SelectionMode属性值为SelectionMode枚举成员MultiExtended，实现在控件中可以选择多项，用户可使用【Shift】键、【Ctrl】键和箭头键来进行选择，代码如下：

```
//SelectionMode属性值为SelectionMode枚举成员MultiExtended，实现在控件中可以选择多项
listBox1.SelectionMode = SelectionMode.MultiExtended;
```

效果如图5-23所示。

5.3.10　GroupBox控件

GroupBox控件，又称为分组框控件。它主要为其他控件提供分组，并且按照控件的分组来细分窗体的功能，其在所包含的控件集周围总是显示边框，而且可以显示标题，但是没有滚动条。

图5-23　设置列表多选

GroupBox控件最常用的是Text属性，用来设置分组框的标题，例如，为GroupBox控件设置标题"系统登录"，代码如下：

```
groupBox1.Text = "系统登录";    //设置groupBox1控件的标题
```

5.3.11　ListView控件

ListView控件，又称为列表视图控件，它主要用于显示带图标的项列表，其中可以显示大图标、小图标和数据。使用ListView控件可以创建类似Windows资源管理器右边窗口的用户界面。

1. 在ListView控件中添加项

向ListView控件中添加项时，需要用到其Items属性的Add方法，该方法主要用于将项添加至项的集合中。其语法格式如下：

```
public virtual ListViewItem Add (string text)
```

❑ text：项的文本。

❑ 返回值：已添加到集合中的ListViewItem。

例如，通过使用ListView控件的Items属性的Add方法向控件中添加项。代码如下：

```
listView1.Items.Add(textBox1.Text.Trim());
```

2. 在ListView控件中移除项

移除ListView控件中的项目时可以使用其Items属性的RemoveAt方法或Clear方法，其中RemoveAt方法用于移除指定的项，而Clear方法用于移除列表中的所有项。

（1）RemoveAt方法用于移除集合中指定索引处的项。其语法格式如下：

```
public virtual void RemoveAt (int index)
```

❑ index：从零开始的索引（属于要移除的项）。

例如，调用ListView控件的Items属性的RemoveAt方法移除选中的项。代码如下：

```
listView1.Items.RemoveAt(listView1.SelectedItems[0].Index);
```

（2）Clear方法用于从集合中移除所有项。其语法格式如下：

```
public virtual void Clear ()
```

例如，调用Clear方法移除所有的项。代码如下：

```
listView1.Items.Clear();                        //使用Clear方法移除所有项目
```

3. 选择ListView控件中的项

选择ListView控件中的项时可以使用其Selected属性，该属性主要用于获取或设置一个值，该值指示是否选定此项。其语法格式如下：

```
public bool Selected { get; set; }
```

属性值：如果选定此项，则为true；否则为false。

例如，将ListView控件中的第3项的Selected属性设置为true，即设置为选中第3项。代码如下：

```
listView1.Items[2].Selected = true;             //使用Selected方法选中第3项
```

4. 为ListView控件中的项添加图标

如果要为ListView控件中的项添加图标，需要使用ImageList控件设置ListView控件中项的图标。ListView控件可显示3个图像列表中的图标，其中List视图、Details视图和SmallIcon视图显示SmallImageList属性中指定的图像列表里的图像；LargeIcon视图显示LargeImageList属性中指定的图像列表里的图像；列表视图在大图标或小图标旁显示StateImageList属性中设置的一组附加图标。实现的步骤如下。

（1）将相应的属性（SmallImageList、LargeImageList或StateImageList）设置为想要使用的现有ImageList控件。

（2）为每个具有关联图标的列表项设置ImageIndex属性或StateImageIndex属性，这些属性可以在代码中设置，也可以在"ListViewItem集合编辑器"中设置。若要在"ListViewItem集合编辑器"中设置，则可在"属性"窗口中单击Items属性旁的省略号按钮。

例如，设置ListView控件的LargeImageList属性和SmallImageList属性为imageList1控件，然后设置ListView控件中的前两项的ImageIndex属性分别为0和1。代码如下：

```
listView1.LargeImageList = imageList1;              //设置控件的LargeImageList属性
listView1.SmallImageList = imageList1;              //设置控件的SmallImageList属性
listView1.Items[0].ImageIndex = 0;                  //控件中第一项的图标索引为0
listView1.Items[1].ImageIndex = 1;                  //控件中第二项的图标索引为1
```

5. 在ListView控件中启用平铺视图

通过启用ListView控件的平铺视图功能，可以在图形信息和文本信息之间提供一种视觉平衡。在ListView控件中，平铺视图与分组功能或插入标记功能一起结合使用。如果要启用平铺视图，需要将ListView控件的View属性设置为Tile；另外，还可以通过设置TileSize属性来调整平铺的大小。

6. 为ListView控件中的项分组

利用ListView控件的分组功能可以用分组形式显示相关项目组。显示时，这些组由包含组标题的水平组标头分隔。可以使用ListView按字母顺序、日期或任何其他逻辑组合对项进行分组，从而简化大型列表的导航。若要启用分组，首先必须在设计器中或以编程方式创建一个或多个组，然后即可向组中分配ListView项；另外，还可以用编程的方式将一个组中的项移至另一个组。下面介绍为ListView控件中的项分组的步骤。

（1）添加组。

使用Groups集合的Add方法可以向ListView控件中添加组，该方法用于将指定的ListViewGroup添加到集合。其语法格式如下：

```
public int Add (ListViewGroup group)
```

❑ group：要添加到集合中的ListViewGroup。
❑ 返回值：该组在集合中的索引；如果集合中已存在该组，则为-1。

例如，使用Groups集合的Add方法向控件listView1中添加一个分组，标题为"测试"，排列方式为左对齐。代码如下：

```
listView1.Groups.Add(new ListViewGroup("测试", HorizontalAlignment.Left));
```

（2）移除组。

使用Groups集合的RemoveAt方法或Clear方法，可以移除指定的组或者移除所有的组。

RemoveAt方法：用来移除集合中指定索引位置的组。其语法格式如下：

```
public void RemoveAt (int index)
```

❑ index：要移除的ListViewGroup在集合中的索引。

Clear方法：用于从集合中移除所有组。其语法格式如下：

```
public void Clear ()
```

例如，使用Groups集合的RemoveAt方法移除索引为1的组，使用Clear方法移除所有的组。代码如下：

```
listView1.Groups.RemoveAt(1);        //移除索引为1的组
listView1.Groups.Clear();            //使用Clear方法移除所有的组
```

（3）向组分配项或在组之间移动项。

通过设置ListView控件中各个项的System.Windows.Forms.ListViewItem.Group属性，可以向组分配项或在组之间移动项。

例如，将ListView控件的第一项分配到第一个组中，代码如下：

```
listView1.Items[0].Group = listView1.Groups[0];
```

ListView控件中的项分组效果如图5-24所示。

 说明

ListView控件是一种列表控件，在实现诸如显示文件详细信息这样的功能时，推荐使用该控件；另外，由于ListView有多种显示样式，因此在实现类似Windows操作系统的"缩略图""平铺""图标""列表"和"详细信息"等功能时，经常需要使用ListView控件。

图5-24　ListView控件中的项分组效果

5.3.12 TreeView控件

TreeView控件，又称为树控件。它可以为用户显示节点层次结构，而每个节点又可以包含子节点，包含子节点的节点叫父节点，其效果就像在Windows操作系统的Windows资源管理器的左窗口中显示文件夹和文件一样。

 TreeView控件经常用来设计导航菜单。

1. 添加和删除树节点

向TreeView控件中添加节点时，需要用到其Nodes属性的Add方法，其语法格式如下：

```
public virtual int Add (TreeNode node)
```

- □ node：要添加到集合中的TreeNode。
- □ 返回值：添加到树节点集合中的TreeNode从零开始的索引值。

例如，使用TreeView控件的Nodes属性的Add方法向树控件中添加两个节点，代码如下：

```
TreeNode tn1 = treeView1.Nodes.Add("名称");
TreeNode tn2 = treeView1.Nodes.Add("类别");
```

从TreeView控件中删除指定的树节点时，需要使用其Nodes属性的Remove方法，其语法格式如下：

```
public void Remove (TreeNode node)
```

- □ node：要删除的TreeNode。

例如，通过TreeView控件的Nodes属性的Remove方法删除选中的子节点，代码如下：

```
treeView1.Nodes.Remove(treeView1.SelectedNode);   //使用Remove方法删除所选项
```

 SelectedNode 属性用来获取TreeView控件的选中节点。

2. 获取树控件中选中的节点

要获取TreeView控件中选中的节点，可以在该控件的AfterSelect事件中使用EventArgs对象，返回对已选中节点对象的引用，其中通过检查TreeViewEventArgs类（它包含与事件有关的数据）确定单击了哪个节点。

例如，在TreeView控件的AfterSelect事件中获取该控件中选中节点的文本，代码如下：

```
private void treeView1_AfterSelect(object sender, TreeViewEventArgs e)
{
    label1.Text = "当前选中的节点：" + e.Node.Text;                //获取选中节点显示的文本
}
```

3. 为树控件中的节点设置图标

TreeView控件可以在每个节点的紧接节点文本的左侧显示图标，但显示时，必须使树视图与ImageList控件相关联。为TreeView控件中的节点设置图标的步骤如下。

（1）将TreeView控件的ImageList属性设置为想要使用的现有ImageList控件，该属性既可在设计器中使用"属性"窗口进行设置，也可在代码中设置。

例如，设置treeView1控件的ImageList属性为imageList1，代码如下：

```
treeView1.ImageList = imageList1;
```

（2）设置树节点的ImageIndex和SelectedImageIndex属性，其中ImageIndex属性用来确定正常和展开状态下的节点显示图像，而SelectedImageIndex属性用来确定选定状态下的节点显示图像。

例如，设置treeView1控件的ImageIndex属性，确定正常或展开状态下的节点显示图像的索引为0；设置SelectedImageIndex属性，确定选定状态下的节点显示图像的索引为1。代码如下：

```
treeView1.ImageIndex = 0;
treeView1.SelectedImageIndex = 1;
```

下面通过一个实例讲解如何使用TreeView控件。

> 【例5-7】创建一个Windows应用程序，在默认窗体中添加一个TreeView控件、一个ImageList控件和一个ContextMenuStrip控件，其中，TreeView控件用来显示部门结构，ImageList控件用来存储TreeView控件中用到的图片文件，ContextMenuStrip控件用来作为TreeView控件的快捷菜单。代码如下：

```
private void Form1_Load(object sender, EventArgs e)
{
    treeView1.ContextMenuStrip = contextMenuStrip1;          //设置Tree View1控件的快捷菜单
    TreeNode TopNode = treeView1.Nodes.Add("公司");          //建立一个顶级节点
    //建立4个基础节点，分别表示4个大的部门
    TreeNode ParentNode1 = new TreeNode("人事部");
    TreeNode ParentNode2 = new TreeNode("财务部");
    TreeNode ParentNode3 = new TreeNode("基础部");
    TreeNode ParentNode4 = new TreeNode("软件开发部");
    //将4个基础节点添加到顶级节点中
    TopNode.Nodes.Add(ParentNode1);
    TopNode.Nodes.Add(ParentNode2);
    TopNode.Nodes.Add(ParentNode3);
    TopNode.Nodes.Add(ParentNode4);
    //建立6个子节点，分别表示6个部门
    TreeNode ChildNode1 = new TreeNode("C#部门");
    TreeNode ChildNode2 = new TreeNode("ASP.NET部门");
    TreeNode ChildNode3 = new TreeNode("VB部门");
    TreeNode ChildNode4 = new TreeNode("VC部门");
    TreeNode ChildNode5 = new TreeNode("JAVA部门");
    TreeNode ChildNode6 = new TreeNode("PHP部门");
    //将6个子节点添加到对应的基础节点中
    ParentNode4.Nodes.Add(ChildNode1);
    ParentNode4.Nodes.Add(ChildNode2);
    ParentNode4.Nodes.Add(ChildNode3);
    ParentNode4.Nodes.Add(ChildNode4);
    ParentNode4.Nodes.Add(ChildNode5);
    ParentNode4.Nodes.Add(ChildNode6);
    //设置imageList1控件中显示的图像
    imageList1.Images.Add(Image.FromFile("1.png"));
    imageList1.Images.Add(Image.FromFile("2.png"));
    //设置treeView1的ImageList属性为imageList1
```

```
    treeView1.ImageList = imageList1;
    imageList1.ImageSize = new Size(16, 16);
    //设置treeView1控件节点的图标在imageList1控件中的索引是0
    treeView1.ImageIndex = 0;
    //选择某个节点后显示的图标在imageList1控件中的索引是1
    treeView1.SelectedImageIndex = 1;
}
private void treeView1_AfterSelect(object sender, TreeViewEventArgs e)
{
    //在AfterSelect事件中获取控件中选中节点显示的文本
    label1.Text = "选择的部门：" + e.Node.Text;
}
private void 全部展开ToolStripMenuItem_Click(object sender, EventArgs e)
{
    treeView1.ExpandAll();                  //展开所有树节点
}
private void 全部折叠ToolStripMenuItem_Click(object sender, EventArgs e)
{
    treeView1.CollapseAll();                //折叠所有树节点
}
```

程序运行结果如图5-25所示。

 说 明　实现本实例时，首先需要确保项目的Debug文件夹中存在1.png和2.png这两个图片文件，这两个文件用来设置树控件所显示的图标。

图5-25　使用
TreeView控件
显示部门结构

5.3.13　ImageList 组件

ImageList组件，又称为图片存储组件。它主要用于存储图片资源，然后在控件上显示出来，这样就简化了对图片的管理。ImageList组件的主要属性是Images，它包含关联控件将要使用的图片。每个单独的图片可以通过其索引值或键值来访问；另外，ImageList组件中的所有图片都将以同样的大小显示，该大小由其ImageSize属性设置，较大的图片将缩小至适当的尺寸。

ImageList组件的常用属性及说明如表5-9所示。

表5-9　ImageList组件的常用属性及说明

属　　性	说　　明
ColorDepth	获取图像列表的颜色深度
Images	获取此图像列表的ImageList.ImageCollection
ImageSize	获取或设置图像列表中的图像大小
ImageStream	获取与此图像列表关联的ImageListStreamer

> 说 明 对于一些经常用到图片或图标的控件，经常与ImageList组件一起使用。比如在使用工具栏控件、树控件和列表控件等时，经常使用ImageList组件存储它们需要用到的一些图片或图标，然后在程序中通过ImageList组件的索引项来方便地获取需要的图片或图标。

5.3.14　Timer 组件

Timer组件又称作计时器组件，它可以定期引发事件，时间间隔的长度由其Interval属性定义，其属性值以毫秒为单位。若启用了该组件，则每个时间间隔引发一次Tick事件，开发人员可以在Tick事件中添加要执行操作的代码。

Timer组件的常用属性及说明如表5-10所示。

表5-10　Timer组件的常用属性及说明

属　性	说　明
Enabled	获取或设置计时器是否正在运行
Interval	获取或设置在相对于上一次发生的Tick事件引发Tick事件之前的时间（以毫秒为单位）

Timer组件的常用方法及说明如表5-11所示。

表5-11　Timer组件的常用方法及说明

方　法	说　明
Start	启动计时器
Stop	停止计时器

Timer组件的常用事件及说明如表5-12所示。

表5-12　Timer组件的常用事件及说明

事　件	说　明
Tick	当指定的计时器间隔已过去而且计时器处于启用状态时发生

下面通过一个例子看一下如何使用Timer组件实现一个简单的倒计时程序。

【例5-8】创建一个Windows应用程序，在默认窗体中添加两个Label控件、3个NumericUpDown控件、一个Button控件和两个Timer组件，其中Label控件用来显示系统当前时间和倒计时，NumericUpDown控件用来选择时、分、秒，Button控件用来设置倒计时，Timer组件用来控制实时显示系统当前时间和实时显示倒计时。代码如下：

```
//定义两个DateTime类型的变量，分别用来记录当前时间和设置的到期时间
DateTime dtNow, dtSet;
private void Form1_Load(object sender, EventArgs e)
{
    //设置timer1计时器的执行时间间隔
    timer1.Interval = 1000;
    timer1.Enabled = true;                              //启动timer1计时器
    numericUpDown1.Value = DateTime.Now.Hour;           //显示当前时
    numericUpDown2.Value = DateTime.Now.Minute;         //显示当前分
```

```csharp
        numericUpDown3.Value = DateTime.Now.Second;                    //显示当前秒
    }
    private void button1_Click(object sender, EventArgs e)
    {
        if (button1.Text == "设置")                                    //判断文本是否为"设置"
        {
            button1.Text = "停止";                                     //设置按钮的文本为停止
            timer2.Start();                                            //启动timer2计时器
        }
        else if (button1.Text == "停止")                               //判断文本是否为停止
        {
            button1.Text = "设置";                                     //设置按钮的文本为设置
            timer2.Stop();                                             //停止timer2计时器
            label3.Text = "倒计时已取消";
        }
    }
    private void timer1_Tick(object sender, EventArgs e)
    {
        label7.Text = DateTime.Now.ToLongTimeString();                 //显示系统时间
        dtNow = Convert.ToDateTime(label7.Text);                       //记录系统时间
    }
    private void timer2_Tick(object sender, EventArgs e)
    {
        //记录设置的到期时间
        dtSet = Convert.ToDateTime(numericUpDown1.Value + ":" + numericUpDown2.Value + ":" +
numericUpDown3.Value);
        //计算倒计时
        long countdown = DateAndTime.DateDiff(DateInterval.Second, dtNow, dtSet, FirstDayOfWeek.Monday,
FirstWeekOfYear.FirstFourDays);
        if (countdown > 0)
//判断倒计时时间是否大于0
            label3.Text = "倒计时已设置，剩余" + countdown + "秒";        //显示倒计时
        else
            label3.Text = "倒计时已到";
    }
```

由于本程序中用到 DateAndTime 类，所以首先需要添加 Microsoft.VisualBasic 命名空间。这里需要注意的是，在添加 Microsoft.VisualBasic 命名空间之前，首先需要在"添加引用"对话框中的".NET"选项卡中添加 Microsoft.VisualBasic 组件引用，因为 Microsoft.VisualBasic 命名空间位于 Microsoft.VisualBasic 组件中。

程序运行结果如图5-26所示。

5.4 菜单、工具栏与状态栏

除了前面介绍的常用控件之外，在开发应用程序时，还需要使用菜单控件（MenuStrip控件）、工具栏控件（ToolStrip控件）和状态栏控件（StatusStrip控件），本节将对这3种控件进行详细讲解。

图5-26 使用Timer组件实现倒计时

5.4.1 MenuStrip 控件

菜单控件使用MenuStrip控件来表示，它主要用来设计程序的菜单栏，C#中的MenuStrip控件支持多文档界面、菜单合并、工具提示和溢出等功能，开发人员可以通过添加访问键、快捷键、选中标记、图像和分隔条来增强菜单的可用性和可读性。

下面以"文件"菜单为例演示如何使用MenuStrip控件设计菜单栏，具体操作步骤如下。

（1）从工具箱中将MenuStrip控件拖曳到窗体中，如图5-27所示。

（2）在输入菜单名称时，系统会自动产生输入下一个菜单名称的提示，如图5-28所示。

图5-27 将MenuStrip
控件拖动到窗体中

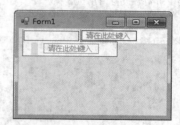

图5-28 输入下一个菜单名称
的提示

（3）在图5-28所示的输入框中输入"新建(&N)"后，菜单中会自动显示"新建(N)"，在此处，"&"被识别为确认热键的字符，例如，"新建(N)"菜单项就可以通过按键盘上的【Alt+N】组合键打开。同样地，在"新建(N)"菜单项下创建"打开(O)""关闭(C)"和"保存(S)"等菜单项，如图5-29所示。

（4）菜单设置完成后，运行程序，效果如图5-30所示。

图5-29 添加子菜单

图5-30 运行后菜单示意图

5.4.2 ToolStrip 控件

工具栏控件使用ToolStrip控件来表示，使用该控件可以创建具有WindowsXP、Office、Internet Explorer或自定义的外观和行为的工具栏及其他用户界面元素，这些元素支持溢出及运行时项重新排序。

使用ToolStrip控件创建工具栏的具体步骤如下。

（1）从工具箱中将ToolStrip控件拖曳到窗体中，如图5-31所示。

（2）单击工具栏上向下箭头的提示按钮，如图5-32所示。

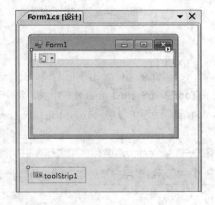

图5-31　将ToolStrip控件拖曳到
窗体中

图5-32　单击工具栏上
向下箭头的提示按钮

从上图中可以看到，单击工具栏中的向下箭头后，下拉菜单中有8种不同的类型，下面分别介绍。

❑ Button：包含文本和图像中可让用户选择的项。

❑ Label：包含文本和图像的项，不可以让用户选择，可以显示超链接。

❑ SplitButton：在Button的基础上增加了一个下拉菜单。

❑ DropDownButton：用于下拉菜单选择项。

❑ Separator：分隔符。

❑ ComboBox：显示一个ComboBox的项。

❑ TextBox：显示一个TextBox的项。

❑ ProgressBar：显示一个ProgressBar的项。

（3）添加相应的工具栏按钮后，可以设置其要显示的图像，具体方法：选中要设置图像的工具栏按钮，单击鼠标右键，在弹出的快捷菜单中选择"设置图像"选项，如图5-33所示。

（4）工具栏中的按钮默认只显示图像，如果要以其他方式（比如只显示文本、同时显示图像和文本等）显示工具栏按钮，可以选中工具栏按钮，单击鼠标右键，在弹出的快捷菜单中选择"DisplayStyle"菜单项下面的各个子菜单选项。

（5）工具栏设计完成后，运行程序，效果如图5-34所示。

图5-33 设置按钮图像　　　　　　　　　　图5-34 程序运行结果

5.4.3 StatusStrip 控件

状态栏控件使用StatusStrip控件来表示，它通常放置在窗体的最底部，用于显示窗体上一些对象的相关信息，或者可以显示应用程序的信息。StatusStrip控件由ToolStripStatusLabel对象组成，每个这样的对象都可以显示文本、图像，或同时显示这二者。另外，StatusStrip控件还可以包含ToolStripDropDownButton、ToolStripSplitButton和ToolStripProgressBar等控件。

【例5-9】修改【例5-3】，在【例5-3】的基础上添加一个Windows窗体，用来作为进销存管理系统的主窗体，该窗体使用StatusStrip控件设计状态栏，并在其中显示登录用户及登录时间，具体步骤如下。

（1）从工具箱中将StatusStrip控件拖动到窗体中，如图5-35所示。

（2）单击状态栏上向下箭头的提示按钮，选择"插入"菜单选项，弹出子菜单，如图5-36所示。

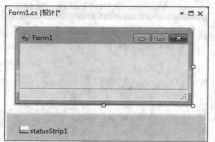

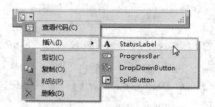

图5-35 将StatusStrip控件拖到窗体中　　　　　图5-36 弹出子菜单

从上图中可以看到，当单击"插入"菜单选项时，在下拉子菜单中有4种不同的类型，下面分别介绍。

❑ StatusLabel：包含文本和图像的项，不可以让用户选择，可以显示超链接。

❑ ProgressBar：进度条显示。

❑ DropDownButton：用于下拉菜单选择选项。

❑ SplitButton：在Button的基础上增加了一个下拉菜单。

（3）在图5-36中选择需要的项添加到状态栏中。这里添加两个StatusLabel，状态栏设计效果如图5-37所示。

（4）打开登录窗体（Form1），在其.cs文件中定义一个成员变量，用来记录登录用户名，代码如下：

图5-37 状态栏设计效果

```
public static string strName;                              //声明成员变量，用来记录登录用户名
```

（5）触发登录窗体中"登录"按钮的Click事件，该事件中记录登录用户名，并打开主窗体，代码如下：

```
private void button1_Click(object sender, EventArgs e)
{
    strName = textBox1.Text;                     //记录登录用户
    Form2 frm = new Form2();                      //创建Form2窗体对象
    this.Hide();                                 //隐藏当前窗体
    frm.Show();                                  //显示Form2窗体
}
```

（6）触发Form2窗体的Load事件，该事件中，在状态栏中显示登录用户及登录时间，代码如下：

```
private void Form2_Load(object sender, EventArgs e)
{
    toolStripStatusLabel1.Text = "登录用户：" + Form1.strName;          //显示登录用户
//显示登录时间
    toolStripStatusLabel2.Text = " || 登录时间：" + DateTime.Now.ToLongTimeString();
}
```

运行程序，在登录窗体中输入用户名和密码，如图5-38所示，单击"登录"按钮，进入进销存管理系统的主窗体，在主窗体的状态栏中会显示登录用户及登录时间，如图5-39所示。

图5-38　输入用户名和密码

图5-39　显示登录用户及登录时间

5.5 对话框

对话框

如果一个窗体的弹出是为了对诸如打开文件之类的用户请求做出响应，同时停止所有其他"用户与应用程序之间"的交互活动，那么它就是一个对话框。比较常用的对话框操作（如打开文件、选择字体和保存文件等）都是通过Windows提供的标准对话框实现的，C#也可以利用这些对话框来实现相应的功能。

对话框控件主要包括打开对话框控件（OpenFileDialog控件）、另存为对话框控件（SaveFileDialog控件）、浏览文件夹对话框控件（FolderBrowserDialog控件）、颜色对话框控件（ColorDialog控件）和字体对话框控件（FontDialog控件）等。

5.5.1 消息框

消息框是一个预定义对话框，主要用于向用户显示与应用程序相关的信息，以及来自用户的请求信息。在.NET Framework中，使用MessageBox类表示消息对话框，通过调用该类的Show方法可以显示消息对话框，该方法有多种重载形式，其最常用的两种形式如下：

```
public static DialogResult Show(string text)
public static DialogResult Show(string text,string caption, MessageBoxButtons buttons,MessageBoxIcon icon)
```

□ text：要在消息框中显示的文本。

□ caption：要在消息框的标题栏中显示的文本。

□ buttons：MessageBoxButtons枚举值之一，可指定在消息框中显示哪些按钮。MessageBox-Buttons枚举值及说明如表5-13所示。

表5-13　MessageBoxButtons枚举值及说明

枚 举 值	说 明
OK	消息框包含"确定"按钮
OKCancel	消息框包含"确定"和"取消"按钮
AbortRetryIgnore	消息框包含"中止""重试"和"忽略"按钮
YesNoCancel	消息框包含"是""否"和"取消"按钮
YesNo	消息框包含"是"和"否"按钮
RetryCancel	消息框包含"重试"和"取消"按钮

□ icon：MessageBoxIcon枚举值之一，它指定在消息框中显示哪个图标。MessageBoxIcon枚举值及说明如表5-14所示。

表5-14　MessageBoxIcon枚举值及说明

枚 举 值	说 明
None	消息框未包含符号
Hand	消息框包含一个符号，该符号是由一个红色背景的圆圈及其中的白色×组成的
Question	消息框包含一个符号，该符号是由一个圆圈和其中的一个问号组成的
Exclamation	消息框包含一个符号，该符号是由一个黄色背景的三角形及其中的一个感叹号组成的
Asterisk	消息框包含一个符号，该符号是由一个圆圈及其中的小写字母 i 组成的
Stop	消息框包含一个符号，该符号是由一个红色背景的圆圈及其中的白色×组成的
Error	消息框包含一个符号，该符号是由一个红色背景的圆圈及其中的白色×组成的
Warning	消息框包含一个符号，该符号是由一个黄色背景的三角形及其中的一个感叹号组成的
Information	消息框包含一个符号，该符号是由一个圆圈及其中的小写字母 i 组成的

□ 返回值：DialogResult枚举值之一。DialogResult枚举值及说明如表5-15所示。

表5-15　DialogResult枚举值及说明

枚 举 值	说 明
None	从对话框返回了 Nothing。这表明有模式对话框继续运行
OK	对话框的返回值是 OK（通常从标签为"确定"的按钮发送）
Cancel	对话框的返回值是 Cancel（通常从标签为"取消"的按钮发送）
Abort	对话框的返回值是 Abort（通常从标签为"中止"的按钮发送）

续表

枚 举 值	说 明
Retry	对话框的返回值是 Retry（通常从标签为"重试"的按钮发送）
Ignore	对话框的返回值是 Ignore（通常从标签为"忽略"的按钮发送）
Yes	对话框的返回值是 Yes（通常从标签为"是"的按钮发送）
No	对话框的返回值是 No（通常从标签为"否"的按钮发送）

例如，使用MessageBox类的Show方法弹出一个"警告"消息框，代码如下：

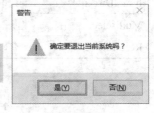

```
MessageBox.Show("确定要退出当前系统吗？", "警告", MessageBoxButtons.
YesNo, MessageBoxIcon.Warning);
```

效果如图5-40所示。

图5-40 "警告"消息框

5.5.2 窗体

窗体是用户设计程序外观的操作界面，根据不用的需求，可以使用不用类型的Windows窗体。根据Windows窗体的显示状态，可以分为模式窗体和非模式窗体。

1. 模式窗体

模式窗体就是使用ShowDialog方法显示的窗体。它在显示时，如果作为激活窗体，则其他窗体不可用，只有在将模式窗体关闭之后，其他窗体才能恢复可用状态。

例如，使用窗体对象的ShowDialog方法以模式窗体显示Form2，代码如下：

```
Form2 frm = new Form2();                          //实例化窗体对象
frm.ShowDialog();                                 //以模式窗体显示Form2
```

2. 非模式窗体

非模式窗体就是使用Show方法显示的窗体，一般的窗体都是非模式窗体。非模式窗体在显示时，如果有多个窗体，用户可以单击任何一个窗体，单击的窗体将立即成为激活窗体，并显示在界面的最前面。

例如，使用窗体对象的Show方法以非模式窗体显示Form2，代码如下：

```
Form2 frm = new Form2();                          //实例化窗体对象
frm.Show();                                       //以非模式窗体显示Form2
```

 模式窗体和非模式窗体只有在实际使用时，才能体验到差别，它们在呈现给用户时并没有明显的差别。

5.5.3 打开对话框控件

OpenFileDialog控件表示一个通用对话框，用户可以使用此对话框来指定一个或多个要打开的文件的文件名。"打开"对话框如图5-41所示。

OpenFileDialog控件的常用属性及说明如表5-16所示。

表5-16 OpenFileDialog控件的常用属性及说明

属 性	说 明
AddExtension	指示如果用户省略扩展名，对话框是否自动在文件名中添加扩展名
DefaultExt	获取或设置默认文件扩展名

续表

属　性	说　明
FileName	获取或设置一个包含在文件对话框中选定的文件名的字符串
FileNames	获取对话框中所有选定文件的文件名
Filter	获取或设置当前文件名筛选器字符串，该字符串决定对话框的"另存为文件类型"或"文件类型"框中出现的选择内容
InitialDirectory	获取或设置文件对话框显示的初始目录
Multiselect	获取或设置一个值，该值指示对话框是否允许选择多个文件
RestoreDirectory	获取或设置一个值，该值指示对话框在关闭前是否还原当前目录

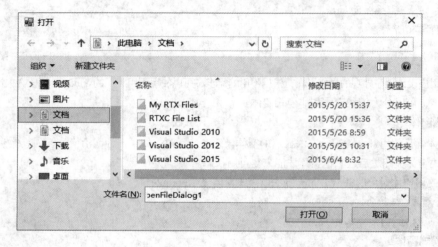

图5-41　"打开"对话框

OpenFileDialog控件的常用方法及说明如表5-17所示。

表5-17　OpenFileDialog控件的常用方法及说明

方　法	说　明
OpenFile	此方法以只读模式打开用户选择的文件
ShowDialog	此方法显示OpenFileDialog

　ShowDialog方法是对话框的通用方法，用来打开相应的对话框。

例如，使用OpenFileDialog打开一个"打开文件"对话框，该对话框中只能选择图片文件，代码如下：

```
openFileDialog1.InitialDirectory = "C:\\";                    //设置初始目录
openFileDialog1.Filter = "bmp文件(*.bmp)|*.bmp|gif文件(*.gif)|*.gif|jpg文件(*.jpg)|*.jpg";
            //设置只能选择图片文件
openFileDialog1.ShowDialog();
```

5.5.4　另存为对话框控件

SaveFileDialog控件表示一个通用对话框，用户可以使用此对话框来指定一个要将文件另存为的文件名。"另存为"对话框如图5-42所示。

图5-42　"另存为"对话框

SaveFileDialog组件的常用属性及说明如表5-18所示。

表5-18　SaveFileDialog组件的常用属性及说明

属　性	说　明
CreatePrompt	获取或设置一个值，该值指示如果用户选定不存在的文件，对话框是否提示用户允许创建该文件
OverwritePrompt	获取或设置一个值，该值指示如果用户指定的文件名已存在，Save As 对话框是否显示警告
FileName	获取或设置一个包含在文件对话框中选定的文件名的字符串
FileNames	获取对话框中所有选定文件的文件名
Filter	获取或设置当前文件名筛选器字符串，该字符串决定对话框的"另存为文件类型"或"文件类型"框中出现的选择内容

例如，使用SaveFileDialog控件来调用一个选择文件路径的对话框窗体，代码如下：

```
saveFileDialog1.ShowDialog();
```

例如，在保存对话框中设置保存文件的类型为**txt**，代码如下：

```
saveFileDialog1.Filter = "文本文件（*.txt）|*.txt";
```

例如，获取在保存对话框中设置文件的路径，代码如下：

```
saveFileDialog1.FileName;
```

5.5.5　浏览文件夹对话框控件

FolderBrowserDialog控件主要用来提示用户选择文件夹。"浏览文件夹"对话框如图5-43所示。

FolderBrowserDialog控件的常用属性及说明如表5-19所示。

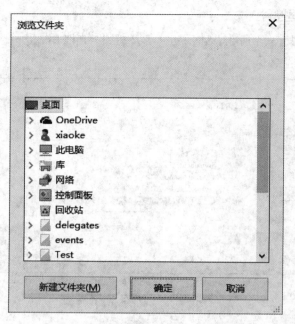

图5-43　"浏览文件夹"对话框

表5-19　FolderBrowserDialog控件的常用属性及说明

属　性	说　明
Description	获取或设置对话框中在树控件上显示的说明文本
RootFolder	获取或设置从其开始浏览的根文件夹
SelectedPath	获取或设置用户选定的路径
ShowNewFolderButton	获取或设置一个值，该值指示"新建文件夹"按钮是否显示在文件夹浏览对话框中

　　例如，设置在弹出的"浏览文件夹"对话框中不显示"新建文件夹"按钮，然后判断是否选择了文件夹，如果已经选择，则将选择的文件夹显示在TextBox文本框中，代码如下：

```
folderBrowserDialog1.ShowNewFolderButton = false;
if (folderBrowserDialog1.ShowDialog() == DialogResult.OK)
{
    textBox1.Text = folderBrowserDialog1.SelectedPath;
}
```

5.5.6　颜色对话框控件

　　ColorDialog控件表示一个通用对话框，用来显示可用的颜色，并允许用户自定义颜色。"颜色"对话框如图5-44所示。

　　ColorDialog控件的常用属性及说明如表5-20所示。

表5-20 ColorDialog控件的常用属性及说明

属　性	说　明
AllowFullOpen	获取或设置一个值，该值指示用户是否可以使用该对话框定义自定义颜色
AnyColor	获取或设置一个值，该值指示对话框是否显示基本颜色集中可用的所有颜色
Color	获取或设置用户选定的颜色
CustomColors	获取或设置对话框中显示的自定义颜色集
FullOpen	获取或设置一个值，该值指示用于创建自定义颜色的控件在对话框打开时是否可见
Options	获取初始化ColorDialog的值
ShowHelp	获取或设置一个值，该值指示在"颜色"对话框中是否显示"帮助"按钮
SolidColorOnly	获取或设置一个值，该值指示对话框是否限制用户只选择纯色

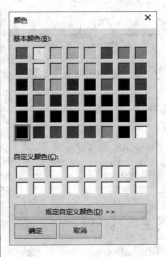

图5-44 "颜色"对话框

例如，将label1控件中的字体颜色设置为在"颜色"对话框中选中的颜色，代码如下：

```
colorDialog1.ShowDialog();
label1.ForeColor = this.colorDialog1.Color;
```

5.5.7 字体对话框控件

FontDialog控件用于公开系统上当前安装的字体，开发人员可在Windows应用程序中将其用作简单的字体选择解决方案，而不是配置自己的对话框。默认情况下，在"字体"对话框中将显示字体、字形和大小的列表框、删除线和下画线等效果的复选框、脚本（脚本是指给定字体可用的不同字符脚本，如希伯来语或日语等）的下拉列表，以及字体外观等选项。"字体"对话框如图5-45所示。

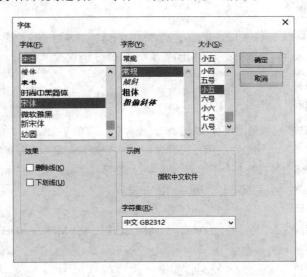

图5-45 "字体"对话框

FontDialog控件的常用属性及说明如表5-21所示。

表5-21 FontDialog控件的常用属性及说明

属 性	说 明
AllowVectorFonts	获取或设置一个值，该值指示对话框是否允许选择矢量字体
Color	获取或设置选定字体的颜色
Font	获取或设置选定的字体
MaxSize	获取或设置用户可选择的最大磅值
MinSize	获取或设置用户可选择的最小磅值
Options	获取用来初始化FontDialog的值
ShowApply	获取或设置一个值，该值指示对话框是否包含"应用"按钮
ShowColor	获取或设置一个值，该值指示对话框是否显示颜色选择
ShowHelp	获取或设置一个值，该值指示对话框是否显示"帮助"按钮

例如，将label1控件的字体设置为"字体"对话框中选择的字体，代码如下：

```
fontDialog1.ShowDialog();
label1.Font = this.fontDialog1.Font;
```

5.6 多文档界面（MDI窗体）

窗体是所有界面的基础，这就意味着为了打开多个文档，需要具有能够同时处理多个窗体的应用程序。为了适应这个需求，产生了MDI窗体，即多文档界面。本节将对MDI窗体进行详细讲解。

多文档界面
（MDI）窗体

5.6.1 MDI窗体的概念

多文档界面（Multiple-Document Interface），简称MDI窗体，主要用于同时显示多个文档，每个文档显示在各自的窗口中。MDI窗体中通常有包含子菜单的窗口菜单，用于在窗口或文档之间进行切换。

5.6.2 设置MDI窗体

在MDI窗体中，起到容器作用的窗体被称为"父窗体"，可放在父窗体中的其他窗体被称为"子窗体"，也称为"MDI子窗体"。当MDI应用程序启动时，首先会显示父窗体。所有的子窗体都在父窗体中打开，在父窗体中可以于任何时候打开多个子窗体。每个应用程序只能有一个父窗体，其他子窗体不能移出父窗体的框架区域。下面介绍如何将窗体设置成父窗体和子窗体。

1. 设置父窗体

如果要将某个窗体设置为父窗体，只要在窗体的属性面板中，将IsMdiContainer属性设置为true即可。

2. 设置子窗体

设置完父窗体，通过设置某个窗体的MdiParent属性来确定子窗体。
语法如下：

```
public Form MdiParent { get; set; }
```

属性值：MDI父窗体。

例如，将Form2窗体设置成当前窗体的子窗体，代码如下：

```
Form2 frm2 = new Form2();        //创建Form2
frm2.Show();                     //使用Show方法打开窗体
frm2. MdiParent = this;          //设置MdiParent属性，将当前窗体作为子窗体
```

5.6.3 排列MDI子窗体

通过使用带有MdiLayout枚举的LayoutMdi方法，来排列多文档界面父窗体中的子窗体，语法如下：

```
public void LayoutMdi (MdiLayout value)
```

value：是MdiLayout枚举值之一，用来定义MDI子窗体的布局。MdiLayout的枚举成员及说明如表5-22所示。

表5-22　MdiLayout的枚举成员及说明

枚举成员	说　　明
Cascade	所有MDI子窗体均层叠在MDI父窗体的工作区内
TileHorizontal	所有MDI子窗体均水平平铺在MDI父窗体的工作区内
TileVertical	所有MDI子窗体均垂直平铺在MDI父窗体的工作区内

下面通过一个实例演示如何使用带有MdiLayout枚举的LayoutMdi方法，来排列多文档界面父窗体中的子窗体。

【例5-10】创建一个Windows应用程序，向项目中添加4个窗体，然后使用LayoutMdi方法及MdiLayout枚举设置窗体的排列。

（1）新建一个Windows应用程序，默认窗体为Form1.cs。

（2）将窗体Form1的IsMdiContainer属性设置为true，以用作MDI父窗体，再添加3个Windows窗体，用作MDI子窗体。

（3）在Form1窗体中，添加一个MenuStrip控件，用作该父窗体的菜单项。

（4）通过MenuStrip控件建立4个菜单项，分别为"加载子窗体""水平平铺""垂直平铺"和"层叠排列"。运行程序时，单击"加载子窗体"菜单后，可以加载所有的子窗体，代码如下：

```
private void 加载子窗体ToolStripMenuItem_Click(object sender, EventArgs e)
{
    Form2 frm2 = new Form2();        //创建Form2
    frm2.MdiParent = this;           //设置MdiParent属性，将当前窗体作为子窗体
    frm2.Show();                     //使用Show方法打开窗体
    Form3 frm3 = new Form3();        //创建Form3
    frm3.MdiParent = this;           //设置MdiParent属性，将当前窗体作为子窗体
    frm3.Show();                     //使用Show方法打开窗体
    Form4 frm4 = new Form4();        //创建Form4
    frm4.MdiParent = this;           //设置MdiParent属性，将当前窗体作为子窗体
    frm4.Show();                     //使用Show方法打开窗体
}
```

（5）加载所有的子窗体之后，单击"水平平铺"菜单，使窗体中所有的子窗体水平排列，代码如下：

```
private void 水平平铺ToolStripMenuItem_Click(object sender, EventArgs e)
{
    LayoutMdi(MdiLayout.TileHorizontal);        //使用MdiLayout枚举实现窗体的水平平铺
}
```

（6）单击"垂直平铺"菜单，使窗体中所有的子窗体垂直排列，代码如下：

```
private void 垂直平铺ToolStripMenuItem_Click(object sender, EventArgs e)
{
    LayoutMdi(MdiLayout.TileVertical);          //使用MdiLayout枚举实现窗体的垂直平铺
}
```

（7）单击"层叠排列"菜单，使窗体中所有的子窗体层叠排列，代码如下：

```
private void 层叠排列ToolStripMenuItem_Click(object sender, EventArgs e)
{
    LayoutMdi(MdiLayout.Cascade);               //使用MdiLayout枚举实现窗体的层叠排列
}
```

运行程序，加载子窗体效果如图5-46所示，水平平铺子窗体效果如图5-47所示，垂直平铺子窗体效果如图5-48所示，层叠排列子窗体效果如图5-49所示。

图5-46　加载子窗体

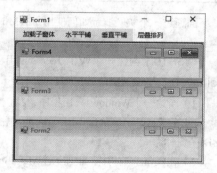

图5-47　水平平铺子窗体

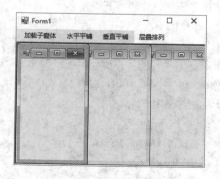

图5-48　垂直平铺子窗体

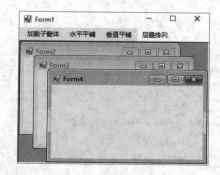

图5-49　层叠排列子窗体

5.7　打印与打印预览

通过Windows打印组件，可以在Windows应用程序中方便、快捷地对文档进行预览、设置和打印。下面对Windows打印组件进行讲解。

5.7.1 PageSetupDialog组件

打印与打印预览

PageSetupDialog组件用于设置页面详细信息，以便打印，它允许用户设置边框、边距调整量、页眉、页脚和纵向或横向打印。PageSetupDialog组件的常用属性及说明如表5-23所示。

表5-23　PageSetupDialog组件的常用属性及说明

属　性	说　明
Document	获取页面设置的PrintDocument类对象
AllowMargins	是否启用对话框的边距部分
AllowOrientation	是否启用对话框的方向部分（横向或纵向）
AllowPaper	是否启用对话框的纸张部分（纸张大小和纸张来源）
AllowPrinter	是否启用"打印机"按钮

例如，设置"页面设置"对话框中的打印文档，并启用页边距、方向、纸张和"打印机"按钮。代码如下：

```
//设置pageSetupDialog1组件的Document属性，设置操作文档
pageSetupDialog1.Document = printDocument1;
pageSetupDialog1.AllowMargins = true;          //启用页边距
pageSetupDialog1.AllowOrientation = true;      //启用对话框的方向部分
pageSetupDialog1.AllowPaper = true;            //启用对话框的纸张部分
pageSetupDialog1.AllowPrinter = true;          //启用"打印机"按钮
pageSetupDialog1.ShowDialog();                 //显示"页面设置"对话框
```

5.7.2 PrintDialog组件

PrintDialog组件用于选择打印机、要打印的页面，以及确定其他与打印相关的设置。通过PrintDialog组件可以选择全部打印、打印选定的页范围或打印选定内容等。PrintDialog组件的常用属性及说明如表5-24所示。

表5-24　PrintDialog组件的常用属性及说明

属　性	说　明
Document	获取PrinterSettings类的PrintDocument对象
AllowCurrentPage	是否显示"当前页"按钮
AllowPrintToFile	是否启用"打印到文件"复选框
AllowSelection	是否启用"选择"按钮
AllowSomePages	是否启用"页"按钮

例如，设置"打印"对话框中的打印文档，并启用"当前页"按钮、"选择"按钮和"页"按钮。代码如下：

```
printDialog1.Document = printDocument1;        //设置操作文档
printDialog1.AllowCurrentPage = true;          //显示"当前页"按钮
```

```
printDialog1.AllowSelection = true;                      //启用 "选择" 按钮
printDialog1.AllowSomePages = true;                      //启用 "页" 按钮
printDialog1.ShowDialog();                               //显示 "打印" 对话框
```

5.7.3 PrintPreviewDialog组件

PrintPreviewDialog组件用于显示文档打印后的外观，其中包含打印、放大、显示一页或多页，以及关闭此对话框的按钮。PrintPreviewDialog组件的常见属性和方法有Document属性、ShowDialog方法。其中，Document属性用于设置要预览的文档，而ShowDialog方法用来显示打印预览对话框。

例如，设置PrintPreviewDialog组件的Document属性为printDocument1，并显示打印预览对话框，代码如下：

```
printPreviewDialog1.Document = this.printDocument1;      //设置预览文档
printPreviewDialog1.ShowDialog();                        //使用ShowDialog方法，显示预览窗口
```

5.7.4 PrintDocument组件

PrintDocument组件用于设置打印的文档，程序中常用到的是该组件的PrintPage事件和Print方法。PrintPage事件在需要将当前页打印输出时发生；而Print方法则用于开始文档的打印进程。

【例5-11】创建一个Windows应用程序，向窗体中添加一个Button控件、一个PrintDocument组件和一个PrintPreviewDialog组件。在PrintDocument组件的PrintPage事件中绘制打印的内容，然后在Button按钮的Click事件下设置PrintPreviewDialog的属性预览打印文档，并调用PrintDocument组件的Print方法开始文档的打印进程。代码如下：

```
private void printDocument1_PrintPage(object sender, System.Drawing.Printing.PrintPageEventArgs e)
{
    //通过GDI+绘制打印文档
    e.Graphics.DrawString("蝶恋花", new Font("宋体", 20), Brushes.Black, 350, 120);
    e.Graphics.DrawLine(new Pen(Color.Black, (float)3.00), 100, 185, 720, 185);
    e.Graphics.DrawString("伫倚危楼风细细，望极春愁，黯黯生天际。", new Font("宋体", 12), Brushes.Black,
110, 195);
    e.Graphics.DrawString("草色烟光残照里，无言谁会凭阑意。", new Font("宋体", 12), Brushes.Black, 110,
220);
    e.Graphics.DrawString("拟把疏狂图一醉，对酒当歌，强乐还无味。", new Font("宋体", 12), Brushes.Black,
110, 245);
    e.Graphics.DrawString("衣带渐宽终不悔，为伊消得人憔悴。", new Font("宋体", 12), Brushes.Black, 110,
270);
    e.Graphics.DrawLine(new Pen(Color.Black, (float)3.00), 100, 300, 720, 300);
}
private void button1_Click(object sender, EventArgs e)
{
    if (MessageBox.Show("是否要预览打印文档", "打印预览", MessageBoxButtons.YesNo) == DialogResult.Yes)
    {
        this.printPreviewDialog1.UseAntiAlias = true;                //开启操作系统的防锯齿功能
```

```
        this.printPreviewDialog1.Document = this.printDocument1;          //设置要预览的文档
        printPreviewDialog1.ShowDialog();                                 //打开预览窗口
    }
    else
    {
        this.printDocument1.Print();                                      //调用Print方法直接打印文档
    }
}
```

说明 绘制打印内容时，需要使用PrintPageEventArgs对象的Graphics属性，该属性会生成一个Graphics对象，通过调用该对象的相应方法可以绘制各种图形或者文本。关于Graphics对象的详细讲解，请参见第6章。

运行程序，单击"打印"按钮，弹出"打印预览"窗口，如图5-50所示。

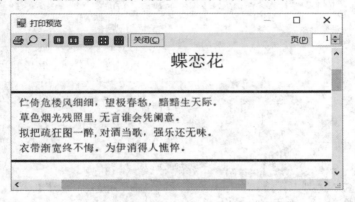

图5-50 "打印预览"窗口

小 结

本章主要对Windows应用程序开发的知识进行了详细的讲解，包括Windows窗体的使用，常用的Windows控件的使用，菜单、工具栏和状态栏的使用，常用的对话框，多文档界面（MDI窗体），以及打印相关的应用。本章所讲解的内容在开发Windows应用程序时是最基础、最常用的，尤其是Windows窗体及Windows控件的使用，读者一定要熟练掌握。

上机指导

使用本章所学知识模拟实现进销存管理系统的登录窗体、主窗体和进货管理窗体。运行程序，显示登录窗体，如图5-51所示；输入用户名和密码，单击"登录"按钮，进入主窗体，主窗体中显示提供操作菜单，并在状态栏中显示登录用户及登录时间，如图5-52所示；在菜单中，选择"进货管理"/"进货单"，打开"进货单---进货管理"窗体，可以在该窗体添加进货信息，如图5-53所示。

图5-51　登录窗体

图5-52　主窗体

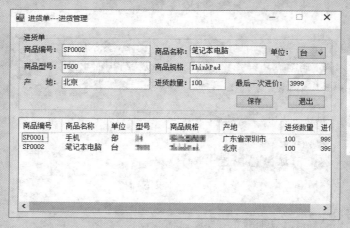

图5-53　"进货单---进货管理"窗体

上机指导

　　主要开发步骤如下。

　　（1）创建一个Windows窗体应用程序，项目命名为EMS。

　　（2）把默认窗体Form1更名为frmLogin，该窗体用来实现用户的登录功能。在该窗体中添加一个GroupBox控件，然后在该控件中添加两个TextBox控件、两个Label控件和两个Button控件，分别用来输入登录信息（用户名和密码）、标注信息（提示用户名和密码）和功能操作（登录和退出操作）。

　　（3）在EMS项目中添加一个窗体，并命名为frmMain，用来作为进销存管理系统的主窗体。在该窗体中设置背景图片，并添加一个MenuStrip控件、一个StatusStrip控件，分别用来作为主窗体的菜单和状态栏。其中，菜单设置如图5-54所示。

图5-54　菜单设置

（4）在EMS项目中添加一个窗体，并命名为frmBuyStock，用来作为"进货单---进货管理"窗体。该窗体中添加7个TextBox控件，分别用来输入商品编号、名称、型号、规格、产地、数量和进价等信息；添加一个ComboBox控件，用来选择单位；添加两个Button控件，分别用来执行保存进货信息和退出操作；添加一个ListView控件，用来显示保存的进货信息。

（5）frmLogin窗体中"登录"按钮的Click事件代码如下：

```
private void btnLogin_Click(object sender, EventArgs e)          //单击"登录"按钮
{
    if (txtUserName.Text == string.Empty)                       //若用户名为空
    {
        MessageBox.Show("用户名称不能为空！", "错误提示", MessageBoxButtons.OK, MessageBoxIcon.Error);
                                                                //提示不许用户名为空
        return;
    }
    //判断用户名和密码是否正确
    if (txtUserName.Text == "mr" && txtUserPwd.Text == "mrsoft")
    {
        frmMain main = new frmMain();                           //创建主窗体
        main.Show();                                            //显示主窗体
        this.Visible = false;                                   //隐藏登录窗体
    }
    else                                                        //若用户名或密码错误
    {
        MessageBox.Show("用户名称或密码不正确！", "错误提示", MessageBoxButtons.OK, MessageBoxIcon.
Error);                                                         //提示用户名或密码错误
    }
}
```

（6）frmMain窗体加载时，显示登录用户及登录时间，代码如下：

```
private void frmMain_Load(object sender, EventArgs e)
{
    toolStripStatusLabel1.Text = "登录用户：" + frmLogin.strName;//显示登录用户
    //显示登录时间
    toolStripStatusLabel2.Text = " || 登录时间：" + DateTime.Now.ToLongTimeString();
}
```

（7）在frmMain窗体中，单击"进货单"菜单，显示"进货单---进货管理"窗体，代码如下：

```
private void frmBuyStock_Click(object sender, EventArgs e)
{
    new frmBuyStock().Show();                                   //打开进货管理窗体
}
```

（8）frmBuyStock窗体中，单击"保存"按钮，将文本框中输入的商品信息显示到ListView控件中，代码如下：

```
private void btnAdd_Click(object sender, EventArgs e)
{
    ListViewItem li = new ListViewItem();          //创建ListView子项
    li.SubItems.Clear();
    li.SubItems[0].Text = txtID.Text;              //显示商品编号
    li.SubItems.Add(txtName.Text);                 //显示商品名称
    li.SubItems.Add(cbox.Text);                    //显示单位
    li.SubItems.Add(txtType.Text);                 //显示商品型号
    li.SubItems.Add(txtISBN.Text);                 //显示商品规格
    li.SubItems.Add(txtAddress.Text);              //显示产地
    li.SubItems.Add(txtNum.Text);                  //显示进货数量
    li.SubItems.Add(txtPrice.Text);                //显示进价
    listView1.Items.Add(li);                       //将子项内容显示在listView1中
}
```

习 题

5-1　如何设置启动窗体？

5-2　.NET中的大部分控件都派生于什么类？

5-3　如果要将一个TextBox文本框设置为密码文本框，可以通过什么方式实现？

5-4　CheckBox控件与RadioButton控件有何不同？

5-5　简述ComboBox控件与ListBox控件的区别。

5-6　ListView控件中可以设置哪几种视图显示方式？

5-7　简述Timer组件的主要作用。

5-8　如何为菜单设置快捷键？

5-9　常用的对话框有哪几种？

5-10　如何设置MDI父窗体与子窗体？

第6章
GDI+编程

■ 用户界面上的窗体和控件非常有用，有时还需要在窗体上使用颜色和图形对象。例如，可能需要使用线条或弧线来开发游戏，或者需要使用图表对数据进行分析。在这种情况下，只使用Windows控件是不够的，这时就可以使用GDI+技术灵活地绘图。GDI+技术支持颜色、图形和对象等，使开发人员可以在程序中绘制各种图形或其他对象，比如直线、矩形、椭圆、圆弧、扇形，以及文本和已有图像等。本章将对C#中的GDI+编程进行详细的讲解。

6.1　GDI+绘图基础

GDI+是GDI的后继者，它是.NET Framework为操作图形提供的应用程序编程接口（API）。使用GDI+可以用相同的方式在屏幕或打印机上显示信息，而无需考虑特定显示设备的细节。GDI+主要用于在窗体上绘制各种图像，可以用于绘制各种数据图形、数学仿真等。

6.1.1　坐标系

坐标系是图形设计的基础，GDI+使用3个坐标空间：世界坐标系、页面坐标系和设备坐标系。其中，世界坐标系是用于建立特殊图形世界模型的坐标系，也是在.NET Framework中传递给方法的坐标系；页面坐标系是指绘图图面（如窗体或控件）使用的坐标系；设备坐标系是在其上进行绘制的物理设备（如屏幕或纸张）所使用的坐标系。

GDI+绘图基础

坐标系总是以左上角为原点（0,0），除了原点之外，坐标系还包括横坐标（x轴）和纵坐标（y轴），图6-1所示就是一个坐标系。

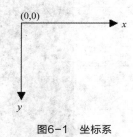

图6-1　坐标系

6.1.2　像素

像素全称为图像元素，它是构成图像的基本单位，通常以像素每英寸（pixels per inch，ppi）为单位来表示图像分辨率的大小。例如，1024×768的分辨率，表示水平方向上每英寸长度上的像素数是1024、垂直方向上每英寸长度上的像素数是768。

一个像素所能表达的不同颜色数取决于比特每像素（bpp），这个最大数可以通过取2的次幂获得。例如，常见的像素位数及其对应颜色值如表6-1所示。

表6-1　像素位数及其对应颜色值

像素位数	颜　色　值
8 bpp	256色
16 bpp	65536色
24 bpp	2^{24}色（24位真彩色）
48 bpp	2^{48}色（48位真彩色）

6.1.3　Graphics类

Graphics类是GDI+的核心，而Graphics对象表示GDI+绘图表面，提供将对象绘制到显示设备的方法。Graphics与特定的设备上下相关联，是用于创建图形图像的对象。Graphics类封装了绘制直线、曲线、图形、图像和文本的方法，是进行一切GDI+操作的基础类。在绘图之前，必须在指定的窗体上创建一个Graphics对象，才可以调用Graphics类的方法画图，但是，不能直接建立Graphics类的对象。创建Graphics对象有以下3

种方法。

1. Paint事件

在窗体或控件的Paint事件中创建，将其作为PaintEventArgs的一部分。在为控件创建绘制代码时，通常会使用此方法来获取对图形对象的引用。

例如，在Paint事件中创建Graphics对象，代码如下：

```
private void Form1_Paint(object sender, PaintEventArgs e)        //窗体的Paint事件
{
    Graphics g = e.Graphics;                                     //创建Graphics对象
}
```

2. CreateGraphics方法

调用控件或窗体的CreateGraphics方法可以获取对Graphics对象的引用，该对象表示控件或窗体的绘图画面。如果在已存在的窗体或控件上绘图，应该使用此方法。

例如，在窗体的Load事件中，通过CreateGraphics方法创建Graphics对象，代码如下：

```
private void Form1_Load(object sender, EventArgs e)              //窗体的Load事件
{
    Graphics g;                                                  //声明一个Graphics对象
    //使用CreateGraphics方法创建Graphics对象
    g = this.CreateGraphics();
}
```

3. Graphics.FromImage方法

由从Image继承的任何对象创建Graphics对象，调用Graphics.FromImage方法即可。该方法在需要更改已存在的图像时十分有用。

例如，在窗体的Load事件中，通过FromImage方法创建Graphics对象，代码如下：

```
private void Form1_Load(object sender, EventArgs e)              //窗体的Load事件
{
    Bitmap mbit = new Bitmap(@"C:\ls.bmp");                      //实例化Bitmap类
    //通过FromImage方法创建Graphics对象
    Graphics g = Graphics.FromImage(mbit);
}
```

Graphics类的常用属性及说明如表6-2所示。

表6-2 Graphics类的常用属性及说明

属　性	说　明
Clip	获取或设置Region对象，该对象限定此Graphics对象的绘图区域
ClipBounds	获取RectangleF结构，该结构限定此Graphics对象的剪辑区域
DpiX	获取此Graphics对象的水平分辨率
DpiY	获取此Graphics对象的垂直分辨率
InterpolationMode	获取或设置与此Graphics对象关联的插补模式
IsClipEmpty	获取一个值，该值指示此Graphics对象的剪辑区域是否为空
IsVisibleClipEmpty	获取一个值，该值指示此Graphics对象的可见剪辑区域是否为空

续表

属　性	说　明
PageScale	获取或设置此Graphics对象的全局单位和页单位之间的比例
PageUnit	获取或设置用于此Graphics对象中的页坐标的度量单位

Graphics类的常用方法及说明如表6-3所示。

表6-3　Graphics类的常用方法及说明

方　法	说　明
Clear	清除整个绘图面并以指定背景色填充
Dispose	释放由此Graphics对象使用的所有资源
DrawArc	绘制一段弧线，它表示由一对坐标、宽度和高度指定的椭圆部分
DrawBezier	绘制由4个Point结构定义的贝塞尔样条
DrawBeziers	从Point结构的数组绘制一系列贝塞尔样条
DrawCurve	绘制经过一组指定的Point结构的基数样条
DrawEllipse	绘制一个由边框（该边框由一对坐标、高度和宽度指定）定义的椭圆
DrawIcon	在指定坐标处绘制由指定的Icon对象表示的图像
DrawImage	在指定位置并且按原始大小绘制指定的Image对象
DrawLine	绘制一条连接由坐标对象指定的两个点的线条
DrawLines	绘制一列连接一组Point结构的线段
DrawPath	绘制GraphicsPath对象
DrawPie	绘制一个扇形，该扇形由一个坐标对象、宽度和高度，以及两条射线所指定的椭圆指定
DrawPolygon	绘制由一组Point结构定义的多边形
DrawRectangle	绘制由坐标对、宽度和高度指定的矩形
DrawRectangles	绘制一系列由Rectangle结构指定的矩形
DrawString	在指定位置并且用指定的Brush和Font对象绘制指定的文本字符串
FillEllipse	填充边框所定义的椭圆的内部，该边框由一对坐标、一个宽度和一个高度指定
FillPath	填充GraphicsPath对象的内部
FillPie	填充由一对坐标、一个宽度、一个高度，以及两条射线指定的椭圆所定义的扇形区的内部
FillPolygon	填充Point结构指定的点数组所定义的多边形的内部
FillRectangle	填充由一对坐标、一个宽度和一个高度指定的矩形的内部
FillRectangles	填充由Rectangle结构指定的一系列矩形的内部
FillRegion	填充Region对象的内部
FromImage	从指定的Image对象创建新Graphics对象
Save	保存此Graphics对象的当前状态，并用GraphicsState对象标识保存的状态

说明　以Draw开头的方法用来绘制相应的图形，而Fill开头的方法在绘制相应的图形时，可以使用指定的颜色对其进行填充。

6.2 绘图

介绍完GDI+图形图像技术的几个基本对象，下面通过这些基本对象绘制常见的几何图形。常见的几何图形包括直线、矩形和椭圆等。通过对本节内容的学习，读者能够轻松掌握这些图形的绘制方法。

6.2.1 画笔

画笔使用Pen类表示，主要用于绘制线条，或者线条组合成的其他几何形状。Pen类的构造函数如下。

绘图

> public Pen (Color color,float width)

❑ color：设置Pen的颜色。

❑ width：设置Pen的宽度。

Pen对象的常用属性及说明如表6-4所示。

表6-4 Pen对象的常用属性及说明

属　性	说　明
Brush	获取或设置Brush，用于确定此Pen的属性
Color	获取或设置此Pen的颜色
CustomEndCap	获取或设置要在通过此Pen绘制的直线终点使用的自定义线帽
CustomStartCap	获取或设置要在通过此Pen绘制的直线起点使用的自定义线帽
DashCap	获取或设置用在短划线终点的线帽样式，这些短划线构成通过此Pen绘制的虚线
DashStyle	获取或设置用于通过此Pen绘制的虚线的样式
EndCap	获取或设置要在通过此Pen绘制的直线终点使用的线帽样式
StartCap	获取或设置在通过此Pen绘制的直线起点使用的线帽样式
Transform	获取或设置此Pen的几何变换的副本
Width	获取或设置此Pen的宽度，以用于绘图的Graphics对象为单位

例如，创建一个Pen对象，使其颜色为蓝色，宽度为2，代码如下：

```
Pen mypen = new Pen(Color.Blue, 2);                    //实例化一个Pen类，并设置其颜色和宽度
```

6.2.2 画刷

画刷使用Brush类表示，主要用于填充几何图形，如将正方形和圆形填充其他颜色等。Brush类是一个抽象基类，不能进行实例化。如果要创建一个画刷对象，需要使用从Brush类派生出的类。Brush类的常用派生类及说明如表6-5所示。

表6-5 Brush类的常用派生类及说明

派　生　类	说　明
SolidBrush	定义单色画刷
HatchBrush	提供一种特定样式的图形，用来制作填满整个封闭区域的绘图效果，该类位于System.Drawing.Drawing2D命名空间下
LinerGradientBrush	提供一种渐变色彩的特效，填满图形的内部区域，该类位于System.Drawing.Drawing2D命名空间下
TextureBrush	使用图像来填充形状的内部

例如，下面代码分别创建不同类型的画刷对象：

Brush mybs = new SolidBrush(Color.Red);　　　　　　　//使用SolidBrush类创建Brush对象

HatchBrush brush = new HatchBrush(HatchStyle.DiagonalBrick,Color.Yellow);

//实例化LinerGradientBrush类，设置其使用蓝色和白色进行渐变

LinearGradientBrush lgb=new LinearGradientBrush(rt,Color.Blue,Color.White,

LinearGradientMode.ForwardDiagonal);

TextureBrush texture = new TextureBrush(image1);//image1是一个Image对象

说明 如果程序中已经定义了画刷对象，还可以使用画刷对象创建画笔（Pen）对象，例如，
Pen mypen = new Pen(brush, 2)。

6.2.3 绘制直线

调用Graphics类中的DrawLine方法，结合Pen对象可以绘制直线。DrawLine方法有以下两种构造函数。

（1）第一种用于绘制一条连接两个Point结构的线，其语法如下：

public void DrawLine (Pen pen,Point pt1,Point pt2)

❑ pen：Pen对象，它确定线条的颜色、宽度和样式。

❑ pt1：Point结构，它表示要连接的第一个点。

❑ pt2：Point结构，它表示要连接的第二个点。

（2）第二种用于绘制一条连接由坐标指定的两个点的线条，其语法如下：

public void DrawLine (Pen pen,int x1,int y1,int x2,int y2)

DrawLine方法的参数说明如表6-6所示。

表6-6　DrawLine方法的参数说明

参　数	说　明
pen	Pen对象，它确定线条的颜色、宽度和样式
x1	第一个点的横坐标
y1	第一个点的纵坐标
x2	第二个点的横坐标
y2	第二个点的纵坐标

【例6-1】使用DrawLine方法绘制坐标轴的两条轴，效果如图6-2所示。

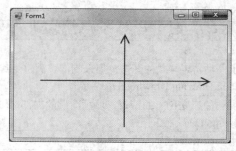

图6-2　绘制坐标轴

新建一个Windows窗体应用程序，触发默认窗体Form1的Paint事件，该事件中创建Graphics绘图对象，并调用DrawLine方法绘制坐标轴的两条轴，代码如下：

```
private void Form1_Paint(object sender, PaintEventArgs e)
{
    Graphics g = this.CreateGraphics();                          //创建Graphics对象
    int halfWidth = this.Width / 2;
    int halfHeight = this.Height / 2;
    Pen pen = new Pen(Color.Blue, 2);                            //创建画笔
    AdjustableArrowCap arrow = new AdjustableArrowCap(8, 8, false);   //定义画笔线帽
    pen.CustomEndCap = arrow;
    g.DrawLine(pen, 50, halfHeight-20, Width - 50, halfHeight-20);    //画横坐标轴
    g.DrawLine(pen, halfWidth, Height - 60, halfWidth, 20);          //画纵坐标轴
}
```

 由于程序中用到了AdjustableArrowCap类，所以需要添加System.Drawing.Drawing2D命名空间。

6.2.4　绘制矩形

通过Graphics类中的DrawRectangle或者FillRectangle方法可以绘制矩形，其中，DrawRectangle方法用来绘制由坐标对、宽度和高度指定的矩形，其语法如下：

```
public void DrawRectangle (Pen pen, int x, int y, int width, int height)
```

DrawRectangle方法的参数说明如表6-7所示。

表6-7　DrawRectangle方法的参数说明

参　　数	说　　明
pen	Pen对象，它确定矩形的颜色、宽度和样式
x	要绘制矩形的左上角的横坐标
y	要绘制矩形的左上角的纵坐标
width	要绘制矩形的宽度
height	要绘制矩形的高度

 也可以根据指定的矩形结构来绘制矩形，此时需要用到Rectangle类。

FillRectangle方法用来填充由一对坐标、一个宽度和一个高度指定的矩形的内部，其语法格式如下：

```
public void FillRectangle(Brush brush, int x, int y, int width, int height)
```

第一个参数brush是一个Brush对象，用来指定填充矩形内部的画刷，后面4个参数与DrawRectangle方法中的后面4个参数表示的意义一样。

【例6-2】通过Graphics类中的FillRectangle方法实现绘制柱形图分析商品销售情况的功能，运行结果如图6-3所示。

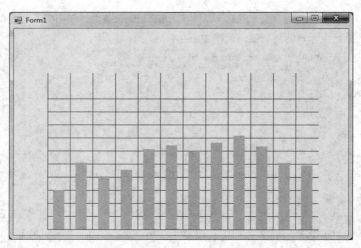

图6-3　绘制柱形图分析商品销售情况

新建一个Windows窗体应用程序，触发默认窗体Form1的Paint事件，该事件中，首先定义存储商品销量的数组；然后使用Graphics对象的DrawLine方法绘制x轴和y轴；最后根据数组中存储的商品销量，使用Graphics对象的FillRectangle方法绘制柱形图，代码如下：

```
private void Form1_Paint(object sender, PaintEventArgs e)
{
    int[] saleNum = { 300, 500, 400, 450, 600, 630, 580, 650, 700, 620, 500, 480 };
    Graphics g = this.CreateGraphics();                     //创建Graphics对象
    Font font = new Font("Arial", 9, FontStyle.Regular);
    Pen mypen = new Pen(Color.Blue, 1);
    //绘制横向线条
    int x = 100;
    for (int i = 0; i < 11; i++)
    {
        g.DrawLine(mypen, x, 80, x, 366);
        x = x + 40;
    }
    g.DrawLine(mypen, x - 480, 80, x - 480, 366);
    //绘制纵向线条
    int y = 127;
    for (int i = 0; i < 10; i++)
    {
        g.DrawLine(mypen, 60, y, 540, y);
        y = y + 24;
    }
    g.DrawLine(mypen, 60, y, 540, y);
    //显示柱状效果
    x = 70;
```

```
        for (int i = 0; i < 12; i++)
        {
            SolidBrush mybrush = new SolidBrush(Color.YellowGreen);
            g.FillRectangle(mybrush, x, 370 − saleNum[i] / 4, 20, saleNum[i] / 4 − 3);
            x = x + 40;
        }
        g.Dispose();
    }
```

6.2.5 绘制椭圆

通过Graphics类中的DrawEllipse方法或者FillEllipse方法可以绘制椭圆，其中，DrawEllipse方法用来绘制由一对坐标、高度和宽度指定的椭圆，其语法如下：

```
public void DrawEllipse (Pen pen,int x,int y,int width,int height)
```

DrawEllipse方法的参数说明如表6-8所示。

表6-8　DrawEllipse方法的参数说明

参　　数	说　　明
pen	Pen对象，它确定曲线的颜色、宽度和样式
x	定义椭圆边框左上角的横坐标
y	定义椭圆边框左上角的纵坐标
width	定义椭圆边框的宽度
height	定义椭圆边框的高度

FillEllipse方法用来填充边框所定义的椭圆的内部，该边框由一对坐标、一个宽度和一个高度指定，其语法格式如下：

```
public void FillEllipse(Brush brush,int x,int y,int width,int height)
```

第一个参数brush是一个Brush对象，用来指定填充椭圆内部的画刷，后面4个参数与DrawEllipse方法中的后面4个参数表示的意义一样。

【例6-3】分别使用DrawEllipse方法和FillEllipse方法绘制空心椭圆和实心椭圆，效果如图6-4所示。

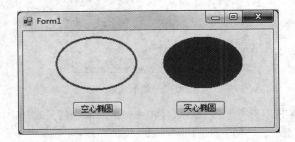

图6-4　绘制空心椭圆和实心椭圆

新建一个Windows窗体应用程序，在默认窗体中添加两个Button控件，分别用来绘制空心椭圆和实心椭圆；分别触发两个Button控件的Click事件，然后调用DrawEllipse方法和FillEllipse方法，在窗体中绘制空心椭圆和实心椭圆，代码如下：

```
private void button1_Click(object sender, EventArgs e)
{
    Graphics graphics = this.CreateGraphics();          //创建Graphics对象
    Pen myPen = new Pen(Color.Green, 3);                //创建Pen对象
    graphics.DrawEllipse(myPen, 50, 10, 120, 80);       //绘制空心椭圆
}
private void button2_Click(object sender, EventArgs e)
{
    Graphics graphics = this.CreateGraphics();          //创建Graphics对象
    Brush brush = new SolidBrush(Color.Red);            //创建画刷对象
    graphics.FillEllipse(brush, 210, 10, 120, 80);      //绘制实心椭圆
}
```

6.2.6 绘制圆弧

通过Graphics类中的DrawArc方法，可以绘制圆弧，该方法用来绘制由一对坐标、宽度和高度指定的圆弧，其语法如下：

public void DrawArc (Pen pen,Rectangle rect,float startAngle,float sweepAngle)

DrawArc方法的参数及说明如表6-9所示。

表6-9　DrawArc方法的参数及说明

参　　数	说　　明
pen	Pen对象，它确定弧线的颜色、宽度和样式
rect	Rectangle结构，它定义圆弧的边界
startAngle	从x轴到弧线的起始点沿顺时针方向度量的角（以度为单位）
sweepAngle	从startAngle参数到弧线的结束点沿顺时针方向度量的角（以度为单位）

【例6-4】使用DrawArc方法绘制圆弧，效果如图6-5所示。

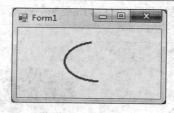

图6-5　绘制圆弧

新建一个Windows窗体应用程序，触发默认窗体Form1的Paint事件，该事件中创建Graphics绘图对象，并调用DrawArc方法绘制圆弧，代码如下：

```
private void Form1_Paint(object sender, PaintEventArgs e)
private void Form1_Paint(object sender, PaintEventArgs e)
{
    Graphics ghs = this.CreateGraphics();               //实例化Graphics类
    Pen myPen = new Pen(Color.Blue , 3);                //实例化Pen类
```

```
Rectangle myRectangle = new Rectangle(70, 20, 100, 60);//定义一个Rectangle结构
//调用Graphics对象的DrawArc方法绘制圆弧
ghs.DrawArc(myPen, myRectangle, 210, 120);
}
```

6.2.7 绘制扇形

通过Graphics类中的DrawPie方法和FillPie方法可以绘制扇形，其中，DrawPie方法用来绘制由一个坐标对、宽度、高度及两条射线所指定的扇形，语法如下：

```
public void DrawPie (Pen pen, float x, float y, float width, float height, float startAngle, float sweepAngle)
```

DrawPie方法的参数及说明如表6-10所示。

表6-10　DrawPie方法的参数及说明

参　数	说　明
pen	Pen对象，它确定扇形的颜色、宽度和样式
x	边框的左上角的横坐标，该边框定义扇形所属的椭圆
y	边框的左上角的纵坐标，该边框定义扇形所属的椭圆
width	边框的宽度，该边框定义扇形所属的椭圆
height	边框的高度，该边框定义扇形所属的椭圆
startAngle	从x轴到扇形的第一条边沿顺时针方向度量的角（以度为单位）
sweepAngle	从startAngle参数到扇形的第二条边沿顺时针方向度量的角（以度为单位）

FillPie方法用来填充由一对坐标、一个宽度、一个高度及两条射线指定的椭圆所定义的扇形区的内部，其语法格式如下：

```
public void FillPie(Brush brush, float x, float y, float width, float height, float startAngle, float sweepAngle)
```

第一个brush是一个Brush对象，用来指定填充扇形内部的画刷，后面6个参数与DrawPie方法中的后面6个参数表示的意义一样。

【例6-5】通过Graphics类中的FillPie方法实现绘制饼形图分析商品销售情况的功能，运行结果如图6-6所示。

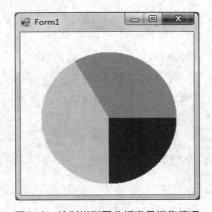

图6-6　绘制饼形图分析商品销售情况

新建一个Windows窗体应用程序，触发默认窗体Form1的Paint事件。在该事件中，首先定义存储商品销量的数组，并获取总销量和每月销量；然后计算每月销量占总销量的百分比，并依此计算出扇形角度；最后使用Graphics对象的FillPie方法绘制饼形图，代码如下：

```
private void Form1_Paint(object sender, PaintEventArgs e)
{
    int[] saleNum = { 300, 500, 400 };
    //获取总销量和各月分别销量
    int sum = 0, threeNum = 0, fourNum = 0, fiveNum = 0;
    for (int i = 0; i < saleNum.Length; i++)
    {
        sum += saleNum[i];
        if (i == 0)
            threeNum = saleNum[0];
        else if (i == 1)
            fourNum = saleNum[1];
        else
            fiveNum = saleNum[2];
    }
    Graphics g = this.CreateGraphics();
    g.Clear(Color.White);                                    //清空背景色
    Pen pen1 = new Pen(Color.Red);                           //实例化Pen类
    //创建4个Brush对象用于设置颜色
    Brush brush = new SolidBrush(Color.Black);
    Brush brush2 = new SolidBrush(Color.Blue);
    Brush brush3 = new SolidBrush(Color.Wheat);
    Brush brush4 = new SolidBrush(Color.Orange);
    //创建Font对象用于设置字体
    Font font = new Font("Courier New", 12);
    int piex = 30, piey = 30, piew = 200, pieh = 200;
    //3月份销量在圆中分配的角度
    float angle1 = Convert.ToSingle((360 / Convert.ToSingle(sum)) * Convert.ToSingle(threeNum));
    //4月份销量在圆中分配的角度
    float angle2 = Convert.ToSingle((360 / Convert.ToSingle(sum)) * Convert.ToSingle(fourNum));
    //5月份销量在圆中分配的角度
    float angle3 = Convert.ToSingle((360 / Convert.ToSingle(sum)) * Convert.ToSingle(fiveNum));
    g.FillPie(brush2, piex, piey, piew, pieh, 0, angle1);              //绘制3月份销量所占比例
    g.FillPie(brush3, piex, piey, piew, pieh, angle1, angle2);         //绘制4月份销量所占比例
    g.FillPie(brush4, piex, piey, piew, pieh, angle1 + angle2, angle3); //绘制5月份销量所占比例
}
```

6.2.8　绘制多边形

通过Graphics类中的DrawPolygon方法或者FillPolygon方法可以绘制多边形。多边形是有3条或3条以上边的闭合图形。例如，三角形是有3条边的多边形，矩形是有4条边的多边形，五边形是有5条边的多边形。如果要绘制多边形，需要Graphics对象、Pen对象和Point（或PointF）对象数组。

1. DrawPolygon方法

Graphics类中的DrawPolygon方法用于绘制由一组PointF结构定义的多边形，其语法如下：

```
public void DrawPolygon (Pen pen , PointF[] points)
```

- ❑ pen：Pen对象，用于确定多边形的颜色、宽度和样式。
- ❑ points：PointF结构数组，这些结构表示多边形的顶点。

2. FillPolygon方法

Graphics类中的FillPolygon方法用来填充 PointF 结构指定的点数组所定义的多边形的内部，其语法格式如下：

```
public void FillPolygon(Brush brush , Point[] points)
```

- ❑ brush：Brush对象，用来指定填充多边形内部的画刷。
- ❑ points：PointF结构数组，这些结构表示多边形的顶点。

 说明 PointF与Point使用方法完全相同，但X属性和Y属性的类型是float，而Point的X属性和Y属性的类型是int，因此，PointF通常用于坐标不是整数值的情况。

【例6-6】分别使用DrawPolygon方法和FillPolygon方法绘制空心五角星和实心五角星，效果如图6-7所示。

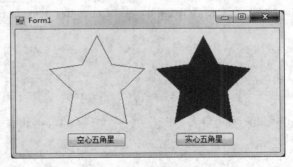

图6-7　绘制空心五角星和实心五角星

（1）新建一个Windows窗体应用程序，在默认窗体中添加两个Button控件，分别用来绘制空心五角星和实心五角星。

（2）在Form1.cs代码文件中，首先定义一个GetPoint，用来获取一系列点的坐标，并返回PointF数组，代码如下：

```
//获取一系列点的坐标，ptCenter表示中心点，length表示距离中心点的长度，angles表示两点之间的夹角
private PointF[] GetPoint(PointF ptCenter, double length, params double[] angles)
{
    PointF[] points = new PointF[angles.Length];
    for (int i = 0; i < points.Length; i++)
```

```
    {
        //获取各个定点坐标
        points[i] = new PointF((float)(ptCenter.X + length * Math.Cos(angles[i])),(float)(ptCenter.Y + length *
        Math.Sin(angles[i])));
    }
    return points;
}
```

（3）定义一个GetAngles方法，用来获取五角星所有角度的数组，代码如下：

```
//获取所有角度的数组，startAngle表示开始角度，pointed表示个数
private double[] GetAngles(double startAngle, int pointed)
{
    double[] angles = new double[pointed];
    angles[0] = startAngle;                      //设置开始角度
    for (int i = 1; i < angles.Length; i++)
    {
        //设置所有角度，其中2 * Math.PI / pointed为角度增量
        angles[i] = angles[i − 1] + 2 * Math.PI / pointed;
    }
    return angles;
}
```

（4）定义一个GetPoints方法，用来调用GetPoint方法和GetAngles方法获取五角星的所有顶点坐标，代码如下：

```
//获取五角星的所有顶点坐标
private PointF[] GetPoints(PointF point)
{
    double[] angles1 = GetAngles(-Math.PI / 2, 5);          //五角星外围的点的角度数组
//五角星内围的点的角度数组
    double[] angles2 = GetAngles(-Math.PI / 2 + Math.PI / 5, 5);
    PointF[] point1 = GetPoint(point, 80, angles1);         //五角星外围的点的数组
    PointF[] point2 = GetPoint(point, 40, angles2);         //五角星内围的点的数组
    PointF[] points = new PointF[point1.Length + point2.Length];
    //合成五角星所有点的数组
    for (int i = 0, j = 0; i < points.Length; i += 2, j++)
    {
        points[i] = point1[j];
        points[i + 1] = point2[j];
    }
    return points;
}
```

（5）分别触发两个Button控件的Click事件，然后调用DrawPolygon方法和FillPolygon方法，在窗体中绘制空心五角星和实心五角星，代码如下：

```
private void button1_Click(object sender, EventArgs e)
{
    Graphics g = this.CreateGraphics();                      //创建绘图对象
    Pen pen = new Pen(Color.Red);                            //创建画笔对象
    g.DrawPolygon(pen, GetPoints(new PointF(130, 90)));      //绘制空心五角星
}
private void button2_Click(object sender, EventArgs e)
{
    Graphics g = this.CreateGraphics();                      //创建绘图对象
    Brush bursh = new SolidBrush(Color.Red);                 //创建画刷对象
    g.FillPolygon(bursh, GetPoints(new PointF(300, 90)));    //绘制实心五角星
}
```

6.3　颜色

在.NET中，颜色使用Color结构表示。

1. 系统定义的颜色

系统定义的颜色使用Color结构的属性来表示，例如，下面代码表示颜色为红色：

颜色和文本输出

```
Color myColor = Color.Red;
```

2. 用户定义的颜色

除了系统定义的颜色，用户还可以自定义颜色，这时需要使用Color结构的FromArgb方法，其语法格式如下：

```
public static Color FromArgb(int red, int green, int blue)
```

❑ red：新Color的红色分量值，有效值为从0到255。

❑ green：新Color的绿色分量值，有效值为从0到255。

❑ blue：新Color的蓝色分量值，有效值为从0到255。

❑ 返回值：创建的Color。

使用这种方法自定义颜色时，需要分别制定RGB颜色值。例如，下面代码使用红色的RGB值自定义颜色：

```
Color myColor = Color.FromArgb(255, 0, 0);
```

3. Alpha混合处理（透明度）

Alpha使用256级灰度来记录图像中的透明度信息，主要用来定义透明、不透明和半透明区域，其中黑表示透明，白表示不透明，灰表示半透明。如果在定义颜色时，需要指定Alpha透明度，则需要使用FromArgb方法的另外一种形式，语法格式如下：

```
public static Color FromArgb(int alpha, int red, int green, int blue)
```

❑ alpha：alpha分量，有效值范围为0～255。

❑ red：新Color的红色分量值，有效值范围为0～255。

❑ green：新Color的绿色分量值，有效值范围为0～255。

❑ blue：新Color的蓝色分量值，有效值范围为0～255。

❑ 返回值：创建的Color。

例如，使用红色的RGB值自定义颜色，并将透明度设置为大约50%，代码如下：

```
Color myColor = Color.FromArgb(128, 255, 0, 0);
```

6.4 文本输出

在开发程序时，最常见的操作就是文本输出。比如，Windows窗体的标题栏文本、文本框文本、标签文本等。但是，有些窗体或者图片控件是不能直接输出文本的，本节将对如何使用GDI+技术在程序中输出文本进行讲解。

6.4.1 字体

在.NET中，字体使用Font类表示，该类用来定义特定的文本格式，包括字体、字号和字形特性等。使用Font类窗体字体时，需要使用该类的构造函数，Font类的构造函数有多种形式，其中，常用的语法格式如下：

```
public Font(FontFamily family, float emSize, FontStyle style)
```

❑ family：Font的FontFamily，用来指定字体。

❑ emSize：字体的大小（以磅值为单位）。

❑ style：字体的样式，使用FontStyle枚举表示，FontStyle枚举成员及说明如表6-11所示。

表6-11　FontStyle枚举成员及说明

枚举成员	说　明
Regular	普通文本
Bold	加粗文本
Italic	倾斜文本
Underline	带下画线的文本
Strikeout	中间有直线通过的文本

例如，创建一个Font对象，字体设置为"宋体"，大小设置为16，样式设置为加粗样式，代码如下：

```
Font myFont = new Font("宋体", 16, FontStyle.Bold);
```

6.4.2 输出文本

通过Graphics类中的DrawString方法，可以在指定位置以指定的Brush和Font对象绘制并输出指定的文本字符串，其常用语法格式如下：

```
public void DrawString(string s, Font font, Brush brush, float x, float y)
```

DrawString方法的参数及说明如表6-12所示。

表6-12　DrawString方法的参数及说明

参　数	说　明
s	要绘制的字符串
font	Font对象，它定义字符串的文本格式
brush	Brush对象，它确定所绘制文本的颜色和纹理
x	所绘制文本的左上角的x坐标
y	所绘制文本的左上角的y坐标

【例6-7】通过Graphics类中的DrawString方法在窗体上绘制并输出"商品销售柱形图"字样，效果如图6-8所示。

图6-8　绘制并输出"商品销售柱形图"字样

新建一个Windows窗体应用程序，触发默认窗体Form1的Paint事件，该事件中创建Graphics绘图对象，并调用DrawString方法在窗体上绘制并输出文本，代码如下：

```
private void Form1_Paint(object sender, PaintEventArgs e)
{
    string str = "商品销售柱形图";                           //定义绘制的文本
    Font myFont = new Font("宋体", 16, FontStyle.Bold);      //创建字体对象
    SolidBrush myBrush = new SolidBrush(Color.Black);        //创建画刷对象
    Graphics myGraphics = this.CreateGraphics();            //创建Graphics对象
    myGraphics.DrawString(str, myFont, myBrush, 60, 20);    //在窗体的指定位置绘制并输出文本
}
```

 将上面的代码添加到【例6-2】中，适当调整位置，即可成为商品销售柱形图的主标题。

6.5　图像处理

6.5.1　绘制图像

图像处理

通过Graphics类中的DrawImage方法，可以在由一对坐标指定的位置以图像的原始大小或者指定大小绘制图像，该方法有多种使用形式，其常用语法格式如下：

```
public void DrawImage(Image image,int x,int y)

public void DrawImage(Image image,int x,int y,int width,int height)
```

DrawImage方法的参数及说明如表6-13所示。

表6-13　DrawImage方法的参数及说明

参　　数	说　　明
image	要绘制的Image
x	所绘制图像的左上角的横坐标
y	所绘制图像的左上角的纵坐标
width	所绘制图像的宽度
height	所绘制图像的高度

【例6-8】通过Graphics类中的DrawImage方法，将公司Logo绘制到窗体中，效果如图6-9所示。

图6-9　将公司Logo绘制到窗体中

新建一个Windows窗体应用程序，触发默认窗体Form1的Paint事件，在该事件中创建Graphics绘图对象，并调用DrawImage方法，将公司Logo绘制到窗体中，代码如下：

```
private void Form1_Paint(object sender, PaintEventArgs e)
{
    Image myImage = Image.FromFile("logo.jpg");          //创建Image对象
    Graphics myGraphics = this.CreateGraphics();         //创建Graphics对象
    myGraphics.DrawImage(myImage, 50, 20, 90, 92);       //绘制图像
}
```

 logo.jpg文件需要存放到项目的Debug文件夹中。

6.5.2　刷新图像

前面介绍的绘制图像的实例，都是使用窗体或者控件的CreateGraphics方法创建的Graphics绘图对象，这导致绘制的图像都是暂时的，如果当前窗体被切换或者被其他窗口覆盖，这些图像就会消失。为了使图像永久显示，可以通过在窗体或者控件的Bitmap对象上绘制图像来实现。

Bitmap对象用来封装GDI+位图，此位图由图形图像及其特性的像素数据组成，它是用于处理由像素数据定义的图像的对象。使用Bitmap对象绘制图像时，可以先创建一个Bitmap对象，并在其上绘制图像，再将其赋值给窗体或者控件的Bitmap对象，这样绘制出的图像就可以自动刷新，不用再使用程序来重绘图像，具体步骤如下。

（1）创建Bitmap对象时，需要使用Bitmap类的构造函数，代码如下：

```
Bitmap bmp = new Bitmap(120, 80);                    //创建指定大小的Bitmap对象
```

（2）创建完Bitmap对象之后，使用创建的Bitmap对象生成Graphics绘图对象，然后调用Graphics绘图对象的相关方法绘制图像，代码如下：

```
Graphics g = Graphics.FromImage(bmp);                //创建Graphics对象
Pen myPen = new Pen(Color.Green, 3);                 //创建Pen对象
g.DrawEllipse(myPen, 50, 10, 120, 80);               //绘制空心椭圆
```

（3）最后将Bitmap对象指定给窗体或者控件的Bitm对象。例如，下面代码将Bitmap对象指定给窗体的BackgroundImage属性，代码如下：

```
this.BackgroundImage = bmp;                          //将Bitmap对象指定给BackgroundImage属性
```

通过以上步骤绘制出的图像就可以自动刷新，并永久显示。

小 结

本章详细讲解了GDI+绘图相关的知识，其中GDI+绘图主要包括坐标系、像素、Graphics对象、Pen对象和Brush对象的创建等。Graphics类是一切GDI+操作的基础类，通过GDI+可以绘制直线、椭圆、弧形、扇形、多边形各种几何图形及文本、图像等。对于这些基本的图形，程序开发人员还可以将其进行组合，开发出适合自己的图表。

上机指导

修改【例6-5】，为商品销售饼形图添加主标题及各月份销量所占的百分比说明，运行效果如图6-10所示。

图6-10　绘制饼形图分析商品销售情况

程序开发步骤如下。

（1）修改【例6-5】中创建Graphics对象的代码，使用Bitmap位图对象进行创建，代码如下：

```
//创建画图对象
int width = 400, height = 450;
Bitmap bitmap = new Bitmap(width, height);
Graphics g = Graphics.FromImage(bitmap);
```

（2）使用Graphics对象的FillRectangle方法绘制背景图，代码如下：

```
g.FillRectangle(brush1, 0, 0, width, height);        //绘制背景图
```

（3）使用Graphics对象的DrawString方法绘制饼形图标题，代码如下：

```
g.DrawString("每月商品销量占比饼形图", font1, brush2, new Point(70, 20));//书写标题
```

（4）分别使用Graphics对象的FillRectangle 方法和DrawString方法为饼形图绘制标识及各月所占的百分比，代码如下：

```
//绘制标识
g.DrawRectangle(pen1, 50, 300, 310, 130);                    //绘制范围框
g.FillRectangle(brush2, 90, 320, 20, 10);                    //绘制小矩形
g.DrawString(string.Format("3月份销量占比:{0:P2}", Convert.ToSingle(threeNum) / Convert.
ToSingle(sum)), font2, brush2, 120, 320);
g.FillRectangle(brush3, 90, 360, 20, 10);
g.DrawString(string.Format("4月份销量占比:{0:P2}", Convert.ToSingle(fourNum) / Convert.
ToSingle(sum)), font2, brush2, 120, 360);
g.FillRectangle(brush4, 90, 400, 20, 10);
g.DrawString(string.Format("5月份销量占比:{0:P2}", Convert.ToSingle(fiveNum) / Convert.
ToSingle(sum)), font2, brush2, 120, 400);
```

（5）将绘制完成的Bitmap位图对象指定给窗体的BackgroundImage属性，代码如下：

```
this.BackgroundImage = bitmap;
```

修改之后的完整代码如下：

```
private void Form1_Load(object sender, EventArgs e)
{
    int[] saleNum = { 300, 500, 400 };
    //获取总销量和各月分别销量
    int sum = 0, threeNum = 0, fourNum = 0, fiveNum = 0;
    for (int i = 0; i < saleNum.Length; i++)
    {
        sum += saleNum[i];
        if (i == 0)
            threeNum = saleNum[0];
        else if (i == 1)
            fourNum = saleNum[1];
        else
            fiveNum = saleNum[2];
    }
    //创建画图对象
    int width = 400, height = 450;
    Bitmap bitmap = new Bitmap(width, height);
    Graphics g = Graphics.FromImage(bitmap);
    g.Clear(Color.White);                        //清空背景色
    Pen pen1 = new Pen(Color.Red);               //实例化Pen类
    //创建4个Brush对象用于设置颜色
    Brush brush1 = new SolidBrush(Color.PowderBlue);
    Brush brush2 = new SolidBrush(Color.Blue);
    Brush brush3 = new SolidBrush(Color.Wheat);
    Brush brush4 = new SolidBrush(Color.Orange);
```

```
        //创建两个Font对象用于设置字体
        Font font1 = new Font("Courier New", 16, FontStyle.Bold);
        Font font2 = new Font("Courier New", 10);
        g.FillRectangle(brush1, 0, 0, width, height);   //绘制背景图
        g.DrawString("每月商品销量占比饼形图", font1, brush2, new Point(70, 20));//书写标题
        int piex = 100, piey = 60, piew = 200, pieh = 200;
        float angle1 = Convert.ToSingle((360 / Convert.ToSingle(sum)) * Convert.ToSingle(threeNum));
        //3月份销量在圆中分配的角度
        float angle2 = Convert.ToSingle((360 / Convert.ToSingle(sum)) * Convert.ToSingle(fourNum));
        //4月份销量在圆中分配的角度
        float angle3 = Convert.ToSingle((360 / Convert.ToSingle(sum)) * Convert.ToSingle(fiveNum));
        //5月份销量在圆中分配的角度
        g.FillPie(brush2, piex, piey, piew, pieh, 0, angle1);           //绘制3月份销量所占比例
        g.FillPie(brush3, piex, piey, piew, pieh, angle1, angle2);      //绘制4月份销量所占比例
        //绘制5月份销量所占比例
        g.FillPie(brush4, piex, piey, piew, pieh, angle1 + angle2, angle3);
        //绘制标识
        g.DrawRectangle(pen1, 50, 300, 310, 130);                       //绘制范围框
        g.FillRectangle(brush2, 90, 320, 20, 10);                       //绘制小矩形
        g.DrawString(string.Format("3月份销量占比:{0:P2}", Convert.ToSingle(threeNum) / Convert.
        ToSingle(sum)), font2, brush2, 120, 320);
        g.FillRectangle(brush3, 90, 360, 20, 10);
        g.DrawString(string.Format("4月份销量占比:{0:P2}", Convert.ToSingle(fourNum) / Convert.
        ToSingle(sum)), font2, brush2, 120, 360);
        g.FillRectangle(brush4, 90, 400, 20, 10);
        g.DrawString(string.Format("5月份销量占比:{0:P2}", Convert.ToSingle(fiveNum) / Convert.
        ToSingle(sum)), font2, brush2, 120, 400);
        this.BackgroundImage = bitmap;
    }
```

习 题

6-1　.NET中使用什么类表示绘图对象?

6-2　画笔与画刷有什么不同?

6-3　如果要将一个矩形的内部填充为红色，需要使用什么方法?

6-4　绘制圆形需要使用什么方法?

6-5　DrawPolygon方法和FillPolygon方法有何区别?

6-6　如何使用GDI+技术在程序中输出文本?

6-7　如何使绘制的图像在窗体上永久显示?

第7章
文件操作

本章要点

文件概述及分类 ■
System.IO命名空间 ■
File 和FileInfo类的使用 ■
Directory和DirectoryInfo类的使用 ■
Path类和DriveInfo类的使用 ■
数据流基础 ■
使用数据流对文本文件和 ■
二进制文件进行读写

■ 文件操作是操作系统的一种重要组成部分，.NET Framework提供了一个System.IO命名空间，其中包含了多种用于对文件、文件夹和数据流进行操作的类，这些类既支持同步操作，也支持异步操作。本章将对文件操作技术进行讲解。

7.1　文件概述

文件概述及
System.IO 命名
空间

在计算机中，通常用"文件"表示输出操作的对象，计算机文件是以计算机硬盘为载体存储在计算机上的信息集合，文件可以是文本文件、图片文件或者程序文件等。

文件是与软件研制、维护和使用有关的资料，通常可以长久保存。文件是软件的重要组成部分。在软件产品研制过程中，以书面形式固定下来的用户需求、在研制周期中各阶段产生的规格说明、研究人员做出的决策及其依据、遗留问题和改进的方向，以及最终产品的使用手册和操作说明等，都记录在各种形式的文件档案中。

文件有很多分类的标准，根据文件的存取方式，可以分为顺序文件、随机文件和二进制文件，分别如下。

1. 顺序文件

顺序文件是最常用的文件组织形式，它由一系列记录按照某种顺序排列形成，其中的记录通常是定长记录，因而能用较快的速度查找文件中的记录。顺序文件适用于读写连续块中的文本文件，以字符形式存储。由于是以字符形式存储，因此不宜存储太长的文件（如大量数字），否则会占据大量资源。我们经常使用的文本文件就是顺序文件。

2. 随机文件

随机文件就是以随机方式存取的文件。"随机存取"指的是当存储器中的消息被读取或写入时，所需要的时间与这段信息所在的位置无关。随机文件适用于读写有固定长度多字段记录的文本文件或二进制文件，以二进制数存储。

3. 二进制文件

广义的二进制文件即指文件，由文件在外部设备的存放形式为二进制而得名；狭义的二进制文件即指除文本文件以外的文件。文本文件是一种由很多行字符构成的计算机文件。文本文件存在于计算机系统中，通常在文本文件最后一行放置文件结束标志，而且它的编码基于字符定长，译码相对要容易一些；二进制文件编码是变化的，灵活利用率要高，而译码要难一些，不同的二进制文件译码方式是不同的。

二进制文件相对于文本文件，主要有以下3个好处。

- ❏ 二进制文件比较节约空间，这两者储存字符型数据时并没有差别，但是在储存数字，特别是实型数字时，二进制更节省空间。比如储存 π 的约值——3.1415927，文本文件需要使用9字节分别储存 3...1、4、1、5、9、2、7这9个ASCII值，而二进制文件只需要使用4字节（DB 0F 49 40）。
- ❏ 内存中参加计算的数据都是用二进制无格式储存起来的，因此，使用二进制储存到文件就更快捷。如果储存为文本文件，则需要一个转换的过程。在数据量很大的时候，两者就会有非常明显的速度差别。
- ❏ 一些比较精确的数据，使用二进制储存不会造成有效位的丢失。

7.2　System.IO命名空间

System.IO命名空间是C#中对文件和流进行操作时必须要引用的一个命名空间，该命名空间中有很多的类和枚举，用于进行数据文件和流的读写操作，这些操作可以同步进行，也可以异步进行。System.IO命名空间中常用的类及说明如表7-1所示。

表7-1　System.IO命名空间中常用的类及说明

类	说　明
BinaryReader	用特定的编码将基元数据类型读作二进制值
BinaryWriter	以二进制形式将基元类型写入流，并支持用特定的编码写入字符串
BufferedStream	给另一流上的读写操作添加一个缓冲层。无法继承此类
Directory	公开用于创建、移动和枚举通过目录和子目录的静态方法。无法继承此类
DirectoryInfo	公开用于创建、移动和枚举目录和子目录的实例方法。无法继承此类
DriveInfo	提供对有关驱动器的信息的访问
File	提供用于创建、复制、删除、移动和打开文件的静态方法，并协助创建Filestream对象
FileInfo	提供创建、复制、删除、移动和打开文件的实例方法，并且帮助创建FileStream对象
FileStream	公开以文件为主的Stream，既支持同步读写操作，也支持异步读写操作
IOException	发生I/O错误时引发的异常
MemoryStream	创建其支持存储区为内存的流
Path	对包含文件或目录路径信息的String实例执行操作，这些操作是以跨平台的方式执行的
Stream	提供字节序列的一般视图
StreamReader	实现一个TextReader，使其以一种特定的编码从字节流中读取字符
StreamWriter	实现一个TextWriter，使其以一种特定的编码向流中写入字符
StringReader	实现从字符串进行读取的TextReader
StringWriter	实现一个用于将信息写入字符串的TextWriter。该信息存储在基础StringBuilder中
TextReader	表示可读取连续字符系列的读取器
TextWriter	表示可以编写一个有序字符系列的编写器。该类为抽象类

System.IO命名空间中常用的枚举及说明如表7-2所示。

表7-2　System.IO命名空间中常用的枚举及说明

枚　举	说　明
DriveType	定义驱动器类型常数，包括CDRom、Fixed、Network、NoRootDirectory、Ram、Removable和Unknown
FileAccess	定义用于文件读取、写入或读取/写入访问权限的常数
FileAttributes	提供文件和目录的属性
FileMode	指定操作系统打开文件的方式
FileOptions	represents高级创建FileStream对象的选项
FileShare	包含用于控制其他FileStream对象对同一文件可以具有的访问类型的常数
NotifyFilters	指定要在文件或文件夹中监视的更改
SearchOption	指定是搜索当前目录，还是搜索当前目录及其所有子目录
SeekOrigin	指定在流中的位置为查找使用
WatcherChangeTypes	可能会发生的文件或目录更改

7.3　文件与目录类

7.3.1　File类和FileInfo类

　　File类和FileInfo类都可以对文件进行创建、复制、删除、移动、打开、读取，以及获取文件的基本信息等操作，下面对这两个类和文件的基本操作进行介绍。

文件与目录类

1. File类

File类支持对文件的基本操作，包括提供用于创建、复制、删除、移动和打开文件的静态方法，并协助创建FileStream对象。由于所有的File类的方法都是静态的，所以如果只想执行一个操作，那么使用File方法的效率比使用相应的FileInfo实例方法可能更高。File类可以被实例化，但不能被其他类继承。

File类的常用方法及说明如表7-3所示。

表7-3 File类的常用方法及说明

方 法	说 明
Create	在指定路径中创建文件
Copy	将现有文件复制到新文件
Exists	确定指定的文件是否存在
GetCreationTime	返回指定文件或目录的创建日期和时间
GetLastAccessTime	返回上次访问指定文件或目录的日期和时间
GetLastWriteTime	返回上次写入指定文件或目录的日期和时间
Move	将指定文件移到新位置，并提供指定新文件名的选项
Open	打开指定路径上的FileStream
OpenRead	打开现有文件以进行读取
OpenText	打开现有UTF-8编码文本文件以进行读取
OpenWrite	打开现有文件以进行写入

2. FileInfo类

FileInfo类和File类之间许多方法调用都是相同的，但是FileInfo类没有静态方法，仅可以用于实例化对象。File类是静态类，所以它的调用需要字符串参数为每一个方法调用规定文件位置，因此如果要在对象上进行单一方法调用，则可以使用静态File类，反之则使用FileInfo类。

FileInfo类的常用属性及说明如表7-4所示。

表7-4 FileInfo类的常用属性及说明

属 性	说 明
CreationTime	获取或设置当前FileSystemInfo对象的创建时间
DirectoryName	获取表示目录的完整路径的字符串
Exists	获取指示文件是否存在的值
Extension	获取表示文件扩展名部分的字符串
FullName	获取目录或文件的完整目录
Length	获取当前文件的大小
Name	获取文件名

 FileInfo类所使用的相关方法请参见表7-3。

【例7-1】 创建一个Windows应用程序，使用File类在项目文件夹下创建文件。在创建文件时，需要判断该文件是否已经存在，如果存在，弹出信息提示；否则，创建文件，并在ListView列表中显示文件的名称、扩展名、大小和修改时间等信息。代码如下：

```
private void button1_Click(object sender, EventArgs e)
{
```

```
if (File.Exists(textBox1.Text))                          //判断要创建的文件是否存在
{
    MessageBox.Show("该文件已经存在，请重新输入");
}
else
{
    File.Create(textBox1.Text);                          //创建文件
    FileInfo fInfo = new FileInfo(textBox1.Text);        //创建FileInfo对象
    ListViewItem li = new ListViewItem();
    li.SubItems.Clear();
    li.SubItems[0].Text = fInfo.Name;                    //显示文件名称
    li.SubItems.Add(fInfo.Extension);                    //显示文件扩展名
    li.SubItems.Add(fInfo.Length / 1024 + "KB");         //显示文件大小
    li.SubItems.Add(fInfo.LastWriteTime.ToString());     //显示文件修改时间
    listView1.Items.Add(li);
}
};
```

程序运行结果如图7-1所示。

图7-1　使用File类创建文件，并获取文件的详细信息

使用File类和FileInfo类创建文本文件时，其默认的字符编码为UTF-8，而在Windows环境中手动创建文本文件时，其字符编码为ANSI。

7.3.2　Directory类和DirectoryInfo类

Directory类和DirectoryInfo类都可以对文件夹进行创建、移动、浏览等操作，下面对这两个类和文件夹的基本操作进行介绍。

1. Directory类

Directory类用于文件夹的典型操作，如复制、移动、重命名、创建和删除等。另外，也可将其用于获取和设置与目录的创建、访问和写入操作相关的DateTime信息。

Directory类的常用方法及说明如表7-5所示。

表7-5 Directory类的常用方法及说明

方 法	说 明
CreateDirectory	创建指定路径中的目录
Delete	删除指定的目录
Exists	确定给定路径是否引用磁盘上的现有目录
GetCreationTime	获取目录的创建日期和时间
GetCurrentDirectory	获取应用程序的当前工作目录
GetDirectories	获取指定目录中子目录的名称
GetFiles	返回指定目录中的文件的名称
GetLogicalDrives	检索此计算机上格式为"<驱动器号>:\"的逻辑驱动器的名称
GetParent	检索指定路径的父目录，包括绝对路径和相对路径
Move	将文件或目录及其内容移到新位置
SetCreationTime	为指定的文件或目录设置创建日期和时间
SetCurrentDirectory	将应用程序的当前工作目录设置为指定的目录

2. DirectoryInfo类

DirectoryInfo类和Directory类之间的关系与FileInfo类和File类之间的关系十分类似，这里不赘述。下面介绍DirectoryInfo类的常用属性及说明，如表7-6所示。

表7-6 DirectoryInfo类的常用属性及说明

属 性	说 明
Attributes	获取或设置当前Filesysteminfo的Fileattributes
CreationTime	获取或设置当前FileSystemInfo对象的创建时间
Exists	获取指示目录是否存在的值
FullName	获取目录或文件的完整目录
Parent	获取指定子目录的父目录
Name	获取DirectoryInfo实例的名称

 说明　DirectoryInfo类所使用的相关方法请参见表7-6。

【例7-2】创建一个Windows应用程序，用来遍历指定驱动器下的所有文件夹及文件名称。在默认窗体中添加一个ComboBox控件和一个TreeView控件，其中，ComboBox控件用来显示并选择驱动器，TreeView控件用来显示指定驱动器下的所有文件夹及文件。代码如下：

```
//获取所有驱动器，并显示在ComboBox中
private void Form1_Load(object sender, EventArgs e)
{
    string[] dirs = Directory.GetLogicalDrives();        //获取计算上的逻辑驱动器的名称
    if (dirs.Length > 0)                                  //如果有驱动器
    {
        for (int i = 0; i < dirs.Length; i++)            //遍历驱动器
```

```
        {
            comboBox1.Items.Add(dirs[i]);                    //将驱动名称添加到下拉项中
        }
    }
}
//选择驱动器
private void comboBox1_SelectedValueChanged(object sender, EventArgs e)
{
    if (((ComboBox)sender).Text.Length > 0)                  //如果在下拉项中选择了值
    {
        treeView1.Nodes.Clear();                             //清空treeView1控件
        TreeNode TNode = new TreeNode();                     //实例化TreeNode
        //将驱动器下的文件夹及文件名称添加到treeView1控件上
        Folder_List(treeView1, ((ComboBox)sender).Text, TNode, 0);
    }
}
/// <summary>
/// 显示文件夹下所有子文件夹及文件的名称
/// </summary>
/// <param Sdir="string">文件夹的目录</param>
/// <param TNode="TreeNode">节点</param>
/// <param n="int">标识，判断当前是文件夹，还是文件</param>
private void Folder_List(TreeView TV, string Sdir, TreeNode TNode, int n)
{
    if (TNode.Nodes.Count > 0)                               //如果当前节点下有子节点
        if (TNode.Nodes[0].Text != "")                       //如果第一个子节点的文本为空
            return;                                          //退出本次操作
    if (TNode.Text == "")                                    //如果当前节点的文本为空
        Sdir += "\\";                                        //设置驱动器的根路径
    DirectoryInfo dir = new DirectoryInfo(Sdir);             //实例化DirectoryInfo类
    try
    {
        if (!dir.Exists)                                     //判断文件夹是否存在
        {
            return;
        }
        //如果给定参数不是文件夹，则退出
        DirectoryInfo dirD = dir as DirectoryInfo;
        if (dirD == null)                                    //判断文件夹是否为空
        {
            TNode.Nodes.Clear();                             //清空当前节点
```

```
            return;
        }
    else
    {
        if (n == 0)                              //如果当前是文件夹
        {
            if (TNode.Text == "")                //如果当前节点为空
                TNode = TV.Nodes.Add(dirD.Name);     //添加文件夹的名称
            else
            {
                TNode.Nodes.Clear();             //清空当前节点
            }
            TNode.Tag = 0;                       //设置文件夹的标识
        }
    }
    FileSystemInfo[] files = dirD.GetFileSystemInfos();    //获取文件夹中的所有文件和文件夹
    //对单个FileSystemInfo进行判断,遍历文件和文件夹
    foreach (FileSystemInfo FSys in files)
    {
        FileInfo file = FSys as FileInfo;        //实例化FileInfo类
        //如果是文件的话，将文件名添加到节点下
        if (file != null)
        {
            //获取文件所在的路径
            FileInfo SFInfo = new FileInfo(file.DirectoryName + "\\" + file.Name);
            TNode.Nodes.Add(file.Name);          //添加文件名
            TNode.Tag = 0;                       //设置文件标识
        }
        else                                     //如果是文件夹
        {
            TreeNode TemNode = TNode.Nodes.Add(FSys.Name);    //添加文件夹名称
            TNode.Tag = 1;                       //设置文件夹标识
            //在该文件夹的节点下添加一个空文件夹，表示文件夹下有子文件夹或文件
            TemNode.Nodes.Add("");
        }
    }
}
catch (Exception ex)
{
    MessageBox.Show(ex.Message);
    return;
```

```
    }
  }
  private void treeView1_NodeMouseDoubleClick(object sender, TreeNodeMouseClickEventArgs e)
  {
    if (((TreeView)sender).SelectedNode == null)                    //如当前节点为空
      return;
    //将指定目录下的文件夹及文件名称清加到treeView1控件的指定节点下
    Folder_List(treeView1, ((TreeView)sender).SelectedNode.FullPath.Replace("\\\\", "\\"),((TreeView)sender).
    SelectedNode, 0);
  }
```

程序运行结果如图7-2所示。

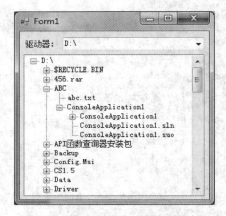

图7-2　遍历驱动器中的文件及文件夹

7.3.3　Path类

Path类对包含文件或目录路径信息的String实例执行操作，这些操作是以跨平台的方式执行的。路径是提供文件或目录位置的字符串，路径不必指向磁盘上的位置。例如，路径可以映射到内存中或设备上的位置，路径的准确格式是由当前平台确定的；在某些系统上，文件路径可以包含扩展名，扩展名指示在文件中存储的信息的类型，但文件扩展名的格式是与平台相关的；某些系统将扩展名的长度限制为3个字符，而其他系统则没有这样的限制。因为存在这些差异，所以Path类的字段及Path类的某些成员的准确行为是与平台相关的。

Path类的常用方法及说明如表7-7所示。

表7-7　Path类的常用方法及说明

方　法	说　明
ChangeExtension	更改路径字符串的扩展名
Combine	将字符串数组或者多个字符串组合成一个路径
GetDirectoryName	返回指定路径字符串的目录信息
GetExtension	返回指定的路径字符串的扩展名
GetFileName	返回指定路径字符串的文件名和扩展名

续表

方　　法	说　　明
GetFileNameWithoutExtension	返回不具有扩展名的指定路径字符串的文件名
GetFullPath	返回指定路径字符串的绝对路径
GetInvalidFileNameChars	获取包含不允许在文件名中使用的字符的数组
GetInvalidPathChars	获取包含不允许在路径名中使用的字符的数组
GetPathRoot	获取指定路径的根目录信息
GetRandomFileName	返回随机文件夹名或文件名
GetTempFileName	创建磁盘上唯一命名的零字节的临时文件，并返回该文件的完整路径
GetTempPath	返回当前用户的临时文件夹的路径
HasExtension	确定路径是否包括文件扩展名
IsPathRooted	获取指示指定的路径字符串是否包含根的值

 说明　Path类的所有方法都是静态的，因此，需要直接使用Path类名调用。

例如，下面代码定义一个文件名，然后分别使用Path类的HasExtension方法和GetFullPath方法判断该文件是否有扩展名及其完整路径，代码如下：

```
string path = @"Test.txt";
if (Path.HasExtension(path))                          //判断是否有扩展名
{
    Console.WriteLine("{0} 有扩展名", path);
}
//获取指定文件的完整路径
Console.WriteLine("{0} 的完整路径是：{1}.", path，Path.GetFullPath(path));
```

7.3.4　DriveInfo类

DriveInfo类用来提供对有关驱动器的信息的访问，使用DriveInfo类可以确定哪些驱动器可用，以及这些驱动器的类型，还可以通过查询来确定驱动器的容量和可用空闲空间。

DriveInfo类的常用属性及说明如表7-8所示。

表7-8　DriveInfo类的常用属性及说明

属　　性	说　　明
AvailableFreeSpace	指示驱动器上的可用空闲空间量
DriveFormat	获取文件系统的名称，例如NTFS或FAT32
DriveType	获取驱动器类型
IsReady	获取一个指示驱动器是否已准备好的值
Name	获取驱动器的名称
RootDirectory	获取驱动器的根目录
TotalFreeSpace	获取驱动器上的可用空闲空间总量
TotalSize	获取驱动器上存储空间的总大小
VolumeLabel	获取或设置驱动器的卷标

DriveInfo类最主要的一个方法是GetDrives方法，该方法用来检索计算机上的所有逻辑驱动器的驱动器名称，其语法格式如下：

```
public static DriveInfo[] GetDrives()
```

该方法的返回值是一个DriveInfo类型的数组，表示计算机上的逻辑驱动器。

【例7-3】创建一个Windows应用程序，使用DriveInfo类获取本地计算机上的所有磁盘驱动器，当
用户选择某个驱动器时，将其包含的所有文件夹名称及创建时间显示到ListView列表中。

首先在Form1窗体的Load事件中，使用DriveInfo类的GetDrives方法获取本地所有驱动器，并显示到
ComboBox控件中，代码如下：

```
private void Form1_Load(object sender, EventArgs e)
{
    DriveInfo[] dInfos = DriveInfo.GetDrives();              //获取本地所有驱动器
    foreach (DriveInfo dInfo in dInfos)                     //遍历获取到的驱动器
    {
        comboBox1.Items.Add(dInfo.Name);                    //将驱动器名称添加到下拉列表中
    }
}
```

在comboBox1控件的SelectedIndexChanged事件中，获取指定磁盘驱动器下的文件夹信息，并显示到
ListView列表中，代码如下：

```
private void comboBox1_SelectedIndexChanged(object sender, EventArgs e)
{
    //获取指定磁盘下的所有文件夹
    string[] strDirs = Directory.GetDirectories(comboBox1.Text);
    foreach (string strDir in strDirs)                      //遍历获取到的文件夹
    {
        ListViewItem li = new ListViewItem();
        li.SubItems.Clear();
        //使用遍历到的文件夹创建DirectoryInfo对象
        DirectoryInfo dirInfo = new DirectoryInfo(strDir);
        li.SubItems[0].Text = dirInfo.Name;                 //显示文件夹名称
        li.SubItems.Add(dirInfo.CreationTime.ToString());   //显示文件夹创建时间
        listView1.Items.Add(li);
    }
}
```

程序运行结果如图7-3所示。

图7-3　获取本地磁盘驱动器及指定驱动器下的所有文件夹信息

7.4 数据流基础

数据流基础

数据流提供了一种从后备存储读取字节和向后备存储写入字节的方式，它是在.NET Framework中执行读写文件操作时一种非常重要的介质。下面对数据流的基础知识进行详细讲解。

7.4.1 流操作类介绍

.NET Framework使用流来支持读取和写入文件，开发人员可以将流视为一组连续的一维数组，包含开头和结尾，并且其中的游标指示了流中的当前位置。

1. 流操作

流中包含的数据可能来自内存、文件或TCP/IP套接字，流包含以下几种可应用于自身的基本操作。

- ❏ 读取：将数据从流传输到数据结构（如字符串或字节数组）中。
- ❏ 写入：将数据从数据源传输到流中。
- ❏ 查找：查询和修改在流中的位置。

2. 流的类型

在.NET Framework中，流由Stream类来表示，该类构成了所有其他流的抽象类。不能直接创建Stream类的实例，但是必须使用它实现的其中一个类。

C#中有许多类型的流，但在处理文件输入/输出（I/O）时，最重要的类型为FileStream类，它提供写入和读取文件的方式。可在处理文件I/O时使用的其他流主要包括BufferedStream、CryptoStream、MemoryStream和NetworkStream等。

7.4.2 文件流

C#中，文件流类使用FileStream类表示，该类公开以文件为主的Stream，它表示在磁盘或网络路径上指向文件的流。一个FileStream类的实例实际上代表一个磁盘文件，它通过Seek方法进行对文件的随机访问，也同时包含了流的标准输入、标准输出和标准错误等。FileStream默认对文件的打开方式是同步的，但它同样很好地支持异步操作。

对文件流的操作，实际上可以将文件看作是电视信号发送塔要发送的一个电视节目（文件），将电视节目转换成模拟数字信号（文件的二进制流），按指定的发送序列发送到指定的接收地点（文件的接收地址）。

1. FileStream类的常用属性

FileStream类的常用属性及说明如表7-9所示。

表7-9　FileStream类的常用属性及说明

属　　性	说　　明
Length	获取用字节表示的流长度
Name	获取传递给构造函数的FileStream的名称
Position	获取或设置此流的当前位置
ReadTimeout	获取或设置一个值，该值确定流在超时前尝试读取多长时间
WriteTimeout	获取或设置一个值，该值确定流在超时前尝试写入多长时间

2. FileStream类的常用方法

FileStream类的常用方法及说明如表7-10所示。

表7-10　FileStream类的常用方法及说明

属　性	说　明
Close	关闭当前流并释放与之关联的所有资源
Lock	允许读取访问的同时防止其他进程更改FileStream
Read	从流中读取字节块，并将该数据写入给定缓冲区中
ReadByte	从文件中读取一字节，并将读取位置提升一字节
Seek	将该流的当前位置设置为给定值
SetLength	将该流的长度设置为给定值
Unlock	允许其他进程访问以前锁定的某个文件的全部或部分
Write	使用从缓冲区读取的数据将字节块写入该流

【例7-4】创建一个Windows应用程序，使用不同的方式打开文件，其中包含"读写方式打开""追加方式打开""清空后打开"和"覆盖方式打开"，然后对其进行写入和读取操作。在默认窗体中添加两个TextBox控件、4个RadioButton控件和一个Button控件，其中，TextBox控件用来输入文件路径和要添加的内容，RadionButton控件用来选择文件的打开方式，Button控件用来执行文件读写操作。代码如下：

```
FileMode fileM = FileMode.Open;                    //用来记录要打开的方式
//执行读写操作
private void button1_Click(object sender, EventArgs e)
{
    string path = textBox1.Text;                   //获取打开文件的路径
    try
    {
        using (FileStream fs = File.Open(path, fileM))   //以指定的方式打开文件
        {
            if (fileM != FileMode.Truncate)        //如果在打开文件后不清空文件
            {
                //将要添加的内容转换成字节
                Byte[] info = new UTF8Encoding(true).GetBytes(textBox2.Text);
                fs.Write(info, 0, info.Length);    //向文件中写入内容
            }
        }
        using (FileStream fs = File.Open(path, FileMode.Open))//以读/写方式打开文件
        {
            byte[] b = new byte[1024];             //定义一个字节数组
            UTF8Encoding temp = new UTF8Encoding(true);   //实现UTF-8编码
            string pp = "";
            while (fs.Read(b, 0, b.Length) > 0)    //读取文本中的内容
            {
                pp += temp.GetString(b);           //累加读取的结果
            }
            MessageBox.Show(pp);                   //显示文本中的内容
```

```
                }
            }
        catch                                              //如果文件不存在, 则发生异常
        {
            if (MessageBox.Show("该文件不存在, 是否创建文件。", "提示", MessageBoxButtons.YesNo) ==
            DialogResult.Yes)                               //显示提示框, 判断是否创建文件
            {
                FileStream fs = File.Open(path, FileMode.CreateNew);//在指定的路径下创建文件
                fs.Dispose();                               //释放流
            }
        }
    }
//选择打开方式
private void radioButton1_CheckedChanged(object sender, EventArgs e)
{
    if (((RadioButton)sender).Checked == true)             //如果单选按钮被选中
    {
        //判断单选项的选中情况
        switch (Convert.ToInt32(((RadioButton)sender).Tag.ToString()))
        {
            //记录文件的打开方式
            case 0: fileM = FileMode.Open; break;          //以读/写方式打开文件
            case 1: fileM = FileMode.Append; break;        //以追加方式打开文件
            case 2: fileM = FileMode.Truncate; break;      //打开文件后清空文件内容
            case 3: fileM = FileMode.Create; break;        //以覆盖方式打开文件
        }
    }
}
```

程序运行结果如图7-4所示。

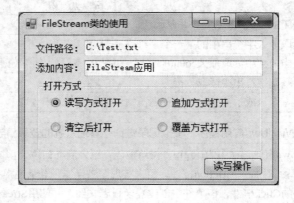

图7-4　FileStream类的使用

7.4.3　文本文件的读写

文本文件的写入与读取主要是通过StreamWriter类和StreamReader类来实现的，下面对这两个类进行详细讲解。

1. StreamWriter类

StreamWriter类是专门用来处理文本文件的类，可以方便地向文本文件中写入字符串，同时也负责重要的转换和处理向FileStream对象写入的工作。

 说明　StreamWriter类默认使用UTF-8编码来进行创建。

StreamWriter类的常用属性及说明如表7-11所示。

表7-11　StreamWriter类的常用属性及说明

属　性	说　明
Encoding	获取将输出写入其中的Encoding
Formatprovider	获取控制格式设置的对象
NewLine	获取或设置由当前TextWriter使用的行结束符字符串

StreamWriter类的常用方法及说明如表7-12所示。

表7-12　StreamWriter类的常用方法及说明

方　法	说　明
Close	关闭StreamWriter对象和基础流
Write	写入StreamWriter的此实例中
WriteLine	写入重载参数指定的某些数据，后跟行结束符

2. StreamReader类

StreamReader类是专门用来读取文本文件的类，StreamReader可以从底层Stream对象创建StreamReader对象的实例，而且也能指定编码规范参数。创建StreamReader对象后，它提供了许多用于读取和浏览字符数据的方法。

StreamReader类的常用方法及说明如表7-13所示。

表7-13　StreamReader类的常用方法及说明

方　法	说　明
Close	关闭StreamReader对象和基础流
Read	读取输入字符串中的下一个字符或下一组字符
ReadBlock	从当前流中读取最大count的字符，并从index开始将该数据写入Buffer
ReadLine	从基础字符串中读取一行
ReadToEnd	将整个流或从流的当前位置到流的结尾作为字符串读取

【例7-5】创建一个Windows应用程序，模拟记录进销存管理系统的登录日志。

（1）新建一个Windows窗体，命名为Login，将该窗体设置为启动窗体，该窗体中添加两个TextBox控件，用来输入用户名和密码；添加一个Button控件，用来实现登录操作，登录过程中记录登录日志。

（2）触发Button控件的Click事件，该事件中创建登录日志文件，并使用StreamWriter对象的WriteLine方法将登录日志写入创建的日志文件，代码如下：

```
private void button1_Click(object sender, EventArgs e)
{
    if (!File.Exists("Log.txt"))                    //判断日志文件是否存在
    {
        File.Create("Log.txt");                     //创建日志文件
    }
    string strLog = "登录用户: " + textBox1.Text + "   登录时间: " + DateTime.Now;
    if (textBox1.Text != "" && textBox2.Text != "")
    {
        //创建StreamWriter对象
        using (StreamWriter sWriter = new StreamWriter("Log.txt", true))
        {
            sWriter.WriteLine(strLog);              //写入日志
        }
        Form1 frm = new Form1();                    //创建Form1窗体
        this.Hide();                                //隐藏当前窗体
        frm.Show();                                 //显示Form1窗体
    }
}
```

（3）在默认的Form1窗体中添加一个ListView控件，用来显示登录日志信息，在该窗体的Load事件中，使用StreamReader对象的ReadLine方法逐行读取登录日志信息，并显示在ListView控件中，代码如下：

```
private void Form1_Load(object sender, EventArgs e)
{
    //创建StreamReader对象
    StreamReader SReader = new StreamReader("Log.txt", Encoding.UTF8);
    string strLine = string.Empty;
    while ((strLine = SReader.ReadLine()) != null)//逐行读取日志文件
    {
        //获取单条日志信息
        string[] strLogs = strLine.Split(new string[] { "   " }, StringSplitOptions.RemoveEmptyEntries);
        ListViewItem li = new ListViewItem();
        li.SubItems.Clear();
        //显示登录用户
        li.SubItems[0].Text = strLogs[0].Substring(strLogs[0].IndexOf(': ')+1);
        //显示登录时间
        li.SubItems.Add(strLogs[1].Substring(strLogs[1].IndexOf(': ')+1));
        listView1.Items.Add(li);
    }
}
```

运行程序，在"系统登录"中输入用户名和密码，如图7-5所示，单击"登录"按钮进入"系统日志"，显示系统的登录日志信息，如图7-6所示。

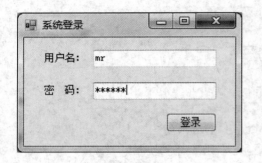

图7-5　输入用户名和密码

图7-6　显示系统登录日志信息

7.4.4　二进制文件的读写

二进制文件的写入与读取主要是通过BinaryWriter类和BinaryReader类来实现的，下面对这两个类进行详细讲解。

1. BinaryWriter类

BinaryWriter类以二进制形式将基元类型写入流，并支持用特定的编码写入字符串，其常用方法及说明如表7-14所示。

表7-14　BinaryWriter类的常用方法及说明

方　法	说　明
Close	关闭当前的BinaryWriter和基础流
Seek	设置当前流中的位置
Write	将值写入当前流

2. BinaryReader类

BinaryReader类用特定的编码将基元数据类型读作二进制值，其常用方法及说明如表7-15所示。

表7-15　BinaryReader类的常用方法及说明

方　法	说　明
Close	关闭当前BinaryReader及基础流
PeekChar	返回下一个可用的字符，并且不提升字节或字符的位置
Read	从基础流中读取字符，并提升流的当前位置
ReadByte	从当前流中读取下一字节，并使流的当前位置提升一字节
ReadBytes	从当前流中将count字节读入字节数组，并使当前位置提升count字节
ReadChar	从当前流中读取下一字符，并根据所使用的Encoding和从流中读取的特定字符，提升流的当前位置
ReadChars	从当前流中读取count字符，以字符数组的形式返回数据，并根据所使用的Encoding和从流中读取的特定字符，提升当前位置
ReadInt32	从当前流中读取4字节有符号整数，并使流的当前位置提升4字节
ReadString	从当前流中读取一个字符串。字符串有长度前缀，一次将7位编码为整数

下面通过一个实例来说明如何使用BinaryWriter类和BinaryReader类来读写二进制文件。

【例7-6】创建一个Windows应用程序，主要使用BinaryWriter类和BinaryReader类的相关属性和方法，实现向二进制文件中写入和读取数据的功能。在默认窗体中添加一个SaveFileDialog控件、一个OpenFileDialog控件、一个TextBox控件和两个Button控件，其中，SaveFileDialog控件用来显示"另存为"对话框，OpenFileDialog控件用来显示"打开"对话框，TextBox控件用来输入要写入二进制文件的内容和显示选中二进制文件的内容，Button控件分别用来打开"另存为"对话框，并执行二进制文件写入操作和打开"打开"对话框，并执行二进制文件读取操作。代码如下：

```csharp
private void button1_Click(object sender, EventArgs e)
{
    if (textBox1.Text == string.Empty)                         //判断文本框是否为空
    {
        MessageBox.Show("要写入的文件内容不能为空");
    }
    else
    {
        saveFileDialog1.Filter = "二进制文件(*.dat)|*.dat";        //设置保存文件的格式
        if (saveFileDialog1.ShowDialog() == DialogResult.OK)      //判断是否选择了文件
        {
            //使用"另存为"对话框中输入的文件名创建FileStream对象
            FileStream myStream = new FileStream(saveFileDialog1.FileName, FileMode.OpenOrCreate,
            FileAccess.ReadWrite);
            //使用FileStream对象创建BinaryWriter二进制写入流对象
            BinaryWriter myWriter = new BinaryWriter(myStream);
            //以二进制方式向创建的文件中写入内容
            myWriter.Write(textBox1.Text);
            myWriter.Close();                                     //关闭当前二进制写入流
            myStream.Close();                                     //关闭当前文件流
            textBox1.Text = string.Empty;                         //清空文本框
        }
    }
}
private void button2_Click(object sender, EventArgs e)
{
    openFileDialog1.Filter = "二进制文件(*.dat)|*.dat";            //设置打开文件的格式
    if (openFileDialog1.ShowDialog() == DialogResult.OK)          //判断是否选择了文件
    {
        textBox1.Text = string.Empty;                             //清空文本框
        //使用"打开"对话框中选择的文件名创建FileStream对象
        FileStream myStream = new FileStream(openFileDialog1.FileName, FileMode.Open, FileAccess.Read);
        //使用FileStream对象创建BinaryReader二进制写入流对象
```

```
BinaryReader myReader = new BinaryReader(myStream);
if (myReader.PeekChar() != −1)                              //判断是否有数据
{
    //以二进制方式读取文件中的内容
    textBox1.Text = Convert.ToString(myReader.ReadInt32());
}
myReader.Close();                                           //关闭当前二进制读取流
myStream.Close();                                           //关闭当前文件流
}
}
```

小 结

　　本章主要对C#中的文件操作技术进行了详细讲解。程序中对文件进行操作及读取数据流时，主要用到System.IO命名空间下的各种类。本章在讲解时，首先对文件进行了简单的描述，然后对System.IO命名空间极其包含的文件、目录类进行了重点讲解，最后对数据库操作技术进行了介绍，包括对文本文件和二进制文件的读写操作。文件操作是程序开发中经常遇到的一种操作，在学习完本章后，读者应该能够熟悉文件及数据流操作的理论知识，并能在实际开发中熟练利用这些理论知识对文件及数据流进行各种操作。

上机指导

　　复制文件时显示复制进度实际上就是用文件流来复制文件，并在每一块文件复制后，用进度条来显示文件的复制情况。本实例实现了复制文件时显示复制进度的功能，实例运行效果如图7-7所示。

图7-7　复制文件时显示复制进度

程序开发步骤如下所述。
　　（1）新建一个Windows窗体应用程序，命名为FileCopyPlan。
　　（2）更改默认窗体Form1的Name属性为Frm_Main，在该窗体中添加一个OpenFileDialog控件，用来选择源文件；添加一个FolderBrowserDialog控件，用来选择目的文件的路径；添加两个TextBox控件，分别用来显示源文件与目的文件的路径；添加三个Button控件，分别用来选择源文件和目的文件的路径，以及实现文件的复制功能；添加一个ProgressBar控件，用来显示复制进度条。

（3）在窗体的后台代码中编写CopyFile方法，用来实现复制文件，并显示复制进度条，具体代码如下：

```csharp
public void CopyFile(string FormerFile, string toFile, int SectSize, ProgressBar progressBar1)
{
    progressBar1.Value = 0;                                 //设置进度栏的当前位置为0
    progressBar1.Minimum = 0;                               //设置进度栏的最小值为0
    //创建目的文件，如果已存在将被覆盖
    FileStream fileToCreate = new FileStream(toFile, FileMode.Create);
    fileToCreate.Close();                                   //关闭所有资源
    fileToCreate.Dispose();                                 //释放所有资源
    //以只读方式打开源文件
    FormerOpen = new FileStream(FormerFile, FileMode.Open, FileAccess.Read);
    //以写方式打开目的文件
    ToFileOpen = new FileStream(toFile, FileMode.Append, FileAccess.Write);
    //根据一次传输的大小，计算传输的个数
    int max = Convert.ToInt32(Math.Ceiling((double)FormerOpen.Length / (double)SectSize));
    progressBar1.Maximum = max;                             //设置进度栏的最大值
    int FileSize;                                           //要复制的文件的大小
    //如果分段复制，即每次复制内容小于文件总长度
    if (SectSize < FormerOpen.Length)
    {
        //根据传输的大小，定义一个字节数组
        byte[] buffer = new byte[SectSize];
        int copied = 0;                                     //记录传输的大小
        int tem_n = 1;                                      //设置进度块的增加个数
        while (copied <= ((int)FormerOpen.Length − SectSize))   //复制主体部分
        {
            //从0开始读，每次最大读SectSize
            FileSize = FormerOpen.Read(buffer, 0, SectSize);
            FormerOpen.Flush();                             //清空缓存
            ToFileOpen.Write(buffer, 0, SectSize);          //向目的文件写入字节
            ToFileOpen.Flush();                             //清空缓存
            //使源文件和目的文件流的位置相同
            ToFileOpen.Position = FormerOpen.Position;
            copied += FileSize;                             //记录已复制的大小
            progressBar1.Value = progressBar1.Value + tem_n; //增加进度栏的进度块
        }
        int left = (int)FormerOpen.Length − copied;         //获取剩余大小
        FileSize = FormerOpen.Read(buffer, 0, left);        //读取剩余的字节
        FormerOpen.Flush();                                 //清空缓存
        ToFileOpen.Write(buffer, 0, left);                  //写入剩余的部分
```

```
        ToFileOpen.Flush();                                          //清空缓存
    }
    //如果整体复制，即每次复制内容大于文件总长度
    else
    {
        byte[] buffer = new byte[FormerOpen.Length];                 //获取文件的大小
        FormerOpen.Read(buffer, 0, (int)FormerOpen.Length);          //读取源文件的字节
        FormerOpen.Flush();                                          //清空缓存
        ToFileOpen.Write(buffer, 0, (int)FormerOpen.Length);         //写入字节
        ToFileOpen.Flush();                                          //清空缓存
    }
    FormerOpen.Close();                                              //释放所有资源
    ToFileOpen.Close();                                              //释放所有资源
    if (MessageBox.Show("复制完成") == DialogResult.OK)              //显示"复制完成"对话框
    {
        progressBar1.Value = 0;                                      //设置进度栏的当前位置为0
        textBox1.Clear();                                            //清空文本
        textBox2.Clear();
        str = "";
    }
}
```

习　题

7-1　文件主要分为几种？分别进行简单描述。

7-2　对文件或者流进行操作时，主要用到什么命名空间？

7-3　如何创建文件？

7-4　简述Directory类和DirectoryInfo类的区别。

7-5　说出获取本地磁盘驱动器的两种实现方法。

7-6　常见的流操作有哪些？

7-7　如何对文本文件进行读写操作？

7-8　如何对二进制文件进行读写操作？

CHAPTER 08

第8章
数据库应用

■ 开发Windows应用程序时，为了使客户端能够访问服务器中的数据库，经常需要对数据库进行各种操作，而这其中，ADO.NET是一种最常用的数据库操作技术。它向.NET程序员公开了数据访问服务的类，并为创建分布式数据共享应用程序提供了一组丰富的组件。

8.1 数据库基础

8.1.1 数据库概述

数据库基础

数据库是按照数据结构来组织、存储和管理数据的库，是存储在一起的相关数据的集合。使用数据库可以减少数据的冗余度，节省数据的存储空间。其具有较高的数据独立性和易扩充性，实现了数据资源的充分共享。计算机系统中只能存储二进制的数据，而数据存在的形式却是多种多样的。数据库可以将多样化的数据转换成二进制的形式，使其能够被计算机识别。同时，可以将存储在数据库中的二进制数据以合理的方式转化为人们可以识别的逻辑数据。

随着数据库技术的发展，为了进一步提高数据库存储数据的高效性和安全性，随之产生了关系型数据库。关系型数据库是由许多数据表组成的，数据表又是由许多条记录组成的，而记录又是由许多的字段组成的，每个字段对应一个对象。根据实际的要求，设置字段的长度、数据类型、是否必须存储数据。

数据库的种类有很多，常见的分类有以下几种。

❑ 按照是否支持联网分为单机版数据库和网络版数据库。

❑ 按照存储的容量分为小型数据库、中型数据库、大型数据库和海量数据库。

❑ 按照是否支持关系分为非关系型数据库和关系型数据库。

常见的数据库有SQL Server、Oracle、MySQL、Access、SQLite和DB2等。

8.1.2 数据库的创建及删除

数据库主要用于存储数据及数据库对象（如表、索引）。下面以Microsoft SQL Server 2017为例，介绍如何通过管理器来创建和删除数据库。

1. 创建数据库

（1）找到SQL Server 2017的SQL Server Management Studio，单击打开图8-1所示的"连接到服务器"对话框，在该对话框中选择登录数据库的服务器名称和身份验证方式，然后输入或选择用户登录名输入登录密码，单击"连接"按钮，连接到指定的SQL Server 2017服务器。

（2）展开服务器节点，选中"数据库"节点，单击鼠标右键，在弹出的快捷菜单中选择"新建数据库"命令，打开图8-2所示的"新建数据库"对话框，在该对话框中输入新建的数据库的名称，这里输入db_EMS，

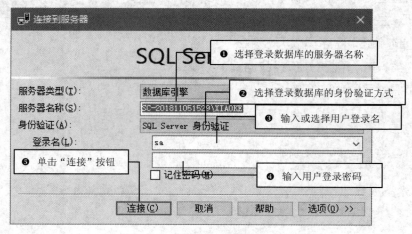

图8-1 "连接到服务器"对话框

表示进销存管理系统数据库，选择数据库所有者和存放路径，这里的数据库所有者一般为默认，单击"确定"按钮。

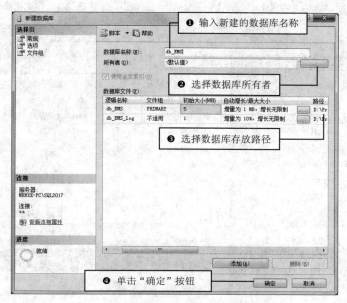

图8-2 "新建数据库"对话框

（3）单击"确定"按钮，即可新建一个数据库，如图8-3所示。

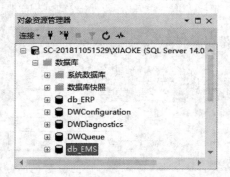

图8-3 新建的数据库

2. 删除数据库

删除数据库的方法很简单，只需在要删除的数据库上单击鼠标右键，在弹出的快捷菜单中选择"删除"命令即可。

8.1.3 数据表的创建及删除

数据库创建完毕，接下来要在数据库中创建数据表。下面还是以上述的数据库为例，介绍如何在数据库中创建和删除数据表。

1. 创建数据表

（1）单击数据库名左侧的"+"，打开该数据库的子项目，在子项目中的"表"项上单击鼠标右键，在弹出的快捷菜单中选择"新建表"命令，在SQL Server 2017管理器的右边显示一个新表，这里输入字段名称，定义字段的数据类型，并设置主键，如图8-4所示。

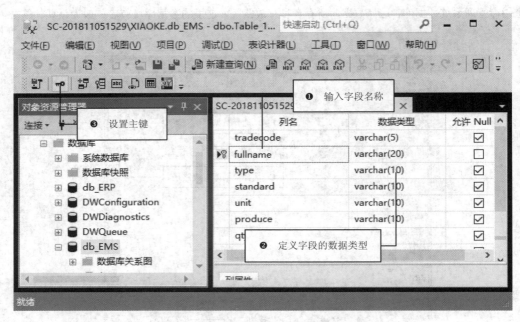

图8-4　创建数据表部分操作

（2）单击"保存"按钮，弹出"选择名称"对话框，如图8-5所示，输入新建的数据表的名称，这里输入tb_stock，表示库存商品信息表，单击"确定"按钮，即可在数据库中添加一个tb_stock数据表。

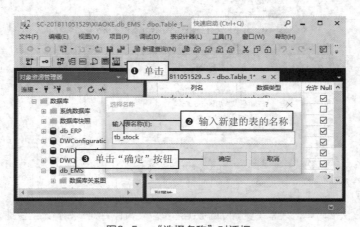

图8-5　"选择名称"对话框

 在创建表结构时，有些字段可能需要设置初始值（如int型字段），可以在默认值文本框中输入相应的值。

2. 删除数据表

如果要删除数据库中的某个数据表，只需在数据表上单击鼠标右键，在弹出的快捷菜单中选择"删除"命令即可。

8.1.4 结构化查询语言（SQL）

SQL是一种数据库查询和程序设计语言，用于存取数据，以及查询、更新和管理关系型数据库系统。SQL的含义是"结构化查询语言（Structured Query Language）"。目前，SQL有两个不同的标准，分别由美国国家标准学会（ANSI）和国际标准化组织（ISO）制定。SQL是一种计算机语言，可以用它与数据库交互。SQL本身不是一个数据库管理系统，也不是一个独立的产品，但SQL是数据库管理系统不可缺少的组成部分，它是用于与数据库管理系统进行通信的一种语言和工具。由于它功能丰富，语言简洁，使用方法灵活，所以备受计算机界用户的青睐，被众多计算机公司和软件公司采用。经过多年的发展，SQL已成为关系型数据库的标准语言。

通过SQL语句，可以实现对数据库进行查询、添加、更新和删除操作。常使用的SQL语句分别有SELECT语句、INSERT语句、UPDATE语句和DELETE语句，下面简单介绍这几种语句。

1. 查询数据

通常使用SELECT语句查询数据，SELECT语句是从数据库中检索数据并查询，再将查询结果以表格的形式返回。

语法如下：

```
SELECT select_list
[ INTO new_table ]
FROM table_source
[ WHERE search_condition ]
[ GROUP BY group_by_expression ]
[ HAVING search_condition ]
[ ORDER BY order_expression [ASC| DESC ]]
```

语法中的参数说明如表8-1所示。

表8-1　SELECT语句参数说明

参　　数	说　　明
select_list	指定由查询返回的列。它是一个逗号分隔的表达式列表。每个表达式同时定义格式（数据类型和大小）和结果集列的数据来源。每个选择列表表达式通常是对从中获取数据的源表或视图的列的引用，但也可能是其他表达式，例如常量或T-SQL函数。在选择列表中使用 * 表达式指定返回源表中的所有列
INTO new_table	创建新表并将查询行从查询插入新表中。new_table_name 指定新表的名称
FROM table_source	指定从其中检索行的表。这些来源可能包括基表、视图和链接表。From子句还可包含连接说明，该说明定义了SQL Server用来在表之间进行导航的特定路径。FROM子句还用在DELETE和UPDATE语句中，以定义要修改的表
WHERE search_condition	WHERE子句指定用于限制返回的行的搜索条件。WHERE子句还用在DELETE和UPDATE语句中以定义目标表中要修改的行
GROUP BY group_by_expression	GROUP BY子句根据group_by_list 列中的值将结果集分成组。例如，student表在"性别"中有两个值。GROUP BY ShipVia子句将结果集分成两组，每组对应于ShipVia的一个值
HAVING search_condition	HAVING子句是指定组或聚合的搜索条件。逻辑上讲，HAVING子句从中间结果集对行进行筛选，这些中间结果集是用SELECT语句中的FROM、WHERE或GROUP BY子句创建的。HAVING子句通常与GROUP BY子句一起使用，尽管HAVING子句前面不必有GROUP BY子句

续表

参　　数	说　　明
ORDER BY order_expression [ASC | DESC]	ORDER BY子句定义结果集中的行排列的顺序。order_list 指定组成排序列表的结果集的列。ASC和DESC关键字用于指定行是按升序还是按降序排序。ORDER BY之所以重要，是因为关系理论规定除非已经指定ORDER BY，否则不能假设结果集中的行带有任何序列。如果结果集行的顺序对于SELECT语句来说很重要，那么在该语句中就必须使用ORDER BY子句

为了帮助读者更好地理解SELECT语句的用法，下面举例说明如何使用SELECT语句。

例如，使用SELECT语句查询数据表tb_stock中名称为"电脑"的所有商品信息，代码如下：

```
select * from tb_stock where fullname='电脑'
```

2. 添加数据

在SQL语句中，使用INSERT语句向数据表中添加数据。语法格式如下：

```
INSERT[INTO]
 {table_name WITH(<table_hint_limited>[…n])
 |view_name
 |rowset_function_limited
 }
 {[(column_list)]
  {VALUES
  ({DEFAULT|NULL|expression}[,..n])
   |derived_table
   |execute_statement
   }
 }
 |DEFAULT VALUES
```

语法中的参数及说明如表8-2所示。

表8-2　INSERT语句参数及说明

参　　数	说　　明
[INTO]	一个可选的关键字，可以将它用在INSERT和目标表之前
table_name	将要接收数据的表或table变量的名称
view_name	视图的名称及可选的别名。通过view_name来引用的视图必须是可更新的
（column_list）	要在其中插入数据的一列或多列的列表。必须用圆括号将clumn_list括起来，并且用逗号进行分隔
VALUES	引入要插入的数据值的列表。对于column_list（如果已指定）中或者表中的每个列，都必须有一个数据值。必须用圆括号将值列表括起来。如果VALUES列表中的值、表中的值与表中列的顺序不相同，或者未包含表中所有列的值，那么必须使用column_list明确地指定存储每个传入值的列
DEFAULT	强制SQL Server装载为列定义的默认值。如果某列并不存在默认值，并且该列允许NULL，那么就插入NULL
expression	一个常量、变量或表达式。表达式不能包含SELECT或Execute语句
derived_table	任何有效的SELECT语句，它将返回装载到表中的数据行

例如，使用INSERT语句向数据表**tb_stock**中添加一条新的商品信息，代码如下：

insert into tb_stock(tradecode,fullname,type,standard,unit,produce,qty,price,

averageprice,saleprice,stockcheck,upperlimit,lowerlimit) values('T1001', '电脑','品牌名','T500','台','吉林',1

00,3500,3500,4000,100,500,50)

3. 更新数据

使用**UPDATE**语句更新数据，可以修改一个列或者几个列中的值，但一次只能修改一个表。语法格式如下：

UPDATE

    { table_name WITH(<table_hint_limited>[,…n])

    |view_name

    |rowset_function_limited

    }

    SET

    {column_name={expression|DEFAULT|NULL}

    |@variable=expression

    |@variable=column=expression}[,…n]

    {{[FROM{<table_source>}[,…n]]

     [WHERE

      <search_condition>]}

     |

     [WHERE CURRENT OF

     {{[GLOBAL]cursor_name}|cursor_variable_name}

     ]}

     [OPTION(<query_hint>[,…n])]

语法中的参数及说明如表8-3所示。

表8-3　UPDATE语句参数及说明

参　数	说　明
table_name	需要更新的表的名称。如果该表不在当前服务器或数据库中，或不为当前用户所有，那么这个名称可用链接服务器、数据库和所有者名称来限定
WITH（<Table_Hint_Limited>[,…n]）	指定目标表所允许的一个或多个表提示。需要有WITH关键字和圆括号。不允许有READPAST、NOLOCK和READUNCOMMITTED
view_name	要更新的视图的名称。通过view_name来引用的视图必须是可更新的。用UPDATE语句进行的修改，至多只能影响视图的FROM子句所引用的基表中的一个
rowset_function_limited	OPENQUERY或OPENROWSET函数，视提供程序的功能而定
SET	指定要更新的列或变量名称的列表
column_name	含有要更改数据的列的名称。column_name必须驻留于UPDATE子句中所指定的表或视图中。不能更新标识列

参　数	说　明
expression	变量、文字值、表达式或加上括号的返回单个值的SELECT语句。expression返回的值将替换column_name或@variable中的现有值
DEFAULT	指定使用为列定义的默认值替换列中的现有值。如果该列没有默认值，并且定义为允许空值，也可用来将列更改为NULL
@variable	已声明的变量，该变量将设置为expression所返回的值
FROM <table_sour-ce>	指定用表来为更新操作提供准则
WHERE	指定条件来限定所更新的行
<search_condition>	为要更新的行指定需满足的条件。搜索条件也可以是联系所基于的条件。对搜索条件中可以包含的谓词数量没有限制
CURRENT OF	指定更新在指定游标的当前位置进行
GLOBAL	指定cursor_name指的是全局游标
cursor_name	要从中进行提取的开放游标的名称。如果同时存在名为cursor_name的全局游标和局部游标，则在指定了GLOBAL时，cursor_name指的是全局游标；如果未指定GLOBAL，则cursor_name指的是局部游标。游标必须允许更新
cursor_variable_name	游标变量的名称。cursor_variable_name必须引用允许更新的游标
OPTION(<query_hint >[,…n])	指定优化程序提示用于自定义数据库处理语句的方式

例如，由于进货价格上调，电脑的销售价格随之上调，使用UPDATE语句更新数据表tb_stock中电脑的销售价格，代码如下：

```
update tb_stock set saleprice=4500 where fullname='电脑'
```

4．删除数据

使用DELETE语句删除数据，可以使用一个单一的DELETE语句删除一行或多行。当表中没有行满足WHERE子句中指定的条件时，就没有行会被删除，也没有错误产生。语法格式如下：

```
DELETE
    [ FROM ]
        { table_name WITH ( < table_hint_limited > [ ,...n ] )
        | view_name
        | rowset_function_limited
        }
        [ FROM { < table_source > } [ ,...n ] ]
    [ WHERE
        { < search_condition >
        | { [ CURRENT OF
            { { [ GLOBAL ] cursor_name }
```

```
                | cursor_variable_name
            }
        ] }
    }
]
[ OPTION ( < query_hint > [ ,...n ] ) ]
```

语法中的参数说明如表8-4所示。

表8-4　DELETE语句参数说明

参　数	说　明
table_name	需要删除的表的名称。如果该表不在当前服务器或数据库中，或不为当前用户所有，那么这个名称可用链接服务器、数据库和所有者名称来限定
WITH(<table_hint_limited>[,…n])	指定目标表所允许的一个或多个表提示。需要有WITH关键字和圆括号。不允许有READPAST、NOLOCK和READUNCOMMITTED
view_name	要从中删除行的视图的名称
rowset_function_limited	OPENQUERY或OPENROWSET函数，视提供程序功能而定
FROM<table_source>	指定附加的FROM子句。这个对DELETE的SQL扩展允许从<table_source>指定数据，并从第一个FROM子句内的表中删除相应的行
WHERE	指定用于限制删除行数的条件。如果没有提供 WHERE 子句，则 DELETE 删除表中的所有行
<search_condition>	指定删除行的限定条件。对搜索条件中可以包含的谓词数量没有限制
CURRENT OF	指定 DELETE 在指定游标的当前位置执行
GLOBAL	指定cursor_name指的是全局游标
cursor_name	要从中进行提取的开放游标的名称。如果同时存在名为cursor_name的全局游标和局部游标，则在指定了GLOBAL时，cursor_name指的是全局游标。如果未指定GLOBAL，则cursor_name指局部游标。游标必须允许更新
cursor_variable_name	游标变量的名称。cursor_variable_name必须引用允许更新的游标
OPTION(<query_hint>[,…n])	关键字，指示用于自定义数据库引擎处理语句的方式的优化器提示

例如，删除tb_stock数据表中商品名称为"电脑"，并且产地是"吉林"的商品信息：
```
delete from tb_stock where fullname='电脑' and produce='吉林'
```

8.2　ADO.NET概述

ADO.NET是.NET数据库的访问架构，它是数据库应用程序和数据源沟通的桥梁，主要提供一个面向对象的数据访问架构，用来开发数据库应用程序。

ADO.NET概述

8.2.1　ADO.NET对象模型

为了更好地理解ADO.NET架构模型的各个组成部分，这里对ADO.NET中的相关对象进行图示理解，图8-6所示为ADO.NET对象模型。

ADO.NET主要包括Connection、Command、DataReader、DataAdapter、DataSet和DataTable等6个对象，下面分别进行介绍。

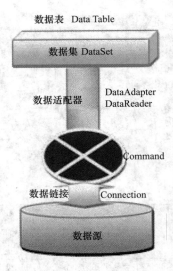

图8-6　ADO.NET对象模型

（1）Connection对象主要提供与数据库的连接功能。

（2）Command对象用于返回数据、修改数据、运行存储过程，以及发送或检索参数信息的数据库命令。

（3）DataReader对象通过Command对象提供从数据库检索信息的功能，它以一种只读的、向前的、快速的方式访问数据库。

（4）DataAdapter对象提供连接DataSet对象和数据源的桥梁，它主要使用Command对象在数据源中执行SQL语句，以便将数据加载到DataSet数据集中，并确保DataSet数据集中数据的更改与数据源保持一致。

（5）DataSet对象是ADO.NET的核心概念，它是支持ADO.NET断开式、分布式数据方案的核心对象。DataSet对象是一个数据库容器，可以把它当作是存在于内存中的数据库，无论数据源是什么，它都会提供一致的关系编程模型。

（6）DataTable对象表示内存中数据的一个表。

8.2.2　数据访问命名空间

在.NET中，用于数据访问的命名空间如下。

（1）System.Data：提供对表示ADO.NET结构的类的访问。通过ADO.NET可以生成一些组件，用于有效地管理多个数据源的数据。

（2）System.Data.Common：包含由各种.NET Framework数据提供程序共享的类。

（3）System.Data.Odbc：ODBC .NET Framework数据提供程序，描述用来访问托管空间中的ODBC数据源的类集合。

（4）System.Data.OleDb：OLE DB .NET Framework数据提供程序，描述用于访问托管空间中的OLE DB数据源的类集合。

（5）System.Data.SqlClient：SQL服务器.NET Framework数据提供程序，描述用于在托管空间中访问SQL Server的类集合。

（6）System.Data.SqlTypes：提供SQL Server中本机数据类型的类，SqlTypes中的每个数据类型在SQL Server中具有其等效的数据类型。

（7）System.Data.OracleClient：用于为Oracle的.NET Framework数据提供程序，描述在托管空间中访问Oracle 数据源的类集合的方法。

8.3 Connection数据连接对象

所有对数据库的访问操作都是从建立数据库连接开始的。在打开数据库之前，必须先设置好连接字符串（ConnectionString），再调用Open方法打开连接，此时便可对数据库进行访问，最后调用Close方法关闭连接。

Connection数据
连接对象

8.3.1 熟悉Connection对象

Connection对象用于连接到数据库和管理对数据库的事务，它的一些属性描述数据源和用户身份验证。Connection对象还提供一些方法允许程序员与数据源建立连接，或者断开连接，并且微软公司支持4种数据提供程序的连接对象，分别如下。

❑ SQL Server：.NET数据提供程序的SqlConnection连接对象，命名空间System.Data.SqlClient.SqlConnection。

❑ OLE DB：.NET数据提供程序的OleDbConnection连接对象，命名空间System.Data.OleDb.OleDbConnection。

❑ ODBC：.NET数据提供程序的OdbcConnection连接对象，命名空间System.Data.Odbc.OdbcConnection。

❑ Oracle：.NET数据提供程序的OracleConnection连接对象，命名空间System.Data.OracleClient.OracleConnection。

 本章所涉及的关于ADO.NET相关技术的所有实例都将以SQL Server为例，引入的命名空间即System.Data.SqlClient。

8.3.2 数据库连接字符串

为了让连接对象知道欲访问的数据库文件在哪里，用户必须将这些信息用一个字符串加以描述。数据库连接字符串中需要提供的必要信息包括服务器的位置、数据库的名称和数据库的身份验证方式（Windows集成身份验证或SQL Server身份验证），另外，还可以指定其他信息（诸如连接超时等）。

数据库连接字符串常用的参数及说明如表8-5所示。

表8-5 数据库连接字符串常用的参数及说明

参　数	说　明
Provider	这个属性用于设置或返回连接提供程序的名称，仅用于OleDbConnection对象
Connection Timeout	在终止尝试并产生异常前，等待连接到服务器的连接时间长度（以秒为单位）。默认值是15秒
Initial Catalog或Database	数据库的名称
Data Source或Server	连接打开时使用的SQL Server名称，或者是Microsoft Access数据库的文件名
Password 或pwd	SQL Server账户的登录密码
User ID 或uid	SQL Server登录账户
Integrated Security	此参数决定连接是否是安全连接。可能的值有True，False和SSPI（SSPI是True的同义词）

下面分别以连接SQL Server 2017数据库和Access数据库为例介绍如何书写数据库连接字符串。

❑ 连接SQL Server。

语法格式如下：

string connectionString="Server=服务器名;User Id=用户;Pwd=密码;DataBase=数据库名称"

例如，通过ADO.NET技术连接本地SQL Server的db_0EMS数据库，代码如下：

```
//创建连接数据库的字符串
string SqlStr = "Server= mrwxk\\mrwxk;User Id=sa;Pwd=;DataBase=db_EMS";
```

❑ 连接Access。

语法格式如下：

string connectionString="provide=提供者; Data Source=Access文件路径";

例如，连接C盘根目录下的db_access.mdb数据库，代码如下：

String connectionStirng="provide=Microsoft.Jet.OLEDB.4.0;"+@"Data Source=C:\ db_access.mdb";

8.3.3 应用SqlConnection对象连接数据库

调用Connection对象的Open方法或Close方法可以打开或关闭数据库连接，而且必须在设置好数据库连接字符串后才能调用Open方法，否则Connection对象不知道要与哪一个数据库建立连接。

数据库联机资源是有限的，因此在需要的时候才打开连接，且一旦使用完，就应该尽早地关闭连接，把资源归还给系统。

下面通过一个例子看一下如何使用SqlConnection对象连接SQL Server 2017。

【例8-1】创建一个Windows应用程序，在默认窗体中添加两个Label控件，分别用来显示数据库连接的打开和关闭状态，然后在窗体的加载事件中，通过SqlConnection对象的State属性来判断数据库的连接状态。代码如下：

```
private void Form1_Load(object sender, EventArgs e)
{
    //创建数据库连接字符串
    string SqlStr = "Server=MRKJ_ZHD\\EAST;User Id=sa;Pwd=;DataBase=db_EMS";
    SqlConnection con = new SqlConnection(SqlStr);          //创建数据库连接对象
    con.Open();                                            //打开数据库连接
    if (con.State == ConnectionState.Open)                 //判断连接是否打开
    {
        label1.Text = "SQL Server连接开启！";
        con.Close();                                       //关闭数据库连接
    }
    if (con.State == ConnectionState.Closed)               //判断连接是否关闭
    {
        label2.Text = "SQL Server数据库连接关闭！";
    }
}
```

说明

因为上面的程序用到SqlConnection类，所以首先需要添加System.Data.SqlClient命名空间，下面遇到这种情况时将不再说明。

程序运行结果如图8-7所示。

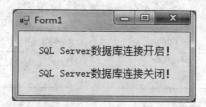

图8-7　使用SqlConnection对象连接数据库

8.4　Command命令执行对象

8.4.1　熟悉Command对象

使用Connection对象与数据源建立连接后，可以使用Command对象对数据源执行查询、添加、删除和修改等各种操作，操作实现的方式可以是使用SQL语句，也可以是使用存储过程。根据.NET Framework数据提供程序的不同，Command对象也可以分成4种，分别是SqlCommand、OleDbCommand、OdbcCommand和OracleCommand。在实际的编程过程中，应该根据访问的数据源不同，选择相对应的Command对象。

Command命令执行对象

Command对象的常用属性及说明如表8-6所示。

表8-6　Command对象的常用属性及说明

属　性	说　明
CommandType	获取或设置Command对象要执行命令的类型
CommandText	获取或设置要对数据源执行的SQL语句或存储过程名或表名
CommandTimeOut	获取或设置在终止对执行命令的尝试并生成错误之前的等待时间
Connection	获取或设置Command对象使用的Connection对象的名称
Parameters	获取Command对象需要使用的参数集合

例如，使用SqlCommand对象对SQL Server 执行查询操作，代码如下：

```
//创建数据库连接对象
SqlConnection conn = new SqlConnection("Server=MRKJ_ZHD\\EAST;User Id=sa;Pwd=;DataBase=db_EMS");
SqlCommand comm = new SqlCommand();              //创建对象SqlCommand
comm.Connection = conn;                          //指定数据库连接对象
comm.CommandType = CommandType.Text;             //设置要执行命令类型
comm.CommandText = "select * from tb_stock";     //设置要执行的SQL语句
```

Command对象的常用方法及说明如表8-7所示。

表8-7　Command对象的常用方法及说明

方　法	说　明
ExecuteNonQuery	用于执行非SELECT命令，比如INSERT、DELETE或者UPDATE命令，并返回3个命令所影响的数据行数；另外也可以用来执行一些数据定义命令，比如新建、更新、删除数据库对象（如表、索引等）

续表

方　法	说　明
ExecuteScalar	用于执行SELECT查询命令，返回数据中第一行第一列的值，该方法通常用来执行那些用到COUNT或SUM函数的SELECT命令
ExecuteReader	执行SELECT命令，并返回一个DataReader对象，这个DataReader对象是一个只读向前的数据集

表8-7中这3种方法非常重要，如果要使用ADO.NET完成某种数据库操作，一定会用到上面这些方法，这3种方法没有任何的优劣之分，只是使用的场合不同罢了，所以一定要弄清楚它们的返回值类型及使用方法，以便适当地使用它们。

8.4.2　应用Command对象操作数据

以操作SQL Server为例，向数据库中添加记录时，首先要创建SqlConnection对象连接数据库，然后定义添加数据的SQL语句，最后调用SqlCommand对象的ExecuteNonQuery方法执行数据的添加操作。

【例8-2】创建一个Windows应用程序，在默认窗体中添加两个TextBox控件、一个Label控件和一个Button控件。其中，TextBox控件用来输入要添加的信息，Label控件用来显示添加成功或失败的信息，Button控件用来执行数据添加操作。代码如下：

```csharp
private void button1_Click(object sender, EventArgs e)
{
    //创建数据库连接对象
    SqlConnection conn = new SqlConnection("Server=MRKJ_ZHD\\EAST;User Id=sa;Pwd=;DataBase=db_EMS");
    //定义添加数据的SQL语句
    string strsql = "insert into tb_PDic(Name,Money) values('" + textBox1.Text + "'," + Convert.ToDecimal(textBox2.Text) + ")";
    SqlCommand comm = new SqlCommand(strsql, conn);   //创建SqlCommand对象
    if (conn.State == ConnectionState.Closed)               //判断连接是否关闭
    {
        conn.Open();                                         //打开数据库连接
    }
    //判断ExecuteNonQuery方法返回的参数是否大于0，大于0表示添加成功
    if (Convert.ToInt32(comm.ExecuteNonQuery()) > 0)
    {
        label3.Text = "添加成功！";
    }
    else
    {
        label3.Text = "添加失败！";
    }
    conn.Close();                                            //关闭数据库连接
}
```

程序运行结果如图8-8所示。

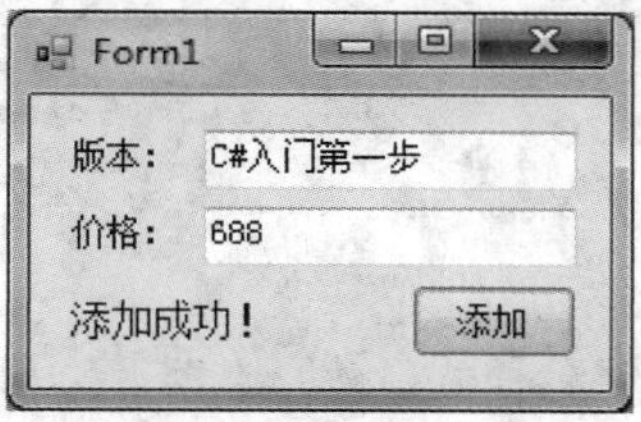

图8-8　使用Command对象添加数据

8.4.3　应用Command对象调用存储过程

存储过程可以使管理数据库和显示数据库信息等操作变得非常容易，它是SQL语句和可选控制流语句的预编译集合，它存储在数据库内，在程序中可以通过Command对象来调用，其执行速度比SQL语句快，同时还保证了数据的安全性和完整性。

> 【例8-3】创建一个Windows应用程序，在默认窗体中添加两个TextBox控件、一个Label控件和一个Button控件。其中，TextBox控件用来输入要添加的信息，Label控件用来显示添加成功或失败信息，Button控件用来调用存储过程执行数据添加操作。代码如下：

```
private void button1_Click(object sender, EventArgs e)
{
    //创建数据库连接对象
    SqlConnection sqlcon = new SqlConnection("Server=MRKJ_ZHD\\EAST;User Id=sa;Pwd=;DataBase=db_
    EMS");
    SqlCommand sqlcmd = new SqlCommand();                //创建SqlCommand对象
    sqlcmd.Connection = sqlcon;                          //指定数据库连接对象
    sqlcmd.CommandType = CommandType.StoredProcedure;    //指定执行对象为存储过程
    sqlcmd.CommandText = "proc_AddData";                 //指定要执行的存储过程名称
    //为@name参数赋值
    sqlcmd.Parameters.Add("@name", SqlDbType.VarChar, 20).Value = textBox1.Text;
    //为@money参数赋值
    sqlcmd.Parameters.Add("@money", SqlDbType.Decimal).Value = Convert.ToDecimal(textBox2.Text);
    if (sqlcon.State == ConnectionState.Closed)          //判断连接是否关闭
    {
        sqlcon.Open();                                   //打开数据库连接
    }
    //判断ExecuteNonQuery方法返回的参数是否大于0，大于0表示添加成功
    if (Convert.ToInt32(sqlcmd.ExecuteNonQuery()) > 0)
    {
        label3.Text = "添加成功！";
    }
    else
    {
```

```
        label3.Text = "添加失败！ ";
    }
    sqlcon.Close();                                          //关闭数据库连接
}
```

本实例用到的存储过程代码如下：

```
CREATE proc proc_AddData
(
@name varchar(20),
@money decimal
)
as
insert into tb_PDic(Name,Money) values(@name,@money)
GO
```

程序运行结果如图8-9所示。

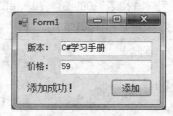

图8-9　使用Command对象调用存储过程添加数据

proc_AddData存储过程中使用了以@符号开头的两个参数：@name和@money，对于存储过程参数名称的定义，通常会参考数据表中的列的名称（本实例用到的数据表tb_PDic中的列分别为Name和Money），这样可以比较方便地知道这个参数是套用在哪个列的。当然，参数名称可以自定义，但一般都参考数据表中的列进行定义。

8.5　DataReader数据读取对象

8.5.1　DataReader对象概述

DataReader数据读取对象

DataReader对象是一个简单的数据集，它主要用于从数据源中读取只读的数据集，其常用于检索大量数据。根据.NET Framework数据提供程序的不同，DataReader对象也可以分为SqlDataReader、OleDbDataReader、OdbcDataReader和OracleDataReader等4大类。

由于DataReader对象每次只能在内存中保留一行，所以使用它的系统开销非常小。

使用DataReader对象读取数据时，必须一直保持与数据库的连接，所以也被称为连线模式，其架构如图8-10所示（这里以SqlDataReader为例）。

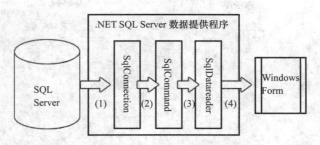

图8-10　使用SqlDataReader对象读取数据

 说明

DataReader对象是一个轻量级的数据对象，如果只需要将数据读出并显示，那么它是最合适的工具，因为它的读取速度比稍后要讲解到的DataSet对象要快，占用的资源也更少；但是，一定要注意，DataReader对象在读取数据时，要求数据库一直保持在连接状态，只有在读取完数据之后才能断开连接。

开发人员可以通过Command对象的ExecuteReader方法从数据源中检索数据来创建DataReader对象，DataReader对象的常用属性及说明如表8-8所示。

表8-8　DataReader对象的常用属性及说明

属　性	说　明
HasRows	判断数据库中是否有数据
FieldCount	获取当前行的列数
RecordsAffected	获取执行SQL语句所更改、添加或删除的行数

DataReader对象的常用方法及说明如表8-9所示。

表8-9　DataReader对象的常用方法及说明

方　法	说　明
Read	使DataReader对象前进到下一条记录
Close	关闭DataReader对象
Get	用来读取数据集的当前行的某一列的数据

8.5.2　使用DataReader对象读取数据

使用DataReader对象读取数据时，首先需要使用其HasRows属性判断是否有数据可供读取，如果有数据，返回True，否则返回False；再使用DataReader对象的Read方法来循环读取数据表中的数据；最后通过访问DataReader对象的列索引来获取读取到的值，例如，sqldr["ID"]用来获取数据表中ID列的值。

【例8-4】创建一个Windows应用程序，在默认窗体中添加一个Rich-TextBox控件，用来显示使用SqlDataReader对象读取到的数据表中的数据。代码如下：

```
private void Form1_Load(object sender, EventArgs e)
{
    SqlConnection sqlcon = new SqlConnection("Server=MRKJ_ZHD\\EAST;User Id=sa;Pwd=;DataBase=db_
```

```
EMS");                                    //创建数据库连接对象
//创建SqlCommand对象
SqlCommand sqlcmd = new SqlCommand("select * from tb_PDic order by ID asc",sqlcon);
if (sqlcon.State == ConnectionState.Closed)      //判断连接是否关闭
{
  sqlcon.Open();                          //打开数据库连接
}
//使用ExecuteReader方法的返回值创建SqlDataReader对象
SqlDataReader sqldr = sqlcmd.ExecuteReader();
richTextBox1.Text = "编号      版本        价格\n";  //为文本框赋初始值
try
{
  if (sqldr.HasRows)                      //判断SqlDataReader中是否有数据
  {
    while (sqldr.Read())                  //循环读取SqlDataReader中的数据
    {
      richTextBox1.Text += "" + sqldr["ID"] + "   " + sqldr["Name"] + "   " + sqldr["Money"] + "\n";
                                          //显示读取的详细信息
    }
  }
}
catch (SqlException ex)                    //捕获数据库异常
{
  MessageBox.Show(ex.ToString());         //输出异常信息
}
finally
{
  sqldr.Close();                          //关闭SqlDataReader对象
  sqlcon.Close();                         //关闭数据库连接
}
}
```

程序运行结果如图8-11所示。

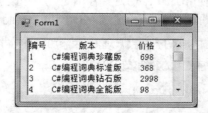

图8-11　使用DataReader对象读取数据

说明 使用DataReader对象读取数据之后，务必将其关闭。如果DataReader对象未关闭，则其所使用的Connection对象将无法再执行其他的操作。

8.6 DataSet对象和DataAdapter对象

8.6.1 DataSet对象

DataSet对象是ADO.NET的核心成员，它是支持ADO.NET断开式、分布式数据方案的核心对象，也是实现基于非连接的数据查询的核心组件。DataSet对象是创建在内存中的集合对象，它可以包含任意数量的数据表及所有表的约束、索引和关系等，它实质上相当于内存中的一个小型关系数据库。一个DataSet对象包含一组DataTable对象和DataRelation对象，其中每个DataTable对象都由DataColumn、DataRow和Constraint集合对象组成，如图8-12所示。

DataSet对象和
DataAdapter对象

图8-12 DataSet对象组成

对于DataSet对象，可以将其看作是一个数据库容器，它将数据库中的数据复制了一份放在了用户本地的内存中，供用户在不连接数据库的情况下读取数据，以便充分地利用客户端资源，降低数据库服务器的压力。

如图8-13所示，当把SQL Server的数据通过起"桥梁"作用的SqlDataAdapter对象填充到DataSet数据集中后，就可以对数据库进行一个断开连接、离线状态的操作，所以图8-13中的"标记④"这一步骤就可以忽略不使用。

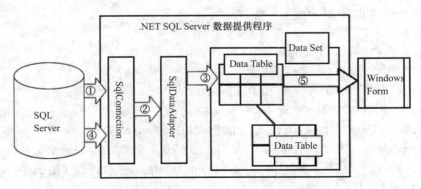

图8-13 离线模式访问SQL Server数据库

DataSet对象的用法主要有以下几种，这些用法可以单独使用，也可以综合使用。

❑ 以编程方式在DataSet中创建DataTable、DataRelation和Constraint，并使用数据填充表。

❑ 通过DataAdapter对象用现有关系数据源中的数据表填充DataSet。

❑ 使用XML文件加载和保存DataSet内容。

DataSet数据集中主要包括以下几种子类。

1. 数据表集合（DataTableCollection）和数据表（DataTable）

DataTableCollection表示DataSet的表的集合，它包含特定DataSet的所有DataTable对象，如果要访问DataSet的DataTableCollection，需要使用Tables属性。DataTableCollection有以下常用属性。

❑ Count：获取集合中的元素的总数。

❑ Item[Int32]：获取位于指定索引位置的DataTable对象。

❑ Item[String]：获取具有指定名称的DataTable对象。

❑ Item[String，String]：获取指定命名空间中具有指定名称的DataTable对象。

DataTableCollection有以下常用方法。

❑ Add：向DataTableCollection中添加数据表。

❑ Clear：清除所有DataTable对象的集合。

❑ Contains：指示DataTableCollection中是否存在具有指定名称的DataTable对象。

❑ IndexOf：获取指定DataTable对象的索引。

❑ Remove：从集合中移除指定的DataTable对象。

❑ RemoveAt：从集合中移除位于指定索引位置的DataTable对象。

DataTableCollection中的每个数据表都是一个DataTable对象，DataTable表示一个内存中的数据表。DataTable是ADO.NET库中的核心对象，当访问DataTable对象时，请注意它们是按条件区分大小写的。例如，如果一个DataTable被命名为"mydatatable"，另一个被命名为"Mydatatable"，则用于搜索其中一个表的字符串被认为是区分大小写的。

DataTable有以下常用属性。

❑ Columns：获取属于该表的列的集合。

❑ DataSet：获取此表所属的DataSet。

❑ DefaultView：获取可能包括筛选视图或游标位置的表的自定义视图。

❑ HasErrors：获取一个值，该值指示该表所属的DataSet的任何表的任何行中是否有错误。

❑ PrimaryKey：获取或设置充当数据表主键的列的数组。

❑ Rows：获取属于该表的行的集合。

❑ TableName：获取或设置DataTable的名称。

DataTable有以下常用方法。

❑ Clear：清除所有数据的DataTable。

❑ Copy：复制该DataTable的结构和数据。

❑ Merge：将指定的DataTable与当前的DataTable合并。

❑ NewRow：创建与该表具有相同架构的新DataRow。

2. 数据列集合（DataColumnCollection）和数据列（DataColumn）

DataColumnCollection表示DataTable的DataColumn对象的集合，它定义DataTable的架构，并确定每个DataColumn可以包含什么种类的数据。可以通过DataTable对象的Columns属性访问DataColumnCollection。DataColumnCollection有以下常用属性。

❑ Count：获取集合中的元素的总数。

❑ Item[Int32]：获取位于指定索引位置的DataColumn。

❑ Item[String]：获取具有指定名称的DataColumn。

DataColumnCollection有以下常用方法。

❑ Add：向DataColumnCollection中添加DataColumn。

❑ Clear：清除集合中的所有列。

❑ Contains：检查集合是否包含具有指定名称的列。

❑ IndexOf：获取按名称指定的列的索引。

❑ Remove：从集合中移除指定的DataColumn对象。

❑ RemoveAt：从集合中移除指定索引位置的列。

数据表中的每个字段都是一个DataColumn对象，它是用于创建DataTable的架构的基本构造块。通过向DataColumnCollection中添加一个或多个DataColumn对象来生成这个架构。

DataColumn有以下常用属性。

❑ Caption：获取或设置列的标题。

❑ ColumnName：获取或设置DataColumnCollection中的列的名称。

❑ DataType：获取或设置存储在列中的数据的类型。

❑ DefaultValue：在创建新行时获取或设置列的默认值。

❑ MaxLength：获取或设置文本列的最大长度。

❑ Table：获取列所属的DataTable。

3. 数据行集合（DataRowCollection）和数据行（DataRow）

DataRowCollection是DataTable的主要组件，当DataColumnCollection定义表的架构时，DataRowCollection中包含表的实际数据，在该表中，DataRowCollection中的每个DataRow表示单行。

DataRowCollection有以下常用属性。

❑ Count：获取该集合中DataRow对象的总数。

❑ Item：获取指定索引处的行。

DataRowCollection有以下常用方法。

❑ Add：将指定的DataRow添加到DataRowCollection对象中。

❑ Clear：清除所有行的集合。

❑ Contains：该值指示集合中任何行的主键中是否包含指定的值。

❑ Find：获取包含指定的主键值的行。

❑ IndexOf：获取指定DataRow对象的索引。

❑ InsertAt：将新行插入集合中的指定位置。

❑ Remove：从集合中移除指定的DataTable对象。

❑ RemoveAt：从集合中移除位于指定索引位置的DataTable对象。

DataRow表示DataTable中的一行数据，它和DataColumn对象是DataTable的主要组件。使用DataRow对象及其属性和方法可以读取、评估、插入、删除和更新DataTable中的值。

DataRow有以下常用属性。

❑ HasErrors：获取一个值，该值指示某行是否包含错误。

❑ Item[DataColumn]：获取或设置存储在指定的DataColumn中的数据。

❑ Item[Int32]：获取或设置存储在由索引指定的列中的数据。

❑ Item[String]：获取或设置存储在由名称指定的列中的数据。

❑ ItemArray：通过一个数组来获取或设置此行的所有值。

❑ Table：获取该行拥有其架构的DataTable。

DataRow有以下常用方法。

❑ BeginEdit：对DataRow对象开始编辑操作。

❑ CancelEdit：取消对该行的当前编辑。

❑ Delete：删除DataRow。

❑ EndEdit：终止发生在该行的编辑。

❑ IsNull：指示指定的DataColumn是否包含null值。

8.6.2 DataAdapter对象

DataAdapter对象（即数据适配器）是一种用来充当DataSet对象与实际数据源之间桥梁的对象，可以说只要有DataSet对象的地方就有DataAdapter对象，它也是专门为DataSet对象服务的。DataAdapter对象的工作步骤一般有两种：一种是通过Command对象执行SQL语句，从而从数据源中检索数据，并将检索到的结果集填充到DataSet对象中；另一种是把用户对DataSet对象做出的更改写入数据源。

 在.NET Framework中使用4种DataAdapter对象，即OleDbDataAdapter、SqlDataAdapter、ODBCDataAdapter和OracleDataAdapter。其中，OleDbDataAdapter对象适用于OLEDB数据源；SqlDataAdapter对象适用于SQL Server 7.0或更高版本的数据源；ODBCDataAdapter对象适用于ODBC数据源；OracleDataAdapter对象适用于Oracle数据源。

DataAdapter对象常用属性及说明如表8-10所示。

表8-10 DataAdapter对象常用属性及说明

属 性	说 明
SelectCommand	获取或设置用于在数据源中选择记录的命令
InsertCommand	获取或设置用于将新记录插入数据源中的命令
UpdateCommand	获取或设置用于更新数据源中记录的命令
DeleteCommand	获取或设置用于从数据集中删除记录的命令

由于DataSet对象是一个非连接的对象，它与数据源无关，也就是说该对象并不能直接跟数据源产生联系，而DataAdapter对象则正好负责填充它，并把它的数据提交给一个特定的数据源，它与DataSet对象配合使用来执行数据查询、添加、修改和删除等操作。

例如，对DataAdapter对象的SelectCommand属性赋值，从而实现数据的查询操作，代码如下：

```
SqlConnection con=new SqlConnection(strCon);          //创建数据库连接对象
SqlDataAdapter ada = new SqlDataAdapter();            //创建SqlDataAdapter对象
//给SqlDataAdapter的SelectCommand赋值
ada.SelectCommand=new SqlCommand("select * from authors",con);
……//省略后继代码
```

同样，可以使用上述方法给DataAdapter对象的InsertCommand、UpdateCommand和DeleteCommand属性赋值，从而实现数据的添加、修改和删除等操作。

例如，对DataAdapter对象的UpdateCommand属性赋值，从而实现数据的修改操作，代码如下：

```
SqlConnection con=new SqlConnection(strCon);          //创建数据库连接对象
```

```
SqlDataAdapter da = new SqlDataAdapter();                    //创建SqlDataAdapter对象
//给SqlDataAdapter的UpdateCommand属性赋值，指定执行修改操作的SQL语句
da.UpdateCommand = new SqlCommand("update tb_PDic set Name = @name where ID=@id", con);
da.UpdateCommand.Parameters.Add("@name", SqlDbType.VarChar, 20).Value = textBox1.Text;
                                                //为@name参数赋值
da.UpdateCommand.Parameters.Add("@id", SqlDbType.Int).Value = Convert.ToInt32(comboBox1.Text);
                                                //为@id参数赋值
……//省略后继代码
```

DataAdapter对象常用方法及说明如表8-11所示。

表8-11　DataAdapter对象常用方法及说明

方　法	说　明
Fill	从数据源中提取数据以填充数据集
Update	更新数据源

说明　使用DataAdapter对象的Fill方法填充DataSet数据集时，其中的表名称可以自定义，而并不是必须与原数据库中的表名称相同。

8.6.3　填充DataSet数据集

使用DataAdapter对象填充DataSet数据集时，需要用到Fill方法，该方法最常用的3种重载形式如下。

❑　int Fill(DataSet dataset)：添加或更新参数所指定的DataSet数据集，返回值是影响的行数。

❑　int Fill(DataTable datatable)：将数据填充到一个数据表中。

❑　int Fill(DataSet dataset，String tableName)：填充指定的DataSet数据集中的指定表。

【例8-5】创建一个Windows应用程序，在默认窗体中添加一个DataGridView控件，用来显示使用DataAdapter对象填充后的DataSet数据集中的数据。代码如下：

```
private void Form1_Load(object sender, EventArgs e)
{
    //定义数据库连接字符串
    string strCon = "Server=MRKJ_ZHD\\EAST;User Id=sa;Pwd=;DataBase=db_EMS";
    SqlConnection sqlcon = new SqlConnection(strCon);           //创建数据库连接对象
    //创建数据库桥接器对象
    SqlDataAdapter sqlda = new SqlDataAdapter("select * from tb_PDic",sqlcon);
    DataSet myds = new DataSet();                               //创建数据集对象
    sqlda.Fill(myds,"tabName");                                 //填充数据集中的指定表
    dataGridView1.DataSource = myds.Tables["tabName"];          //为dataGridView1指定数据源
}
```

程序运行结果如图8-14所示。

图8-14　使用DataAdapter对象填充DataSet数据集

8.6.4　DataSet对象与DataReader对象的区别

ADO.NET中提供了两个对象用于检索关系数据：DataSet对象与DataReader对象。其中，DataSet对象是将用户需要的数据从数据库中"复制"下来存储在内存中，用户是对内存中的数据直接操作；而DataReader对象则像一根管道，连接到到数据库上，"抽"出用户需要的数据后，管道断开，所以用户在使用DataReader对象读取数据时，一定要保证数据库的连接状态是开启的，而使用DataSet对象时就没有这个必要。

8.7　数据操作控件

常用的数据操作控件主要有DataGridView控件和BindingSource组件。DataGridView控件，又称为数据表格控件，它提供一种强大而灵活的以表格形式显示数据的方式；BindingSource组件主要用来管理数据源，通常与DataGridView控件配合使用。

8.7.1　DataGridView控件

将数据绑定到DataGridView控件非常简单和直观，在大多数情况下，只需设置DataSource属性即可。另外，DataGridView控件具有极高的可配置性和可扩展性，它提供大量的属性、方法和事件，可以用来对该控件的外观和行为进行自定义。当需要在Windows窗体应用程序中显示表格数据时，首先考虑使用DataGridView控件。若要以小型网格显示只读值或者用户能够编辑具有数百万条记录的表，DataGridView控件可以提供方便地进行编程及有效地利用内存的解决方案。图8-15为DataGridView控件，其拖放到窗体中的效果如图8-16所示。

数据操作控件

图8-15　DataGridView控件　　　　图8-16　DataGridView控件拖放到窗体中的效果

DataGridView控件的常用属性及说明如表8-12所示。

表8-12　DataGridView控件的常用属性及说明

属　　性	说　　明
Columns	获取一个包含控件中所有列的集合
CurrentCell	获取或设置当前处于活动状态的单元格
CurrentRow	获取包含当前单元格的行
DataSource	获取或设置DataGridView所显示数据的数据源
RowCount	获取或设置DataGridView中显示的行数
Rows	获取一个集合，该集合包含DataGridView控件中的所有行

DataGridView控件的常用事件及说明如表8-13所示。

表8-13　DataGridView控件的常用事件及说明

事　　件	说　　明
CellClick	在单元格的任何部分被单击时发生
CellDoubleClick	在用户双击单元格中的任何位置时发生

　　下面通过一个例子看一下如何使用DataGridView控件，该实例主要实现的功能有：禁止在DataGridView控件中添加/删除行、禁用DataGridView控件的自动排序、使DataGridView控件隔行显示不同的颜色、使DataGridView控件的选中行呈现不同的颜色和选中DataGridView控件中的某行时将其详细信息显示在TextBox文本框中。

> 【例8-6】创建一个Windows应用程序，在默认窗体中添加两个TextBox控件和一个DataGridView控件，其中，TextBox控件分别用来显示选中记录的版本和价格信息，DataGridView控件用来显示数据表中的数据。代码如下：

```
string strCon = "Server=MRKJ_ZHD\\EAST;User Id=sa;Pwd=;DataBase=db_EMS";
SqlConnection sqlcon;                                    //声明数据库连接对象
SqlDataAdapter sqlda;                                    //声明数据库桥接器对象
DataSet myds;                                            //声明数据集对象
private void Form1_Load(object sender, EventArgs e)
{
    dataGridView1.AllowUserToAddRows = false;            //禁止添加行
    dataGridView1.AllowUserToDeleteRows = false;         //禁止删除行
    sqlcon = new SqlConnection(strCon);                  //创建数据库连接对象
    //创建数据库桥接器对象
    sqlda = new SqlDataAdapter("select * from tb_PDic", sqlcon);
    myds = new DataSet();                                //创建数据集对象
    sqlda.Fill(myds);                                    //填充数据集
    dataGridView1.DataSource = myds.Tables[0];           //为dataGridView1指定数据源
    //禁用DataGridView控件的排序功能
    for (int i = 0; i < dataGridView1.Columns.Count; i++)
        dataGridView1.Columns[i].SortMode = DataGridViewColumnSortMode.NotSortable;
    //设置SelectionMode属性为FullRowSelect使控件能够整行选择
    dataGridView1.SelectionMode = DataGridViewSelectionMode.FullRowSelect;
```

```
//设置DataGridView控件中的数据以各行换色的形式显示
foreach (DataGridViewRow dgvRow in dataGridView1.Rows)          //遍历所有行
{
    if (dgvRow.Index % 2 == 0)                                  //判断是否是偶数行
    {
        //设置偶数行颜色
        dataGridView1.Rows[dgvRow.Index].DefaultCellStyle.BackColor = Color.LightSalmon;
    }
    else                                                        //奇数行
    {
        //设置奇数行颜色
        dataGridView1.Rows[dgvRow.Index].DefaultCellStyle.BackColor = Color.LightPink;
    }
}
//设置dataGridView1控件的ReadOnly属性，使其为只读
dataGridView1.ReadOnly = true;
//设置dataGridView1控件的DefaultCellStyle.SelectionBackColor属性，使选中行颜色变色
dataGridView1.DefaultCellStyle.SelectionBackColor = Color.LightSkyBlue;
}
private void dataGridView1_CellClick(object sender, DataGridViewCellEventArgs e)
{
    if (e.RowIndex > 0)                                         //判断选中行的索引是否大于0
    {
        //记录选中的ID号
        int intID = (int)dataGridView1.Rows[e.RowIndex].Cells[0].Value;
        sqlcon = new SqlConnection(strCon);                     //创建数据库连接对象
        //创建数据库桥接器对象
        sqlda = new SqlDataAdapter("select * from tb_PDic where ID=" + intID + "", sqlcon);
        myds = new DataSet();                                   //创建数据集对象
        sqlda.Fill(myds);                                       //填充数据集
        if (myds.Tables[0].Rows.Count > 0)                      //判断数据集中是否有记录
        {
            textBox1.Text = myds.Tables[0].Rows[0][1].ToString();   //显示版本
            textBox2.Text = myds.Tables[0].Rows[0][2].ToString();   //显示价格
        }
    }
}
```

程序运行结果如图8-17所示。

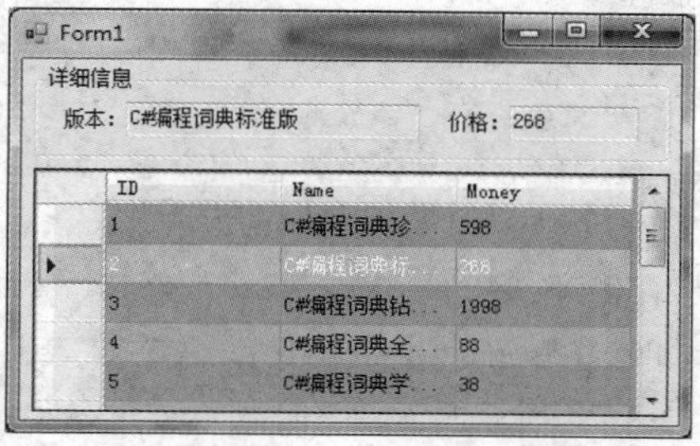

图8-17　DataGridView控件的使用

8.7.2　BindingSource组件

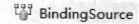

图8-18　BindingSource组件

BindingSource组件，又称为数据源绑定组件，它主要用于封装和管理窗体中的数据源。图8-18为BindingSource组件。

 说明 由于BindingSource是一个组件，因此把它拖放到窗体中之后没有具体的可视化效果。

BindingSource组件的常用属性及说明如表8-14所示。

表8-14　BindingSource控件的常用属性及说明

属　性	说　明
Count	获取基础列表中的总项数
Current	获取列表中的当前项
DataMember	获取或设置连接器当前绑定到的数据源中的特定列表
DataSource	获取或设置连接器绑定到的数据源

下面通过一个例子讲解如何使用BindingSource组件实现对数据表中数据的分条查看。

【例8-7】创建一个Windows应用程序，其Form1窗体中用到的控件及说明如表8-15所示。

表8-15　Form1窗体中用到的控件及说明

控件类型	控件ID	主要属性设置	用　途
A Label	label2	Font:Size属性设置为10，Font:Bold属性设置为True，ForeColor属性设置为Red	显示浏览到的记录编号
TextBox	textBox1	ReadOnly属性设置为True	显示浏览到的版本
	textBox2	ReadOnly属性设置为True	显示浏览到的价格
TextBox	button1	Text属性设置为"第一条"	浏览第一条记录
	button2	Text属性设置为"上一条"	浏览上一条记录
	button3	Text属性设置为"下一条"	浏览下一条记录
	button4	Text属性设置为"最后一条"	浏览最后一条记录
BindingSource	bindingSource1	无	绑定数据源
StatusStrip	statusStrip1	Items属性中添加toolStripStatusLabel1、toolStripStatusLabel2和toolStripStatusLabel3子控件项，它们的Text属性分别设置为空、"‖"和空	作为窗体的状态栏，显示总记录条数和当前浏览到的记录条数

代码如下：

```
private void Form1_Load(object sender, EventArgs e)
{
    //定义数据库连接字符串
    string strCon = "Server=MRKJ_ZHD\\EAST;User Id=sa;Pwd=;DataBase=db_EMS";
    SqlConnection sqlcon = new SqlConnection(strCon);      //创建数据库连接对象
    //创建数据库桥接器对象
    SqlDataAdapter sqlda = new SqlDataAdapter("select * from tb_PDic", sqlcon);
    DataSet myds = new DataSet();                          //创建数据集对象
    sqlda.Fill(myds);                                      //填充数据集
    bindingSource1.DataSource = myds.Tables[0];            //为bindingSource1设置数据源
    bindingSource1.Sort = "ID";                            //设置bindingSource1的排序列
    //获取总记录条数
    toolStripStatusLabel1.Text = "总记录条数：" + bindingSource1.Count;
    ShowInfo();                                            //显示信息
}
//第一条
private void button1_Click(object sender, EventArgs e)
{
    bindingSource1.MoveFirst();                            //转到第一条记录
    ShowInfo();                                            //显示信息
}
//上一条
private void button2_Click(object sender, EventArgs e)
{
    bindingSource1.MovePrevious();                         //转到上一条记录
    ShowInfo();                                            //显示信息
}
//下一条
private void button3_Click(object sender, EventArgs e)
{
    bindingSource1.MoveNext();                             //转到下一条记录
    ShowInfo();                                            //显示信息
}
//最后一条
private void button4_Click(object sender, EventArgs e)
{
    bindingSource1.MoveLast();                             //转到最后一条记录
    ShowInfo();                                            //显示信息
}
/// <summary>
```

```
/// 显示浏览到的记录的详细信息
/// </summary>
private void ShowInfo()
{
    int index = bindingSource1.Position;                    //获取bndingSource1数据源的当前索引
    //获取BindingSource数据源的当前行
    DataRowView DRView = (DataRowView)bindingSource1[index];
    label2.Text = DRView[0].ToString();                     //显示编号
    textBox1.Text = DRView[1].ToString();                   //显示版本
    textBox2.Text = DRView[2].ToString();                   //显示价格
    //显示当前记录
    toolStripStatusLabel3.Text = "当前记录是第" + (index + 1) + "条";
}
```

程序运行结果如图8-19所示。

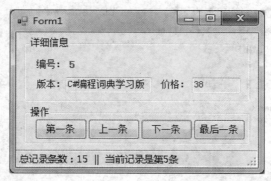

图8-19 使用BindingSource组件分条查看数据表中的数据

 说明 BindingSource组件通常与DataGridView控件一起组合使用。

小 结

　　本章主要对如何使用C#操作数据库进行了详细讲解，具体讲解时，首先介绍了数据库的基础知识；然后重点对ADO.NET数据访问技术进行了详细讲解。ADO.NET中提供了连接数据库对象（Connection对象）、执行SQL语句对象（Command对象）、读取数据对象（DataReader对象）、数据适配器对象（DataAdapter对象），以及数据集对象（DataSet对象），这些对象是C#操作数据库的主要对象，需要读者重点掌握；最后还对Visual Studio开发环境中的两个常用的数据绑定控件DataGridView控件和BindingSource组件进行了讲解。

上机指导

在进销存管理系统中，用户经常需要对某个月份的商品销售情况进行统计（包括统计产品名称、销售数量和销售金额等信息），所以月销售统计表在进销存软件中必不可少。本实例制作了一个商品月销售统计表，运行效果如图8-20所示。

上机指导

图8-20　商品月销售统计表

程序开发步骤如下。

（1）创建一个Windows窗体应用程序，命名为SaleReportInMonth。

（2）在当前项目中添加一个类文件DataBase.cs，在该文件中编写DataBase类，主要用于连接和操作数据库，主要代码如下：

```
class DataBase:IDisposable
{
    private SqlConnection con;                          //创建连接对象
    private void Open()                                 //创建并打开数据库连接
    {
        if (con == null)                                //判断连接对象是否为空
        {
            con = new SqlConnection("Data Source=MRKJ_ZHD\\EAST;DataBase=db_EMS;User
ID=sa;PWD=");                                          //创建数据库连接对象
        }
        if (con.State == System.Data.ConnectionState.Closed)   //判断数据库连接是否关闭
            con.Open();                                 //打开数据库连接
    }
    public SqlParameter MakeInParam(string ParamName, SqlDbType DbType, int Size, object Value)
    {
        //返回SQL参数对象
        return MakeParam(ParamName, DbType, Size, ParameterDirection.Input, Value);
    }
    public SqlParameter MakeParam(string ParamName, SqlDbType DbType, Int32 Size, ParameterDirection
Direction, object Value)                               //创建并返回SQL参数对象
    {
        SqlParameter param;                             //声明SQL参数对象
```

```
        if (Size > 0)                                              //判断参数字段是否大于0
            param = new SqlParameter(ParamName, DbType, Size);     //根据类型和大小创建参数
        else
            param = new SqlParameter(ParamName, DbType);           //根据指定的类型创建参数
        param.Direction = Direction;                               //设置SQL参数的方向类型
        //判断是否为输出参数
        if (!(Direction == ParameterDirection.Output && Value == null))
            param.Value = Value;                                   //设置参数返回值
        return param;                                              //返回SQL参数对象
    }
    //执行查询命令文本，并且返回DataSet数据集
    public DataSet RunProcReturn(string procName, SqlParameter[] prams, string tbName)
    {
        SqlDataAdapter dap = CreateDataAdaper(procName, prams);    //创建桥接器对象
        DataSet ds = new DataSet();                                //创建数据集对象
        dap.Fill(ds, tbName);                                      //填充数据集
        this.Close();                                              //关闭数据库连接
        return ds;                                                 //返回数据集
    }
    ......//其他代码省略
}
```

（3）在当前项目下再添加第二个类文件BaseInfo.cs，在该文件中编写BaseInfo类和cBillInfo类，分别用于获得销售统计数据和定义数据表的实体结构，主要代码如下：

```
//封装了商品销售数据信息
class BaseInfo
{
    DataBase data = new DataBase();                                //创建DataBase类的对象
    public DataSet SellStockSumDetailed(cBillInfo billinfo, string tbName, DateTime starDateTime,
    DateTime endDateTime)                                          //统计商品销售明细数据
    {
        SqlParameter[] prams = {
        data.MakeInParam("@units", SqlDbType.VarChar, 30,"%"+ billinfo.Units+"%"),
                                                                   //初始化Sql参数数组中的第一个元素
        data.MakeInParam("@handle", SqlDbType.VarChar, 10,"%"+ billinfo.Handle+"%"),
                                                                   //初始化Sql参数数组中的第二个元素
        };
        return (data.RunProcReturn("SELECT b.tradecode AS 商品编号, b.fullname AS 商品名称, SUM(b.
qty)AS 销售数量,SUM(b.tsum) AS 销售金额 FROM tb_sell_main a INNER JOIN (SELECT billcode,
tradecode, fullname, SUM(qty) AS qty, SUM(tsum) AS tsum FROM tb_sell_detailed GROUP BY
tradecode, billcode, fullname) b ON a.billcode = b.billcode AND a.units LIKE @units AND a.handle LIKE
```

```
@units WHERE (a.billdate BETWEEN '" + starDateTime + "' AND '" + endDateTime + "') GROUP BY
b.tradecode, b.fullname", prams, tbName));              //返回包含销售明细表数据的DataSet
    }
    public DataSet SellStockSum(string tbName)          //统计所有的商品销售数据
    {
        return (data.RunProcReturn("select tradecode as 商品编号,fullname as 商品名称,sum(qty) as 销售数
        量,sum(tsum) as 销售金额 from tb_sell_detailed group by tradecode, fullname", tbName));
                                                        //返回包含所有的商品销售数据的DataSet
    }
}
                                                        //定义商品销售数据表的实体结构
public class cBillInfo
{
    //主表结构
    private DateTime billdate=DateTime.Now;
    private string billcode = "";
    private string units = "";
    private string handle = "";
    private string summary = "";
    private float fullpayment = 0;
    private float payment = 0;
……  //省略其他字段的定义
    public DateTime BillDate                     //定义单据录入日期属性
    {
        get { return billdate; }
        set { billdate = value; }
    }
    public string BillCode                       //定义单据号属性
    {
        get { return billcode; }
        set { billcode = value; }
    }
    public string Units                          //定义供货单位属性
    {
        get { return units; }
        set { units = value; }
    }
……  //省略其他属性的定义
}
```

（4）将默认的Form1窗体更名为frmSellStockSum.cs，然后在其上面添加一个ToolStrip和一

个DataGridView控件,分别用来制作工具栏和显示销售数据,该窗体主要代码如下:

```
public partial class frmSellStockSum : Form
{
    BaseInfo baseinfo = new BaseInfo();                    //获取商品销售信息
    cBillInfo billinfo = new cBillInfo();                  //获取商品实体信息
    public frmSellStockSum()
    {
        InitializeComponent();
    }
    //单击"详细统计"按钮,统计销售数据
    private void tlbtnSumDetailed_Click(object sender, EventArgs e)
    {
        DataSet ds = null;                                 //声明DataSet的引用
        billinfo.Handle = tltxtHandle.Text;                //获得经手人
        billinfo.Units = tltxtUnits.Text;                  //获得供货单位
        ds = baseinfo.SellStockSumDetailed(billinfo, "tb_SellStockSumDetailed", dtpStar.Value, dtpEnd.Value);
        //获得商品销售明细
        dgvStockList.DataSource = ds.Tables[0].DefaultView;   //显示商品销售数据
    }
    //单击"统计所有"按钮,统计销售数据
    private void tlbtnSum_Click(object sender, EventArgs e)
    {
        DataSet ds = null;                                 //声明DataSet的引用
        ds = baseinfo.SellStockSum("tb_SellStock");        //获得所有商品的销售数据
        dgvStockList.DataSource = ds.Tables[0].DefaultView;   //显示商品销售数据
    }
}
```

习 题

8-1 对数据表执行添加、修改和删除操作时,分别使用什么语句?

8-2 ADO.NET中主要包含哪几个对象?

8-3 如何连接SQL Server数据库?

8-4 DataSet对象主要包括哪几个子类?

8-5 DataAdapter对象和DataSet对象有什么关系?

8-6 如何访问DataSet数据集中的指定数据表?

8-7 简述DataSet对象与DataReader对象的区别。

8-8 简述DataGridView控件和BindingSource组件的主要作用。

第9章
LINQ技术

本章要点

LINQ的基本概念 ■
var和Lambda表达式的使用 ■
LINQ查询表达式的常用操作 ■
使用LINQ查询SQL Server ■
使用LINQ更新SQL Server ■

■ 语言集成查询（Language-Integrated Query，LINQ）能够将查询功能直接引入.NET Framework所支持的编程语言中。查询操作可以通过编程语言自身来传达，而不是以字符串形式嵌入应用程序代码。本章将主要对LINQ查询表达式及如何使用LINQ操作SQL Server进行详细讲解。

9.1 LINQ基础

9.1.1 LINQ概述

LINQ可以为C#和Visual Basic（VB）提供强大的查询功能。LINQ引入了标准的、易于学习的查询和更新数据模式，可以对其技术进行扩展，以支持几乎任何类型的数据存储。Visual Studio 2017包含LINQ提供程序的程序集，这些程序集支持将LINQ与.NET Framework集合、SQL Server、ADO.NET数据集和XML文档一起使用，从而在对象领域和数据领域之间架起了一座桥梁。

LINQ基础

LINQ主要由3部分组成：LINQ to ADO.NET、LINQ to Objects和LINQ to XML。其中，LINQ to ADO.NET可以分为两部分：LINQ to SQL 和LINQ to DataSet。LINQ可以查询或操作任何存储形式的数据，其组成说明如下。

- ❑ LINQ to SQL组件，可以查询基于关系数据库的数据，并对这些数据进行检索、插入、修改、删除、排序、聚合、分区等操作。
- ❑ LINQ to DataSet组件，可以查询DataSet对象中的数据，并对这些数据进行检索、过滤、排序等操作。
- ❑ LINQ to Objects组件，可以查询IEnumerable或IEnumerable<T>集合，也就是可以查询任何可枚举的集合，如数据（Array和ArrayList）、泛型列表List<T>、泛型字典Dictionary<T>等，以及用户自定义的集合，而不需要使用LINQ提供程序或API。
- ❑ LINQ to XML组件，可以查询或操作XML结构的数据（如XML文档、XML片段、XML格式的字符串等），并提供修改文档对象模型的内存文档和支持LINQ查询表达式等功能，以及处理XML文档的全新的编程接口。

LINQ可以查询或操作任何存储形式的数，如对象（集合、数组、字符串等）、关系（关系数据库、ADO.NET数据集等），以及XML。LINQ架构如图9-1所示。

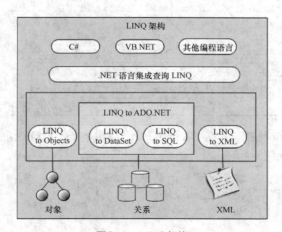

图9-1 LINQ架构

9.1.2 LINQ查询

LINQ是一组技术的名称，这些技术建立在将查询功能直接集成到C#（以及VB和可能的任何其他.NET语言）的基础上。借助于LINQ，查询现在已是高级语言构造，就如同类、方法和事件等。

对于编写查询语句的开发人员来说，LINQ最明显的"语言集成"部分是查询表达式。查询表达式是使用C#中引入的声明性查询语法编写的。通过使用查询语法，开发人员可以使用最少的代码对数据源执行复杂的筛选、排序和分组操作，使用相同的基本查询表达式模式来查询和转换SQL数据库、ADO.NET数据集、XML文档和流，以及.NET集合中的数据等。

使用LINQ查询表达式时，需要注意以下几点。

❑ 查询表达式可用于查询和转换来自任意支持LINQ的数据源中的数据。例如，单个查询可以从SQL数据库检索数据，并生成XML流作为输出。

❑ 查询表达式容易掌握，因为它们使用许多常见的C#语言构造。

❑ 查询表达式中的变量都是强类型的，但许多情况下不需要显式提供类型，因为编译器可以推断类型。

❑ 在循环访问foreach语句中的查询变量之前，不会执行查询。

❑ 在编译时，根据C#规范中设置的规则将查询表达式转换为"标准查询运算符"方法调用。任何可以使用查询语法表示的查询都可以使用方法语法表示，但是多数情况下查询语法更易读和简洁。

❑ 作为编写LINQ查询的一项规则，建议尽量使用查询语法，只在必须的情况下才使用方法语法。

❑ 一些查询操作，如Count或Max等，由于没有等效的查询表达式子句，因此必须表示为方法调用。

❑ 查询表达式可以编译为表达式目录树或委托，具体取决于查询所应用到的类型。其中，IEnumerable<T>查询编译为委托，IQueryable和IQueryable<T>查询编译为表达式目录树。

LINQ查询表达式包含8个基本子句，分别为from、select、group、where、orderby、join、let和into，其说明如表9-1所示。

表9-1　LINQ查询表达式基本子句及说明

子　句	说　明
from	指定数据源和范围变量
select	指定当执行查询时返回的序列中的元素将具有的类型和形式
group	按照指定的键值对查询结果进行分组
where	根据一个或多个由逻辑"与"和逻辑"或"运算符（&&或||）分隔的布尔表达式筛选源元素
orderby	基于元素类型的默认比较器按升序或降序对查询结果进行排序
join	基于两个指定匹配条件之间的相等比较来连接两个数据源
let	引入一个用于存储查询表达式中的子表达式结果的范围变量
into	提供一个标识符，它可以充当对join、group或select子句的结果的引用

【例9-1】创建一个控制台应用程序，首先定义一个字符串数组，然后使用LINQ查询表达式查找数组中长度小于7的所有项并输出。代码如下：

```csharp
static void Main(string[] args)
{
    //定义一个字符串数组
    string[] strName = new string[] { "明日科技","C#编程词典","C#从入门到精通","C#程序设计实用教程" };
    //定义LINQ查询表达式，从数组中查找长度小于7的所有项
    IEnumerable<string> selectQuery =
        from Name in strName
        where Name.Length<7
```

```
        select Name;
    //执行LINQ查询，并输出结果
    foreach (string str in selectQuery)
    {
        Console.WriteLine(str);
    }
    Console.ReadLine();
}
```

程序运行结果如图9-2所示。

图9-2　LINQ查询表达式的使用

9.1.3　使用var创建隐型局部变量

在C#中声明变量时，可以不明确指定其数据类型，而使用var关键字来声明。var关键字用来创建隐型局部变量，它指示编译器根据初始化语句右侧的表达式推断变量的类型。推断类型可以是内置类型、匿名类型、用户定义类型、.NET Framework 类库中定义的类型或任何表达式。

例如，使用var关键字声明一个隐型局部变量，并赋值为2015。代码如下：

```
var number = 2015;                     //声明隐型局部变量
```

在很多情况下，var是可选的，它只是提供了语法上的便利。但在使用匿名类型初始化变量时，需要使用它，这在LINQ查询表达式中很常见。由于只有编译器知道匿名类型的名称，因此必须在源代码中使用var。如果已经使用var初始化了查询变量，则还必须使用var作为对查询变量进行循环访问的foreach语句中迭代变量的类型。

【例9-2】 创建一个控制台应用程序，首先定义一个字符串数组，然后通过定义隐型查询表达式，将字符串数组中的单词分别转换为大写和小写，最后循环访问隐型查询表达式，并输出相应的大小写单词。代码如下：

```
static void Main(string[] args)
{
    string[] strWords = { "MingRi", "XiaoKe", "MRBccd" };          //定义字符串数组
    //定义隐型查询表达式
    var ChangeWord =
        from word in strWords
        select new { Upper = word.ToUpper(), Lower = word.ToLower() };
    //循环访问隐型查询表达式
    foreach (var vWord in ChangeWord)
    {
        Console.WriteLine("大写：{0}，小写：{1}", vWord.Upper, vWord.Lower);
```

```
    }
    Console.ReadLine();
}
```

程序运行结果如图9-3所示。

图9-3　var关键字的使用

使用隐型局部变量时，需要遵循以下规则。

❑ 只有在同一语句中声明和初始化局部变量时，才能使用var；不能将该变量初始化为null。

❑ 不能将var用于类范围的域。

❑ 由var声明的变量不能用在初始化表达式中，比如"var v = v++;"，这样会产生编译时错误。

❑ 不能在同一语句中初始化多个隐型局部变量。

❑ 如果一个名为var的类型位于范围中，则当尝试用var关键字初始化局部变量时，将产生编译时错误。

9.1.4　Lambda表达式的使用

Lambda表达式是一个匿名函数，它可以包含表达式和语句，并且可用于创建委托或表达式目录树类型。所有Lambda表达式都使用Lambda运算符"=>"（读为goes to）。Lambda运算符的左边是输入参数（如果有），右边包含表达式或语句块。例如，Lambda表达式x => x * x读作x goes to x times x。Lambda表达式的基本形式如下：

```
(input parameters) => expression
```

其中，input parameters表示输入参数，expression表示表达式。

（1）Lambda表达式用在基于方法的LINQ查询中，作为诸如Where和Where(IQueryable, String, Object[])等标准查询运算符方法的参数。

（2）使用基于方法的语法在Enumerable类中调用Where方法时（像在LINQ to Objects和LINQ to XML中那样），参数是委托类型Func<T, TResult>，使用Lambda表达式创建委托最为方便。

【例9-3】创建一个控制台应用程序，首先定义一个字符串数组，然后通过使用Lambda表达式查找数组中包含"C#"的字符串。代码如下：

```
static void Main(string[] args)
{
    //声明一个数组并初始化
    string[] strLists = new string[] { "明日科技", "C#编程词典", "C#编程词典珍藏版" };
    //使用Lambda表达式查找数组中包含"C#"的字符串
    string[] strList = Array.FindAll(strLists, s => (s.IndexOf("C#") >= 0));
```

```
//使用foreach语句遍历输出
foreach (string str in strList)
{
    Console.WriteLine(str);
}
Console.ReadLine();
}
```

程序运行结果如图9-4所示。

图9-4 Lambda表达式的使用

下列规则适用于Lambda表达式中的变量范围。

❑ 捕获的变量将不会被作为垃圾回收，直至引用变量的委托超出范围为止。

❑ 在外部方法中看不到Lambda表达式内引入的变量。

❑ Lambda表达式无法从封闭方法中直接捕获ref或out参数。

❑ Lambda表达式中的返回语句不会导致封闭方法返回。

❑ Lambda表达式不能包含其目标位于所包含匿名函数主体外部或内部的goto语句、break语句或continue语句。

9.2　LINQ查询表达式

本节将对在LINQ查询表达式中常用的操作进行讲解。

LINQ查询表达式

9.2.1　获取数据源

在 LINQ 查询中，第一步是指定数据源。像在大多数编程语言中一样，在C#中，必须先声明变量，才能使用它。在 LINQ 查询中，最先使用from子句的目的是引入数据源和范围变量。

例如，从库存商品基本信息表（tb_stock）中获取所有库存商品信息，代码如下：

```
var queryStock = from Info in tb_stock
        select Info;
```

范围变量类似于foreach循环中的迭代变量，但在查询表达式中，实际上不发生迭代。执行查询时，范围变量将用作对数据源中的每个后续元素的引用。因为编译器可以推断queryStock的类型，所以不必显式地指定此类型。

9.2.2　筛　选

最常用的查询操作是应用布尔表达式形式的筛选器，该筛选器使查询只返回那些表达式结果为true的元素，在LINQ中使用where子句来设置要筛选的内容。

例如，查询库存商品信息表中名称为"电脑"的详细信息，代码如下：

```
var query = from Info in tb_stock
        where Info.name == "电脑"
```

```
select Info;
```

也可以使用熟悉的C#逻辑与、或运算符来根据需要在where子句中应用任意数量的筛选表达式。例如，如果要只返回商品名称为"电脑"并且型号为"S300"的商品信息，可以将where修改为如下代码：

```
where Info.name == "电脑" && Info.type == "S300"
```

而如果要返回商品名称为"电脑"或者"手机"的商品信息，可以将where修改为如下代码：

```
where Info.name == "电脑" || Info.name == "手机"
```

9.2.3 排序

通常可以很方便地将返回的数据进行排序，orderby子句将使返回的序列中的元素按照被排序的类型的默认比较器进行排序。

例如，在商品销售信息表（tb_sell_detailed）中查询信息时，按销售金额降序排序，代码如下：

```
var query = from sellInfo in tb_sell_detailed
        orderby sellInfo.qty descending
        select sellInfo;
```

说明 qty是商品销售信息表中的销售数量字段。

如果要对查询结果升序排序，则使用orderby…ascending子句。

9.2.4 分组

使用group子句可以按指定的键分组结果。例如，使用LINQ查询表达式按客户分组汇总销售金额，代码如下：

```
var query = from item in ds.Tables["V_SaleInfo"].AsEnumerable()
        group item by item.Field<string>("ClientCode") into g
        select new
        {
            客户代码 = g.Key,
            客户名称 = g.Max(itm => itm.Field<string>("ClientName")),
            销售总额 = g.Sum(itm => itm.Field<double>("Amount")).ToString("#,##0.00")
        };
```

说明 在使用group子句结束查询时，结果采用列表形式。列表中的每个元素是一个具有Key成员及根据该键分组的元素列表的对象。在循环访问生成组序列的查询时，必须使用嵌套的foreach循环，其中，外部循环用于循环访问每个组，内部循环用于循环访问每个组的成员。

9.2.5 联接

联接运算可以创建数据源中没有显式建模的序列之间的关联，例如，可以通过执行联接来查找位于同一地点的所有客户和经销商。在LINQ中，join子句始终针对对象集合而非直接针对数据库表运行。

例如，通过联接查询对销售主表（tb_sell_main）与销售明细表（tb_sell_detailed）进行查询，获取商品销售详细信息，代码如下：

```
var innerJoinQuery =
```

```
from main in tb_sell_main
join detailed in tb_sell_detailed on main.billcode equals detailed.billcode
select new
    {   销售编号= main.billcode,
        购货单位= main.units,
        商品编号= detailed.tradecode,
        商品全称= detailed.fullname,
        单位= detailed.unit,
        数量= detailed.qty,
        单价= detailed.price,
        金额= detailed.tsum,
        录单日期= detailed.billdate};
```

9.2.6　选择（投影）

　　select子句可以生成查询结果并指定每个返回的元素的"形状"或类型。例如，可以指定结果包含的是整个对象、仅一个成员、成员的子集，还是某个基于计算或新对象创建的完全不同的结果类型。当select子句生成除源元素副本以外的内容时，该操作称为"投影"。使用投影转换数据是LINQ查询表达式的一种强大的功能。

　　例如，上面代码中的select子句就是一个投影操作，它将联接查询的结果生成了一个新的对象（新对象中用中文列名代替了原先的英文列名），代码如下：

```
select new
    {   销售编号= main.billcode,
        购货单位= main.units,
        商品编号= detailed.tradecode,
        商品全称= detailed.fullname,
        单位= detailed.unit,
        数量= detailed.qty,
        单价= detailed.price,
        金额= detailed.tsum,
        录单日期= detailed.billdate};
```

9.3　LINQ操作SQL Server

9.3.1　使用LINQ查询SQL Server

　　使用LINQ查询SQL数据库时，首先需要创建LinqToSql类文件。创建LinqToSql类文件的步骤如下。

　　（1）启动Visual Studio 2017，创建一个Windows窗体应用程序。

　　（2）在"解决方案资源管理器"窗口中选中当前项目，单击鼠标右键，在弹出的快捷菜单中选择"添加"/"添加新项"命令，弹出"添加新项"对话框，如图9-5所示。

LINQ操作SQL
Server

　　（3）在图9-5所示的"添加新项"对话框中选择"LINQ to SQL类"，并输入名称，单击"添加"按钮，添加一个LinqToSql类文件。

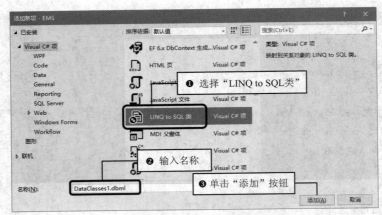

图9-5 "添加新项"对话框

（4）在"服务器资源管理器"中连接SQL Server，然后将指定数据库中的表映射到DBML文件中（可以将表拖曳到设计视图中），如图9-6所示。

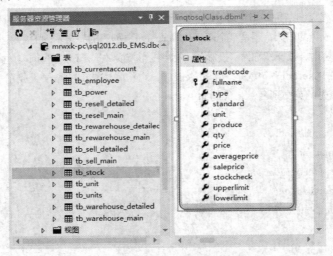

图9-6 数据表映射到DBML文件

（5）DBML文件将自动创建一个名称为DataContext的数据上下文类，为数据库提供查询或操作数据库的方法，LINQ数据源创建完毕。

创建完LinqToSql类文件之后，接下来就可以使用它了。下面通过一个例子讲解如何使用LINQ查询SQL Server数据库。

【例9-4】创建一个Windows应用程序，通过使用LINQ技术分别根据商品编号、商品名称和产地查询库存商品信息。在Form1窗体中添加一个ComboBox控件，用来选择查询条件；添加一个TextBox控件，用来输入查询关键字；添加一个Button控件，用来执行查询操作；添加一个DataGridView控件，用来显示数据库中的数据。

首先在当前项目中依照上面所讲的步骤创建一个LinqToSql类文件，然后在Form1窗体中定义一个string类型变量，用来记录数据库连接字符串，并声明linq连接对象。代码如下：

```
//定义数据库连接字符串
string strCon = "Data Source=MRWXK-PC\\SQL2012;Database=db_EMS;Uid=sa;Pwd=;";
linqtosqlClassDataContext linq;      //声明linq连接对象
```

Form1窗体加载时，首先将数据库中的所有员工信息显示到DataGridView控件中。实现代码如下：

```
private void Form1_Load(object sender, EventArgs e)
{
    BindInfo();
}
```

上面的代码中用到了BindInfo方法，该方法为自定义的无返回值类型方法，主要用来使用LinqToSql技术根据指定条件查询商品信息，并将查询结果显示在DataGridView控件中。BindInfo方法实现的代码如下：

```
private void BindInfo()
{
    linq = new linqtosqlClassDataContext(strCon);    //创建linq连接对象
    if (txtKeyWord.Text == "")
    {
        //获取所有商品信息
        var result = from info in linq.tb_stock
                select new
                {
                    商品编号 = info.tradecode,
                    商品全称 = info.fullname,
                    商品型号 = info.type,
                    商品规格 = info.standard,
                    单位 = info.unit,
                    产地 = info.produce,
                    库存数量 = info.qty,
                    进货时的最后一次进价 = info.price,
                    加权平均价 = info.averageprice
                };
        dgvInfo.DataSource = result;         //对DataGridView控件进行数据绑定
    }
    else
    {
        switch (cboxCondition.Text)
        {
            case "商品编号":
                //根据商品编号查询商品信息
                var resultid = from info in linq.tb_stock
                        where info.tradecode == txtKeyWord.Text
                        select new
                        {
                            商品编号 = info.tradecode,
                            商品全称 = info.fullname,
```

```
                            商品型号 = info.type,

                            商品规格 = info.standard,

                            单位 = info.unit,

                            产地 = info.produce,

                            库存数量 = info.qty,

                            进货时的最后一次进价 = info.price,

                            加权平均价 = info.averageprice
                        };
        dgvInfo.DataSource = resultid;
        break;
case "商品名称":
    //根据商品名称查询商品信息
    var resultname = from info in linq.tb_stock
                    where info.fullname.Contains(txtKeyWord.Text)
                    select new
                    {
                            商品编号 = info.tradecode,

                            商品全称 = info.fullname,

                            商品型号 = info.type,

                            商品规格 = info.standard,

                            单位 = info.unit,

                            产地 = info.produce,

                            库存数量 = info.qty,

                            进货时的最后一次进价 = info.price,

                            加权平均价 = info.averageprice
                    };
        dgvInfo.DataSource = resultname;
        break;
case "产地":
    //根据产地查询商品信息
    var resultsex = from info in linq.tb_stock
                    where info.produce == txtKeyWord.Text
                    select new
                    {
                            商品编号 = info.tradecode,

                            商品全称 = info.fullname,

                            商品型号 = info.type,

                            商品规格 = info.standard,

                            单位 = info.unit,

                            产地 = info.produce,

                            库存数量 = info.qty,
```

```
                    进货时的最后一次进价 = info.price,
                    加权平均价 = info.averageprice
                };
        dgvInfo.DataSource = resultsex;
        break;
        }
    }
}
```

单击"查询"按钮，调用BindInfo方法查询商品信息，并将查询结果显示到DataGridView控件中。"查询"按钮的Click事件代码如下：

```
private void btnQuery_Click(object sender, EventArgs e)
{
    BindInfo();
}
```

程序运行结果如图9-7所示。

图9-7　使用LINQ查询SQL Server数据库

9.3.2　使用LINQ更新SQL Server

使用LINQ更新SQL Server时，主要有添加、修改和删除3种操作，本节将分别进行详细讲解。

1. 添加数据

使用LINQ向SQL Server中添加数据时，需要用到InsertOnSubmit方法和SubmitChanges方法。其中，InsertOnSubmit方法用来将处于pending insert状态的实体添加到SQL数据表中。其语法格式如下：

```
void InsertOnSubmit(Object entity)
```

其中，entity表示要添加的实体。

SubmitChanges方法用来记录要插入、更新或删除的对象，并执行相应命令，以实现对数据库的更改。其语法格式如下：

```
public void SubmitChanges()
```

【例9-5】创建一个Windows应用程序，Form1窗体设计为图9-8所示界面，用来向库存商品信息表中添加数据。首先在当前项目中创建一个LinqToSql类文件，然后在Form1窗体中定义一个string类型的变量，用来记录数据库连接字符串，并声明linq连接对象。代码如下：

```
//定义数据库连接字符串
string strCon = "Data Source=MRWXK-PC\\SQL2012;Database=db_EMS;Uid=sa;Pwd=;";
linqtosqlClassDataContext linq;                    //声明linq连接对象
```

在Form1窗体中单击"添加"按钮，首先创建linq连接对象；然后创建tb_stock类对象（该类为对应的tb_stock数据表类），为tb_stock类对象中的各个属性赋值；最后调用linq连接对象中的InsertOnSubmit方法添加商品信息，并调用其SubmitChanges方法将添加商品操作提交服务器。"添加"按钮的Click事件的代码如下：

```
private void btnAdd_Click(object sender, EventArgs e)
{
    linq = new linqtosqlClassDataContext(strCon);        //创建linq连接对象
    tb_stock stock = new tb_stock();                     //创建tb_stock类对象
    //为tb_stock类中的商品实体赋值
    stock.tradecode = txtID.Text;
    stock.fullname = txtName.Text;
    stock.unit = cbox.Text;
    stock.type= txtType.Text;
    stock.standard = txtISBN.Text;
    stock.produce = txtAddress.Text;
    stock.qty = Convert.ToInt32(txtNum.Text);
    stock.price= Convert.ToDouble(txtPrice.Text);
    linq.tb_stock.InsertOnSubmit(stock);                 //添加商品信息
    linq.SubmitChanges();                                //提交操作
    MessageBox.Show("数据添加成功");
    BindInfo();
}
```

上面的代码中用到了BindInfo方法，该方法为自定义的无返回值类型方法，主要用来获取所有库存商品信息，并绑定到DataGridView控件上。BindInfo方法实现的代码如下：

```
private void BindInfo()
{
    linq = new linqtosqlClassDataContext(strCon);        //创建linq连接对象
    //获取所有商品信息
    var result = from info in linq.tb_stock
            select new
            {
                商品编号 = info.tradecode,
                商品全称 = info.fullname,
                商品型号 = info.type,
                商品规格 = info.standard,
                单位 = info.unit,
                产地 = info.produce,
```

```
              库存数量 = info.qty,
              进货时的最后一次进价 = info.price,
              加权平均价 = info.averageprice
          };
    dgvInfo.DataSource = result;                    //对DataGridView控件进行数据绑定
}
```

程序运行结果如图9-8所示。

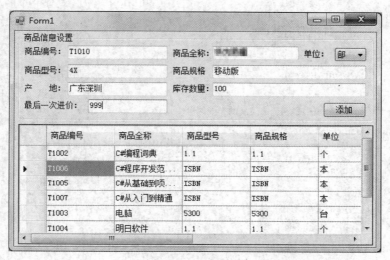

图9-8 添加数据

2. 修改数据

使用LINQ修改SQL Server中的数据时，需要用到SubmitChanges方法。该方法在"添加数据"中已经做过详细介绍，在此不赘述。

【例9-6】 创建一个Windows应用程序，Form1窗体设计为图9-9所示界面，主要用来对库存商品信息进行修改。首先在当前项目中创建一个LinqToSql类文件，然后在Form1窗体中定义一个string类型的变量，用来记录数据库连接字符串，并声明linq连接对象。代码如下：

```
//定义数据库连接字符串
string strCon = "Data Source=MRWXK-PC\\SQL2012;Database=db_EMS;Uid=sa;Pwd=;";
linqtosqlClassDataContext linq;                       //声明linq连接对象
```

当在DataGridView控件中选中某条记录时，根据选中记录的商品编号查找其详细信息，并显示在对应的文本框中。代码如下：

```
private void dgvInfo_CellClick(object sender, DataGridViewCellEventArgs e)
{
    linq = new linqtosqlClassDataContext(strCon);        //创建linq连接对象
    //获取选中的商品编号
    txtID.Text = Convert.ToString(dgvInfo[0, e.RowIndex].Value).Trim();
    //根据选中的商品编号获取其详细信息，并重新生成一个表
    var result = from info in linq.tb_stock
```

```
                where info.tradecode == txtID.Text
                select new
                {
                    ID = info.tradecode,
                    Name = info.fullname,
                    Unit = info.unit,
                    Type = info.type,
                    Standard = info.standard,
                    Produce = info.produce,
                    Qty = info.qty,
                    Price = info.price
                };
    //相应的文本框及下拉列表中显示选中商品的详细信息
    foreach (var item in result)
    {
        txtName.Text = item.Name;
        cbox.Text = item.Unit;
        txtType.Text = item.Type;
        txtISBN.Text = item.Standard;
        txtAddress.Text = item.Produce;
        txtNum.Text = item.Qty.ToString();
        txtPrice.Text = item.Price.ToString();
    }
}
```

在Form1窗体中单击"修改"按钮，首先判断是否选择了要修改的记录，如果没有，弹出提示信息；否则创建linq连接对象，并从该对象中的tb_stock表中查找是否有相关记录，如果有，为tb_stock表中的字段赋值，并调用linq连接对象中的SubmitChanges方法修改指定编号的商品信息。"修改"按钮的Click事件代码如下：

```
private void btnEdit_Click(object sender, EventArgs e)
{
    if (txtID.Text == "")
    {
        MessageBox.Show("请选择要修改的记录");
        return;
    }
    linq = new linqtosqlClassDataContext(strCon);        //创建linq连接对象
    //查找要修改的商品信息
    var result = from stock in linq.tb_stock
            where stock.tradecode == txtID.Text
```

```
            select stock;
    //对指定的商品信息进行修改
    foreach (tb_stock stock in result)
    {
        stock.tradecode = txtID.Text;
        stock.fullname = txtName.Text;
        stock.unit = cbox.Text;
        stock.type = txtType.Text;
        stock.standard = txtISBN.Text;
        stock.produce = txtAddress.Text;
        stock.qty = Convert.ToInt32(txtNum.Text);
        stock.price = Convert.ToDouble(txtPrice.Text);
        linq.SubmitChanges();
    }
    MessageBox.Show("商品信息修改成功");
    BindInfo();
}
```

上面的代码中用到了**BindInfo**方法，该方法为自定义的无返回值类型方法，主要用来获取所有库存商品信息，并绑定到**DataGridView**控件上。**BindInfo**方法实现的代码如下：

```
private void BindInfo()
{
    linq = new linqtosqlClassDataContext(strCon);          //创建linq连接对象
    //获取所有商品信息
    var result = from info in linq.tb_stock
                 select new
                 {
                     商品编号 = info.tradecode,
                     商品全称 = info.fullname,
                     商品型号 = info.type,
                     商品规格 = info.standard,
                     单位 = info.unit,
                     产地 = info.produce,
                     库存数量 = info.qty,
                     进货时的最后一次进价 = info.price,
                     加权平均价 = info.averageprice
                 };
    dgvInfo.DataSource = result;                           //对DataGridView控件进行数据绑定
}
```

程序运行结果如图9-9所示。

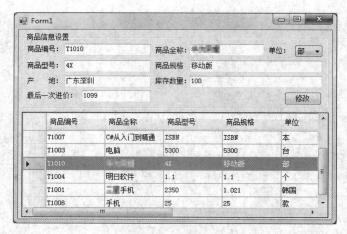

图9-9　修改数据

3. 删除数据

使用LINQ删除SQL Server中的数据时，需要用到DeleteAllOnSubmit方法和SubmitChanges方法。其中SubmitChanges方法在"添加数据"中已经做过详细介绍，这里主要讲解DeleteAllOnSubmit方法。

DeleteAllOnSubmit方法用来将集合中的所有实体置于pending delete状态，其语法格式如下。

```
void DeleteAllOnSubmit(IEnumerable entities)
```

其中，entities表示要移除所有项的集合。

> 【例9-7】创建一个Windows应用程序，主要用来删除指定的商品信息。在Form1窗体中添加一个ContextMenuStrip控件，用来作为"删除"快捷菜单；添加一个DataGridView控件，用来显示数据库中的数据，将DataGridView控件的ContextMenuStrip属性设置为contextMenuStrip1。

首先在当前项目中依照上面所讲的步骤创建一个LinqToSql类文件；然后在Form1窗体中定义一个string类型的变量，用来记录数据库连接字符串，并声明linq连接对象；再声明一个string类型的变量，用来记录选中的商品编号。代码如下：

```
//定义数据库连接字符串
string strCon = "Data Source=MRWXK-PC\\SQL2012;Database=db_EMS;Uid=sa;Pwd=;";
linqtosqlClassDataContext linq;                   //声明linq连接对象
string strID = "";                                //记录选中的商品编号
```

在DataGridView控件中选择行时，记录当前选中行的员工编号，并赋值给定义的全局变量。代码如下：

```
private void dgvInfo_CellClick(object sender, DataGridViewCellEventArgs e)
{
    //获取选中的商品编号
    strID = Convert.ToString(dgvInfo[0, e.RowIndex].Value).Trim();
}
```

在DataGridView控件上单击鼠标右键，在弹出的快捷菜单中选择"删除"命令，首先判断要删除的商品编号是否为空，如果为空，则弹出提示信息；否则，创建linq连接对象，并从该对象中的tb_stock表中查找是否有相关记录，如果有，则调用linq连接对象中的DeleteAllOnSubmit方法删除商品信息，并调用其

SubmitChanges方法将删除商品操作提交服务器。"删除"命令的Click事件代码如下：

```
private void 删除ToolStripMenuItem_Click(object sender, EventArgs e)
{
    if (strID == "")
    {
        MessageBox.Show("请选择要删除的记录");
        return;
    }
    linq = new linqtosqlClassDataContext(strCon);            //创建linq连接对象
    //查找要删除的商品信息
    var result = from stock in linq.tb_stock
                 where stock.tradecode == strID
                 select stock;
    linq.tb_stock.DeleteAllOnSubmit(result);                 //删除商品信息
    linq.SubmitChanges();                                    //创建linq连接对象提交操作
    MessageBox.Show("商品信息删除成功");
    BindInfo();
}
```

上面的代码中用到了BindInfo方法，该方法为自定义的无返回值类型方法，主要用来获取所有库存商品信息，并绑定到DataGridView控件上。BindInfo方法实现的代码如下：

```
private void BindInfo()
{
    linq = new linqtosqlClassDataContext(strCon);            //创建linq连接对象
    //获取所有商品信息
    var result = from info in linq.tb_stock
                 select new
                 {
                     商品编号 = info.tradecode,
                     商品全称 = info.fullname,
                     商品型号 = info.type,
                     商品规格 = info.standard,
                     单位 = info.unit,
                     产地 = info.produce,
                     库存数量 = info.qty,
                     进货时的最后一次进价 = info.price,
                     加权平均价 = info.averageprice
                 };
    dgvInfo.DataSource = result;           //对DataGridView控件进行数据绑定
}
```

程序运行结果如图9-10所示。

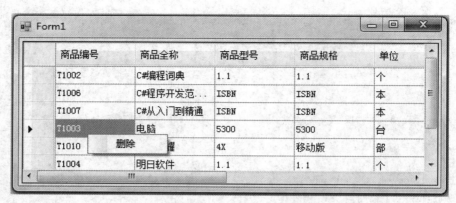

图9-10　删除数据

小　结

本章主要对LINQ查询表达式的常用操作及如何使用LINQ操作SQL Server进行了详细讲解，LINQ技术是C#中的一种非常实用的技术，通过使用LINQ技术，可以在很大程度上方便程序开发人员对各种数据进行访问。通过本章的学习，读者应熟练掌握LINQ技术的基础语法及LINQ查询表达式的常用操作，并掌握如何使用LINQ对SQL Server进行操作。

上机指导

数据的分页查看在Windows应用程序中经常遇到，这里将演示如何使用LINQ技术实现分页查看库存商品信息的功能。运行效果如图9-11所示。

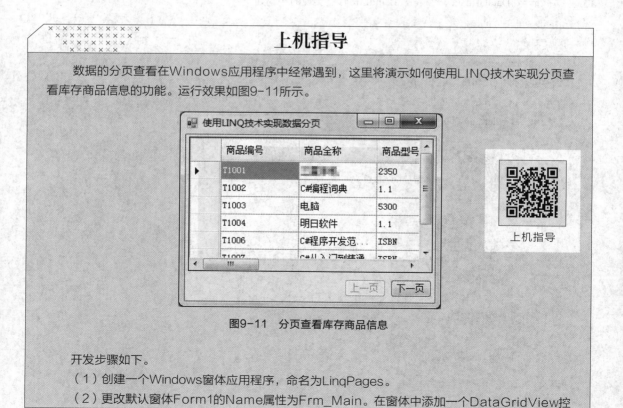

图9-11　分页查看库存商品信息

开发步骤如下。

（1）创建一个Windows窗体应用程序，命名为LinqPages。

（2）更改默认窗体Form1的Name属性为Frm_Main。在窗体中添加一个DataGridView控件，显示数据库中的数据；添加两个Button控件，分别用来执行上一页和下一页操作。

（3）创建LINQ to SQL的DBML文件，并将Address表添加到DBML文件中。

（4）窗体的代码页中，首先创建LINQ对象，并定义两个int类型的变量，分别用来记录每页显示的记录数和当前页数，代码如下：

```
LinqClassDataContext linqDataContext = new LinqClassDataContext();        //创建LINQ对象
int pageSize = 7;                                                          //设置每页显示7条记录
int page = 0;                                                             //记录当前页
```

（5）自定义一个getCount方法，用来根据数据库中的记录计算总页数，代码如下：

```
protected int getCount()
{
    int sum = linqDataContext.tb_stock.Count();                           //设置总数据行数
    int s1 = sum / pageSize;                                              //获取可以分页的页面
    //总行数对页数求余后是否大于0，如果大于获取1，否则获取0
    int s2 = sum % pageSize > 0 ? 1 : 0;
    int count = s1 + s2;                                                  //计算出总页数
    return count;
}
```

（6）自定义一个bindGrid方法，用来根据当前页获取指定区间的记录，并显示在DataGrid-View控件中，代码如下：

```
protected void bindGrid()
{
    int pageIndex = Convert.ToInt32(page);                                //获取当前页数
    //使用LINQ查询，并对查询的数据进行分页
    var result = (from info in linqDataContext.tb_stock
            select new
            {
                商品编号 = info.tradecode,
                商品全称 = info.fullname,
                商品型号 = info.type,
                商品规格 = info.standard,
                单位 = info.unit,
                产地 = info.produce,
                库存数量 = info.qty,
                进货时的最后一次进价 = info.price,
                加权平均价 = info.averageprice
            }).Skip(pageSize * pageIndex).Take(pageSize);
    dgvInfo.DataSource = result;              //设置DataGridView控件的数据源
    btnBack.Enabled=btnNext.Enabled = true;
    //判断是否为第一页，如果为第一页，禁用"首页"和"上一页"按钮
    if (page == 0)
    {
```

```
                btnBack.Enabled = false;
        }
        //判断是否为最后一页，如果为最后一页，禁用"尾页"和"下一页"按钮
        if (page == getCount() - 1)
        {
                btnNext.Enabled = false;
        }
    }
```

（7）窗体加载时，设置当前页为第一页，并调用bindGrid方法显示指定的记录，代码如下：

```
private void Form1_Load(object sender, EventArgs e)
{
    page = 0;                          //设置当前页面
    bindGrid();                        //调用自定义bindGrid方法绑定DataGridView控件
}
```

（8）单击"上一页"按钮，使用当前页的索引减一作为将要显示的页，并调用bindGrid方法显示指定的记录，代码如下：

```
private void btnBack_Click(object sender, EventArgs e)
{
    page = page - 1;                   //设置当前页数为当前页数减一
    bindGrid();                        //调用自定义bindGrid方法绑定DataGridView控件
}
```

（9）单击"下一页"按钮，使用当前页的索引加一作为将要显示的页，并调用bindGrid方法显示指定的记录，代码如下：

```
private void btnNext_Click(object sender, EventArgs e)
{
    page = page + 1;                   //设置当前页数为当前页数加一
    bindGrid();                        //调用自定义bindGrid方法绑定DataGridView控件
}
```

习 题

9-1　简述LINQ相对于ADO.NET的优势。

9-2　Lambda表达式的标准格式是什么？

9-3　对LINQ查询表达式进行筛选操作时，需要使用什么关键字？

9-4　对LINQ查询表达式进行联接操作时，需要使用什么关键字？

9-5　什么是投影？

9-6　使用LINQ对SQL Server进行添加、修改和删除操作时，主要用到哪些方法？

第10章
网络编程

■ 计算机网络实现了多台计算机的连接，相互连接的计算机之间彼此能够进行数据交流。网络应用程序就是在已连接的不同的计算机上运行的程序，这些程序相互之间可以交换数据。编写网络应用程序，首先必须明确其要使用的网络协议，TCP/IP是网络应用程序协议的首选。C#作为一种编程语言，提供了对网络编程的全面支持，例如开发人员可以通过C#制作一个简单的局域网聊天室等。本章将详细讲解网络编程方面的相关知识。

本章要点

局域网与因特网的概念 ■
常见的几种网络协议 ■
端口及套接字 ■
System.Net命名空间下相关类的 ■
使用方法
System.Net.Sockets命名空间 ■
下相关类的使用方法
System.Net.Mail命名空间下 ■
相关类的使用方法

计算机网络基础

10.1 计算机网络基础

10.1.1 局域网与因特网介绍

为了实现两台计算机的通信，必须要用一条网络线路连接两台计算机，如图10-1所示。

图10-1 服务器、客户机和网络

服务器是指提供信息的计算机或程序，客户机是指请求信息的计算机或程序，网络则主要是用来连接服务器与客户机实现两者相互通信的。但有时，在某个网络中很难将服务器与客户机区分开。通常所说的局域网（Local Area Network，LAN），就是指在某一区域内由多台计算机通过一定形式连接起来的计算机组。局域网可以由两台计算机组成，也可以由同一区域内的上千台计算机组成。由LAN延伸到更大的范围，这样的网络称为广域网（Wide Area Network，WAN）。大家熟悉的因特网（Internet），就是由无数的LAN和WAN组成的。

10.1.2 网络协议介绍

网络协议规定了计算机之间连接的物理、机械（网线与网卡的连接规定）、电气（有效的电平范围）等特征，以及计算机之间的相互寻址规则、数据发送冲突的解决、长数据如何分段传送与接收等。就像不同的国家有不同的法律一样，目前网络协议也有多种，下面介绍几种常用的网络协议。

1. IP

IP其实是Internet Protocol的简称，由此明显可知它是一种"网络协议"。Internet采用的协议是TCP/IP，其全称是Transmission Control Protocol/Internet Protocol。Internet依靠TCP/IP，在全球范围内实现不同硬件结构、不同操作系统、不同网络系统的互联。在Internet上存在数以亿计的主机，每一台主机在网络上通过为其分配的Internet地址表示自己，这个地址就是IP地址。到目前为止，IP地址用4字节，也就是32位的二进制数来表示，称为IPv4。为了便于使用，通常取用每字节的十进制数，并且每字节之间用圆点隔开来表示IP地址，如192.168.1.1。现在人们正在试验使用16字节来表示IP地址，这就是IPv6。

TCP/IP模式是一种层次结构，共分为4层，分别为应用层（各种应用程序）、传输层（用来进行可靠的传递服务）、互联网层（进行无连接的分组投递服务）和主机到网络层（即物理层和网络接口层），各层实现特定的功能，提供特定的服务和访问接口，并具有相对的独立性，如图10-2所示。

图10-2 TCP/IP层次结构

2. TCP与UDP

在网络协议栈中，有两个高级协议是网络应用程序开发人员应该了解的，分别是传输控制协议（Transmission Control Protocol，TCP）与用户数据报协议（User Datagram Protocol，UDP）。

TCP是一种以固接连线为基础的协议，可提供两台计算机间可靠的数据传送。TCP可以保证将数据从一端传送至连接的另一端时，数据能够准确送达，而且送达的数据的排列顺序和送出时的顺序相同。因此，该协议适合可靠性要求比较高的场合。就像拨打电话一样，必须先拨号给对方，等两端确定连接后，相互才能听到对方说话，也知道对方回应的是什么。

HTTP、FTP和Telnet等都需要使用可靠的通信频道，例如HTTP从某个URL读取数据时，如果收到的数据顺序与发送时不相同，就可能会出现一个混乱的HTML文件或一些无效的信息。

　　UDP是无连接通信协议，不保证可靠的数据传输，但能够向若干个目标发送数据，接收发自若干个源的数据。UDP是以独立发送数据包的方式进行的。这种方式就像邮递员送信给收信人，可以送出很多信给同一个人，而每一封信都是相对独立的，每封信送达的顺序并不重要，并且收信人接收信件的顺序也不能保证与寄出信件的顺序相同。

　　UDP适用于一些对数据准确性要求不高的场合，例如网络聊天室、在线影片等。由于TCP在认证上存在额外的消耗，因此有可能使传输速度减慢；此时UDP可能会更适合这些对传输速度和时效要求非常高的网站，即使有一小部分数据包遗失或传送顺序有所不同，也不会严重影响该项通信。

　　说明　一些防火墙和路由器会设置成不允许UDP数据包传输，因此若遇到UDP连接方面的问题，应先确定是否允许UDP。

3. POP3

　　邮局协议（Post Office Protocol, POP）用于电子邮件的接收，现在常用第3版，所以称为POP3。通过POP3，客户机登录到服务器后，可以对自己的邮件进行删除，或是下载到本地。表10-1为POP3的常用命令及说明。

表10-1　POP3的常用命令及说明

命　令	说　明
USER	此命令与下面的PASS命令若都发送成功，将使状态转换
PASS	用户名所对应的密码
APOP	MD5消息摘要
STAT	请求服务器发回关于邮箱的统计资料（邮件总数和总字节数）
UIDL	回送邮件唯一标识符
LIST	回送邮件数量和每个邮件的大小
RETR	回送由参数标识的邮件的全部文本
DELE	服务器将由参数标识的邮件标记为删除，由QUIT命令执行
RSET	服务器将重置所有标记为删除的邮件，用于撤销DELE命令
TOP	服务器将回送由参数标识的邮件前n行内容，n是正整数
NOOP	服务器返回一个肯定的响应，不做任何操作
QUIT	退出

10.1.3　端口及套接字介绍

　　一般而言，一台计算机只有单一的连到网络的"物理连接"（Physical Connection），所有的数据都通过此连接对内、对外送达特定的计算机，这就是端口。网络程序设计中的端口（Port）并非真实的物理存在，而是一个假想的连接装置。端口被规定为一个在0～65 535的整数。HTTP服务一般使用80端口，FTP服务使用21端口。假如一台计算机提供了HTTP、FTP等多种服务，则客户机将通过不同的端口来确定连接到服务器的哪项服务上，如图10-3所示。

　　说明　0～1023的端口号通常用于一些比较知名的网络服务和应用，普通网络应用程序则通常使用1024以上的端口号，以避免该端口号被另一个应用或系统服务所用。

　　网络程序中的套接字（Socket）用于将应用程序与端口连接起来。套接字是一个假想的连接装置，就像连接电器与电线的插座，如图10-4所示。C#将套接字抽象化为类，开发人员只需创建Socket类对象，即可使用套接字。

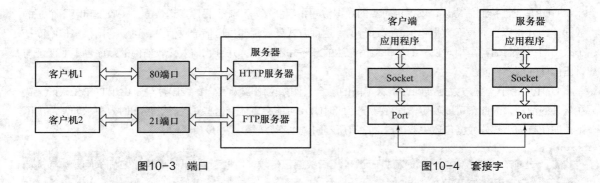

图10-3　端口　　　　　　　　　　　　　　　　　图10-4　套接字

10.2　网络编程基础

　　使用C#进行网络编程时，通常都需要用到System.Net命名空间、System.Net.Sockets命名空间和System. Net.Mail命名空间，下面对这3个命名空间及它们包含的主要类进行详细讲解。

10.2.1　System.Net命名空间及相关类的使用

System.Net命名空间及相关类的使用

　　System.Net命名空间为当前网络上使用的多种协议提供了简单的编程接口，而它所包含的WebRequest类和WebResponse类形成了所谓的可插接式协议的基础。可插接式协议是网络服务的一种实现，它使用户能够开发出使用Internet资源的应用程序，而不必考虑各种不同协议的具体细节。下面对System.Net命名空间中的主要类进行详细讲解。

1. Dns类

　　Dns类是一个静态类，它从Internet域名系统（DNS）检索关于特定主机的信息，在IPHostEntry类的实例中返回来自DNS查询的主机信息。如果指定的主机在DNS数据库中有多个入口，则IPHostEntry包含多个IP地址和别名。Dns类的常用方法及说明如表10-2所示。

表10-2　Dns类的常用方法及说明

方　　法	说　　明
BeginGetHostAddresses	异步返回指定主机的Internet协议（IP）地址
BeginGetHostByName	开始异步请求关于指定DNS主机名的IPHostEntry信息
EndGetHostAddresses	结束对DNS信息的异步请求，并返回有关主机的IP地址列表
EndGetHostByName	结束对DNS信息的异步请求，并返回包含一个主机DNST信息的IPHostEntry对象
EndGetHostEntry	结束对DNS信息的异步请求，并返回包含有关主机的地址信息（该方法已过时）
GetHostAddresses	返回指定主机的Internet协议（IP）地址
GetHostByAddress	获取IP地址的DNS主机信息
GetHostByName	获取指定DNS主机名的DNS信息
GetHostEntry	将主机名或IP地址解析为IPHostEntry实例
GetHostName	获取本地计算机的主机名

【例10-1】 下面演示Dns类的使用方法，程序开发步骤如下。

（1）新建一个Windows应用程序，命名为UseDns，默认窗体为Form1.cs。

（2）在Form1窗体中添加4个TextBox控件和一个Button控件，其中TextBox控件分别用来输入主机地址和显示主机IP地址、本地主机名、DNS主机名，Button控件用来调用Dns类中的各个方法获得主机IP地址、本地主机名和DNS主机名，并显示在相应的文本框中。

（3）主要代码如下：

```csharp
private void button1_Click(object sender, EventArgs e)
{
    if (textBox1.Text == string.Empty)                 //判断是否输入了主机地址
    {
        MessageBox.Show("请输入主机地址!");
    }
    else
    {
        textBox2.Text = string.Empty;
        //获取指定主机的IP地址
        IPAddress[] ips = Dns.GetHostAddresses(textBox1.Text);
        //循环访问获得的IP地址
        foreach(IPAddress ip in ips)
        {
            textBox2.Text = ip.ToString();              //将得到的IP地址显示在文本框中
        }
        textBox3.Text = Dns.GetHostName();             //获取本地主机名
        //根据指定的主机名获取DNS信息
        textBox4.Text = Dns.GetHostByName(Dns.GetHostName()).HostName;
    }
}
```

程序运行结果如图10-5所示。

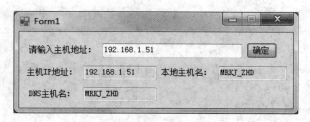

图10-5　Dns类的使用

2. IPAddress类

IPAddress类包含计算机在IP网络上的地址，主要用来提供网际协议（IP）地址。IPAddress类的常用字段、属性、方法及说明如表10-3所示。

表10-3　IPAddress类的常用字段、属性、方法及说明

字段、属性、方法	说　明
Any字段	提供一个IP地址，指示服务器应侦听所有网络接口上的客户端活动。此字段为只读
Broadcast字段	提供IP广播地址。此字段为只读
Loopback字段	提供IP环回地址。此字段为只读
None字段	提供指示不应使用任何网络接口的IP地址。此字段为只读
Address属性	网际协议（IP）地址
AddressFamily属性	获取IP地址的地址族
IsIPv6LinkLocal属性	获取地址是否为IPv6链接本地地址
IsIPv6Multicast属性	获取地址是否为IPv6多路广播全局地址
IsIPv6SiteLocal属性	获取地址是否为IPv6站点本地地址
ScopeId属性	获取或设置IPv6地址范围标识符
GetAddressBytes方法	以字节数组形式提供IPAddress的副本
IsLoopback方法	指示指定的IP地址是否是环回地址
Parse方法	将IP地址字符串转换为IPAddress实例
TryParse方法	确定字符串是否为有效的IP地址

【例10-2】下面演示IPAddress类的使用方法，程序开发步骤如下。

（1）新建一个Windows应用程序，命名为UseIPAddress，默认窗体为Form1.cs。

（2）在Form1窗体中添加一个TextBox控件、一个Button控件和一个Label控件，其中TextBox控件用来输入主机的网络地址或IP地址，Button控件用来调用IPAddress类中的各个属性获取指定主机的IP地址信息，Label控件用来显示获得的IP地址信息。

（3）主要代码如下：

```
private void button1_Click(object sender, EventArgs e)
{
    label2.Text = string.Empty;                //初始化Label标签
    //获得指定主机的IP地址族
    IPAddress[] ips = Dns.GetHostAddresses(textBox1.Text);
    //循环遍历得到的IP地址
    foreach (IPAddress ip in ips)
    {
        //在Label标签中显示得到的IP地址信息
        label2.Text = "网际协议地址：" + ip.Address + "\nIP地址的地址族："
            + ip.AddressFamily.ToString() + "\n是否IPv6链接本地地址：" + ip.IsIPv6LinkLocal;
    }
}
```

程序运行结果如图10-6所示。

图10-6　IPAddress类的使用

3. IPEndPoint类

IPEndPoint类包含应用程序连接到主机上的服务所需的主机和本地或远程端口信息。通过组合服务的主机IP地址和端口号，IPEndPoint类形成到服务的连接点。它主要用来将网络端点表示为IP地址和端口号。IPEndPoint类的常用字段、属性及说明如表10-4所示。

表10-4 IPEndPoint类的常用字段、属性及说明

字段、属性	说　明
MaxPort字段	指定可以分配给Port属性的最大值。MaxPort值设置为0x0000FFFF。此字段为只读
MinPort字段	指定可以分配给Port属性的最小值。此字段为只读
Address属性	获取或设置终结点的IP地址
AddressFamily属性	获取网际协议（IP）地址族
Port属性	获取或设置终结点的端口号

【例10-3】 下面演示IPEndPoint类的使用方法，程序开发步骤如下。

（1）新建一个Windows应用程序，命名为UseIPEndPoint，默认窗体为Form1.cs。

（2）在Form1窗体中添加一个TextBox控件、一个Button控件和一个Label控件，其中TextBox控件用来输入IP地址，Button控件用来调用IPEndPoint类中的各个属性获取终结点的IP地址和端口号，Label控件用来显示获得的IP地址和端口号。

（3）主要代码如下：

```
private void button1_Click(object sender, EventArgs e)
{
    //创建IPEndPoint类对象
    IPEndPoint IPEPoint = new IPEndPoint(IPAddress.Parse(textBox1.Text), 80);
    //使用IPEndPoint类对象获取终结点的IP地址和端口号
    label2.Text = "IP地址："+IPEPoint.Address.ToString() + "\n端口号： " + IPEPoint.Port;
}
```

程序运行结果如图10-7所示。

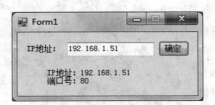

图10-7 IPEndPoint类的使用

4. WebClient类

WebClient类提供向URI标识的任何本地、Intranet或Internet资源发送数据，以及从这些资源接收数据的公共方法。WebClient类的常用属性、方法及说明如表10-5所示。

表10-5　WebClient类的常用属性、方法及说明

属性、方法	说　明
BaseAddress属性	获取或设置WebClient发出请求的基URI
Encoding属性	获取或设置用于上传和下载字符串的Encoding
Headers属性	获取或设置与请求关联的标头名称/值对集合
QueryString属性	获取或设置与请求关联的查询名称/值对集合
ResponseHeaders属性	获取与响应关联的标头名称/值对集合
DownloadData方法	以Byte数组形式通过指定的URI下载
DownloadFile方法	将具有指定URI的资源下载到本地文件
DownloadString方法	以String或URI形式下载指定的资源
OpenRead方法	为从具有指定URI的资源下载的数据打开一个可读的流
OpenWrite方法	打开一个流以将数据写入具有指定URI的资源
UploadData方法	将数据缓冲区上传到具有指定URI的资源
UploadFile方法	将本地文件上传到具有指定URI的资源
UploadString方法	将指定的字符串上传到指定的资源
UploadValues方法	将名称/值对集合上传到具有指定URI的资源

【例10-4】下面演示WebClient类的使用方法，程序开发步骤如下。

（1）新建一个Windows应用程序，命名为UseWebClient，默认窗体为Form1.cs。

（2）在Form1窗体中添加一个TextBox控件、一个Button控件和一个RichTextBox控件，其中TextBox控件用来输入标准网络地址，Button控件用来获取指定网址中的网页内容并将内容保存到一个文本文件中，RichTextBox控件用来显示从指定网址中获取的网页内容。

（3）主要代码如下：

```
private void button1_Click(object sender, EventArgs e)
{
    richTextBox1.Text = string.Empty;
    WebClient wclient = new WebClient();              //创建WebClient类对象
    wclient.BaseAddress = textBox1.Text;              //设置WebClient的基URI
    wclient.Encoding = Encoding.UTF8;                 //指定下载字符串的编码方式
    //为WebClient类对象添加标头
    wclient.Headers.Add("Content-Type", "application/x-www-form-urlencoded");
    //使用OpenRead方法获取指定网站的数据，并保存到Stream流中
    Stream stream = wclient.OpenRead(textBox1.Text);
    //使用流Stream声明一个流读取变量sreader
    StreamReader sreader = new StreamReader(stream);
    string str = string.Empty;           //声明一个变量，用来保存一行从WebCliecnt下载的数据
    //循环读取从指定网站获得的数据
    while ((str = sreader.ReadLine()) != null)
    {
        richTextBox1.Text += str + "\n";
    }
}
```

```
//调用WebClient对象的DownloadFile方法将指定网站的内容保存到文件中
wclient.DownloadFile(textBox1.Text, DateTime.Now.ToFileTime() + ".txt");
MessageBox.Show("保存到文件成功");
}
```

程序运行结果如图10-8所示。

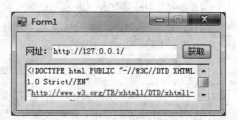

图10-8 WebClient类的应用

5. WebRequest类和WebResponse类

WebRequest类是.NET Framework的请求/响应模型的抽象基类，用于访问Internet数据。使用该请求/响应模型的应用程序可以以协议不可知的方式从Internet请求数据。在这种方式下，应用程序处理WebRequest类的实例，而协议特定的子类则执行请求的具体细节。

WebResponse类也是抽象基类，应用程序可以使用WebResponse类的实例以协议不可知的方式参与请求和响应事务，而从WebResponse类派生的协议类携带请求的详细信息。另外，需要注意的是，客户端应用程序不直接创建WebResponse对象，而是通过对WebRequest实例调用GetResponse方法来进行创建。

WebRequest类的常用属性、方法及说明如表10-6所示。

表10-6 WebRequest类的常用属性、方法及说明

属性、方法	说　　明
ConnectionGroupName属性	当在子类中被重写时，获取或设置请求的连接组的名称
ContentLength属性	当在子类中被重写时，获取或设置所发送的请求数据的内容长度
ContentType属性	当在子类中被重写时，获取或设置所发送的请求数据的内容类型
Headers属性	当在子类中被重写时，获取或设置与请求关联的标头名称/值对集合
Method属性	当在子类中被重写时，获取或设置要在此请求中使用的协议方法
RequestUri属性	当在子类中被重写时，获取与请求关联的Internet资源的URI
Timeout属性	获取或设置请求超时前的时间长度
Abort方法	中止请求
BeginGetResponse方法	当在子类中被重写时，开始对Internet资源的异步请求
Create方法	初始化新的WebRequest
EndGetResponse方法	当在子类中被重写时，返回WebResponse
GetRequestStream方法	当在子类中被重写时，返回用于将数据写入Internet资源的Stream
GetResponse方法	当在子类中被重写时，返回对Internet请求的响应
RegisterPrefix方法	为指定的URI注册WebRequest子代

WebResponse类的常用属性、方法及说明如表10-7所示。

表10-7　WebResponse类的常用属性、方法及说明

属性、方法	说　明
ContentLength属性	当在子类中被重写时，获取或设置接收的数据的内容长度
ContentType属性	当在派生类中被重写时，获取或设置接收的数据的内容类型
Headers属性	当在派生类中被重写时，获取与此请求关联的标头名称/值对集合
ResponseUri属性	当在派生类中被重写时，获取实际响应此请求的Internet资源的URI
Close方法	当由子类重写时，将关闭响应流
GetResponseStream方法	当在子类中被重写时，从Internet资源返回数据流

【例10-5】 下面演示WebRequest类和WebResponse类的使用方法，程序开发步骤如下。

（1）新建一个Windows应用程序，命名为UseWebResponseAndQuest，默认窗体为Form1.cs。

（2）在Form1窗体中添加一个TextBox控件、一个Button控件和一个RichTextBox控件，其中TextBox控件用来输入标准网络地址，Button控件用来调用WebRequest和WebResponse类中的属性、方法获取指定网站的网页请求信息和网页内容，RichTextBox控件用来显示根据指定网址获取的网页请求信息及网页内容。

（3）主要代码如下：

```csharp
private void button1_Click(object sender, EventArgs e)
{
    richTextBox1.Text = string.Empty;
    //创建一个WebRequest对象
    WebRequest webrequest = WebRequest.Create(textBox1.Text);
    //设置用于对Internet资源请求进行身份验证的网络凭据
    webrequest.Credentials = CredentialCache.DefaultCredentials;
    //调用WebRequest对象的各种属性获取WebRequest请求的相关信息
    richTextBox1.Text = "请求数据的内容长度：" + webrequest.ContentLength;
    richTextBox1.Text += "\n该请求的协议方法：" + webrequest.Method;
    richTextBox1.Text += "\n访问Internet的网络代理：" + webrequest.Proxy;
    richTextBox1.Text += "\n与该请求关联的Internet URI：" + webrequest.RequestUri;
    richTextBox1.Text += "\n超时时间：" + webrequest.Timeout;
    //调用WebRequest对象的GetResponse方法创建一个WebResponse对象
    WebResponse webresponse = webrequest.GetResponse();
    //获取WebResponse响应的Internet资源的URI
    richTextBox1.Text += "\n响应该请求的Internet URI：" + webresponse.ResponseUri;
    //调用WebResponse对象的GetResponseStream方法返回数据流
    Stream stream = webresponse.GetResponseStream();
    //使用创建的Stream对象创建一个StreamReader流读取对象
    StreamReader sreader = new StreamReader(stream);
    //读取流中的内容，并显示在RichTextBox控件中
    richTextBox1.Text += "\n" + sreader.ReadToEnd();
    sreader.Close();
    stream.Close();
```

```
        webresponse.Close();

    }
```

程序运行结果如图10-9所示。

图10-9 WebRequest类和WebResponse类的应用

10.2.2 System.Net.Sockets命名空间及相关类的使用

System.Net.Sockets命名空间主要提供制作Sockets网络应用程序的相关类，其中Socket类、TcpClient类、TcpListener类和UdpClinet类较为常用，下面对其进行详细介绍。

System.Net.
Sockets命名空间
及相关类的使用

1. Socket类

Socket 类为网络通信提供了一套丰富的方法和属性，主要用于管理连接，实现Berkeley通信端套接字接口，同时它还定义了绑定、连接网络端点及传输数据所需的各种方法，提供处理端点连接传输等细节所需要的功能。WebRequest、TcpClient和UdpClinet等类在内部使用该类。Socket类的常用属性及说明如表10-8所示。

表10-8 Socket类的常用属性及说明

属　性	说　明
AddressFamily	获取Socket的地址族
Available	获取已经从网络接收且可供读取的数据量
Connected	获取一个值，该值指示Socket是在上次Send，还是Receive操作时连接到远程主机
Handle	获取Socket的操作系统句柄
LocalEndPoint	获取本地终结点
ProtocolType	获取Socket的协议类型
RemoteEndPoint	获取远程终结点
SendTimeout	获取或设置一个值，该值指定之后同步Send调用将超时的时间长度

Socket类的常用方法及说明如表10-9所示。

表10-9 Socket类的常用方法及说明

方　法	说　明
Accept	为新建连接创建新的Socket
BeginAccept	开始一个异步操作来接受一个传入的连接尝试
BeginConnect	开始一个对远程主机连接的异步请求
BeginDisconnect	开始异步请求从远程终结点断开连接
BeginReceive	开始从连接的Socket中异步接收数据
BeginSend	将数据异步发送到连接的Socket

续表

方　法	说　明
BeginSendFile	将文件异步发送到连接的Socket
BeginSendTo	向特定远程主机异步发送数据
Close	关闭Socket连接并释放所有关联的资源
Connect	建立与远程主机的连接
Disconnect	关闭套接字连接并允许重用套接字
EndAccept	异步接受传入的连接尝试
EndConnect	结束挂起的异步连接请求
EndDisconnect	结束挂起的异步断开连接请求
EndReceive	结束挂起的异步读取
EndSend	结束挂起的异步发送
EndSendFile	结束文件的挂起异步发送
EndSendTo	结束挂起的、向指定位置进行的异步发送
Listen	将Socket置于侦听状态
Receive	接收来自绑定的Socket的数据
Send	将数据发送到连接的Socket
SendFile	将文件和可选数据异步发送到连接的Socket
SendTo	将数据发送到特定终结点
Shutdown	禁用某Socket上的发送和接收

【例10-6】 下面演示Socket类的使用方法，程序开发步骤如下。

（1）新建一个Windows应用程序，命名为UseSocket，默认窗体为Form1.cs。

（2）在Form1窗体中添加两个TextBox控件和一个Button控件，其中TextBox控件分别用来输入要连接的主机及端口号，Button控件用来连接远程主机并获得其主页内容。

（3）主要代码如下：

```
private static Socket ConnectSocket(string server, int port)
{
    Socket socket = null;                               //创建Socket对象，并初始化为空
    IPHostEntry iphostentry = null;                     //创建IPHostEntry对象，并初始化为空
    iphostentry = Dns.GetHostEntry(server);             //获得主机信息
    //循环遍历得到的IP地址列表
    foreach (IPAddress address in iphostentry.AddressList)
    {
        //使用指定的IP地址和端口号创建IPEndPoint对象
        IPEndPoint IPEPoint = new IPEndPoint(address, port);
        //使用Socket的构造函数创建一个Socket对象，以便使用来连接远程主机
        Socket newSocket = new Socket(IPEPoint.AddressFamily, SocketType.Stream, ProtocolType.Tcp);
        newSocket.Connect(IPEPoint);                    //调用Connect方法连接远程主机
        if (newSocket.Connected)                        //判断远程连接是否连接
        {
            socket = newSocket;
```

```
                break;
            }
            else
            {
                continue;
            }
        }
        return socket;
}
//获取指定服务器的主页内容
private static string SocketSendReceive(string server, int port)
{
    string request = "GET/HTTP/1.1\n主机:" + server + "\n连接:关闭\n";
    Byte[] btSend = Encoding.ASCII.GetBytes(request);
    Byte[] btReceived = new Byte[256];
    //调用自定义方法ConnectSocket，使用指定的服务器名和端口号创建一个Socket对象
    Socket socket = ConnectSocket(server, port);
    if (socket == null)
        return ("连接失败！");
    //将请求发送到连接的服务器
    socket.Send(btSend, btSend.Length, 0);
    int intContent = 0;
    string strContent = server + "上的默认页面内容:\n";
    do
    {
        //从绑定的Socket接收数据
        intContent = socket.Receive(btReceived, btReceived.Length, 0);
        //将接收到的数据转换为字符串类型
        strContent += Encoding.ASCII.GetString(btReceived, 0, intContent);
    }
    while (intContent > 0);
    return strContent;
}
private void button1_Click(object sender, EventArgs e)
{
    string server = textBox1.Text;                          //指定主机名
    int port = Convert.ToInt32(textBox2.Text);              //指定端口号
    //调用自定义方法SocketSendReceive获取指定主机的主页内容
    string strContent = SocketSendReceive(server, port);
    MessageBox.Show(strContent);
}
```

程序运行结果如图10-10和图10-11所示。

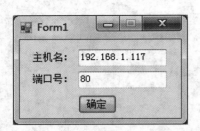

图10-10　Socket类的使用

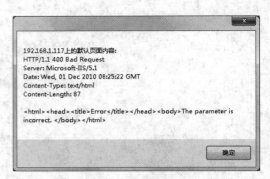

图10-11　主页内容

2. TcpClient类和TcpListener类

TcpClient类用于在同步阻止模式下通过网络来连接、发送和接收流数据。为了使TcpClient连接并交换数据，使用TCP ProtocolType类创建的TcpListener实例或Socket实例必须侦听是否有传入的连接请求。可以使用下面两种方法连接到该侦听器。

❑ 创建一个TcpClient，并调用3个可用的Connect方法之一。

❑ 使用远程主机的主机名和端口号创建TcpClient，此构造函数将自动尝试一个连接。

TcpListener类用于在阻止同步模式下侦听和接受传入的连接请求。可使用TcpClient类或Socket类来连接TcpListener，并且可以使用IPEndPoint、本地IP地址及端口号，或者仅使用端口号来创建TcpListener实例对象。

TcpClient类的常用属性、方法及说明如表10-10所示。

表10-10　TcpClient类的常用属性、方法及说明

属性、方法	说　明
Available属性	获取已经从网络接收且可供读取的数据量
Client属性	获取或设置基础Socket
Connected属性	获取一个值，该值指示TcpClient的基础Socket是否已连接到远程主机
ReceiveBufferSize属性	获取或设置接收缓冲区的大小
ReceiveTimeout属性	获取或设置在初始化一个读取操作后，TcpClient等待接收数据的时间量
SendBufferSize属性	获取或设置发送缓冲区的大小
SendTimeout属性	获取或设置TcpClient等待发送操作成功完成的时间量
BeginConnect方法	开始一个对远程主机连接的异步请求
Close方法	释放此TcpClient实例，而不关闭基础连接
Connect方法	使用指定的主机名和端口号将客户端连接到TCP主机
EndConnect方法	异步接受传入的连接尝试
GetStream方法	返回用于发送和接收数据的NetworkStream

TcpListener类的常用属性、方法及说明如表10-11所示。

表10-11 TcpListener类的常用属性、方法及说明

属性、方法	说　明
LocalEndpoint属性	获取当前TcpListener的基础EndPoint
Server属性	获取基础网络Socket
AcceptSocket/AcceptTcpClient方法	接受挂起的连接请求
BeginAcceptSocket/BeginAcceptTcpClient方法	开始一个异步操作来接受一个传入的连接尝试
EndAcceptSocket方法	异步接受传入的连接尝试，并创建新的Socket来处理远程主机通信
EndAcceptTcpClient方法	异步接受传入的连接尝试，并创建新TcpClient来处理远程主机通信
Start方法	开始侦听传入的连接请求
Stop方法	关闭侦听器

【例10-7】 下面演示TcpClient类和TcpListener类的使用方法，程序开发步骤如下。

（1）新建一个Windows应用程序，命名为UseTCP，默认窗体为Form1.cs。

（2）在Form1窗体中添加两个TextBox控件、一个Button控件和一个RichTextBox控件，其中TextBox控件分别用来输入要连接的主机及端口号，Button控件用来执行连接远程主机操作，RichTextBox控件用来显示远程主机的连接状态。

（3）主要代码如下：

```
private void button1_Click(object sender, EventArgs e)
{
    //创建一个TcpListener对象，并初始化为空
    TcpListener tcplistener = null;
    //创建一个IPAddress对象，用来表示网络IP地址
    IPAddress ipaddress = IPAddress.Parse(textBox1.Text);
    //定义一个int类型变量，用来存储端口号
    int port = Convert.ToInt32(textBox2.Text);
    tcplistener = new TcpListener(ipaddress, port);    //初始化TcpListener对象
    tcplistener.Start();                               //开始TcpListener侦听
    richTextBox1.Text = "等待连接...\n";
    TcpClient tcpclient = null;                        //创建一个TcpClient对象
    if (tcplistener.Pending())                         //判断是否有挂起的连接请求
        tcpclient = tcplistener.AcceptTcpClient();     //初始化TcpClient对象
    else
        tcpclient = new TcpClient(textBox1.Text, port);//初始化TcpClient对象
    richTextBox1.Text += "连接成功！\n";
    tcpclient.Close();                                 //关闭TcpClient连接
    tcplistener.Stop();                                //停止TcpListener侦听
}
```

程序运行结果如图10-12所示。

图10-12　TcpClient类和TcpListener类的使用

3. UdpClient类

UdpClient类用于在阻止同步模式下发送和接收无连接UDP数据报。因为UDP是无连接传输协议，所以不需要在发送和接收数据前建立远程主机连接，但可以选择使用下面两种方法之一来建立默认远程主机。

❑　使用远程主机名和端口号作为参数创建UdpClient类的实例。

❑　创建UdpClient类的实例，然后调用Connect方法。

UdpClient类的常用属性、方法及说明如表10-12所示。

表10-12　UdpClient类的常用属性、方法及说明

属性、方法	说　　明
Available属性	获取从网络接收的可读取的数据量
Client属性	获取或设置基础网络Socket
BeginReceive方法	从远程主机异步接收数据报
BeginSend方法	将数据报异步发送到远程主机
Close方法	关闭UDP连接
Connect方法	建立默认远程主机
EndReceive方法	结束挂起的异步接收
EndSend方法	结束挂起的异步发送
Receive方法	返回已由远程主机发送的UDP数据报
Send方法	将UDP数据报发送到远程主机

【例10-8】下面演示如何使用UdpClient类中的属性及方法，程序开发步骤如下。

（1）新建一个Windows应用程序，命名为UseUDP，默认窗体为Form1.cs。

（2）在Form1窗体中添加3个TextBox控件、一个Button控件和一个RichTextBox控件，其中TextBox控件分别用来输入远程主机名、端口号及要发送的信息，Button控件用来向指定的主机发送信息，RichTextBox控件用来显示接收到的信息。

（3）主要代码如下：

```
private void button1_Click(object sender, EventArgs e)
{
    richTextBox1.Text = string.Empty;
    //创建UdpClient对象
    UdpClient udpclient = new UdpClient(Convert.ToInt32(textBox2.Text));
    //调用UdpClient对象的Connect方法建立默认远程主机
    udpclient.Connect(textBox1.Text, Convert.ToInt32(textBox2.Text));
    //定义一个字节数组，用来存放发送到远程主机的信息
    Byte[] sendBytes = Encoding.Default.GetBytes(textBox3.Text);
    //调用UdpClient对象的Send方法将UDP数据报发送到远程主机
```

```
    udpclient.Send(sendBytes, sendBytes.Length);
    //创建IPEndPoint对象，用来显示响应主机的标识
    IPEndPoint ipendpoint = new IPEndPoint(IPAddress.Any, 0);
    //调用UdpClient对象的Receive方法获得从远程主机返回的UDP数据报
    Byte[] receiveBytes = udpclient.Receive(ref ipendpoint);
    //将获得的UDP数据报转换为字符串形式
    string returnData = Encoding.Default.GetString(receiveBytes);
    richTextBox1.Text = "接收到的信息：" + returnData.ToString();
    //使用IPEndPoint对象的Address和Port属性获得响应主机的IP地址和端口号
    richTextBox1.Text += "\n这条信息来自主机" + ipendpoint.Address.ToString()
        + "上的" + ipendpoint.Port.ToString() + "端口";
    //关闭UdpClient连接
    udpclient.Close();
}
```

程序运行结果如图10-13所示。

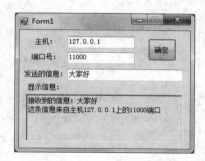

图10-13　UdpClient类的使用

10.2.3　System.Net.Mail命名空间及相关类的使用

System.Net.Mail命名空间包含用于将电子邮件发送到简单邮件传输协议（SMTP）服务器进行传送的类，其中MailMessage类用来表示邮件的内容，Attachment类用来创建邮件附件，SmtpClient类用来将电子邮件传输到指定用于邮件传送的SMTP主机上。下面对这3个类进行详细讲解。

System.Net.
Mail命名空间及
相关类的使用

1. MailMessage类

MailMessage类表示可以使用SmtpClient类发送的电子邮件，主要用于指定邮件的发送人地址、收件人地址、邮件正文及附件等。MailMessage类的常用属性及说明如表10-13所示。

表10-13　MailMessage类的常用属性及说明

属　　性	说　　明
Attachments	获取用于存储附加到此电子邮件的数据的附件集合
Bcc	获取包含此电子邮件的密件抄送（BCC）收件人的地址集合

属 性	说 明
Body	获取或设置邮件正文
BodyEncoding	获取或设置用于邮件正文的编码
CC	获取包含此电子邮件的抄送（CC）收件人的地址集合
From	获取或设置此电子邮件的发件人地址
Headers	获取与此电子邮件一起传输的电子邮件标头
Priority	获取或设置此电子邮件的优先级
ReplyTo	获取或设置邮件的回复地址
Sender	获取或设置此电子邮件的发件人
Subject	获取或设置此电子邮件的主题行
SubjectEncoding	获取或设置此电子邮件的主题内容使用的编码
To	获取包含此电子邮件的收件人的地址集合

例如，下面创建一个MailMessage邮件发送类对象，并通过其属性设置邮件的发送人、接收人、主题和内容。代码如下：

```
MailAddress from = new MailAddress("tsoft@163.com");   //设置邮件发送人
MailAddress to = new MailAddress("tsoft@163.com");     //设置邮件接收人
MailMessage message = new MailMessage(from, to);       //创建一个MaileMessage类对象
message.Subject = "邮件测试";                           //设置发送邮件的主题
message.Body = "邮件正文";                              //设置发送邮件的内容
```

2. Attachment类

Attachment类表示电子邮件的附件，它需要与MailMessage类一起使用。创建完电子邮件的附件后，若要将附件添加到邮件中，则需要将附件添加到MailMessage.Attachments集合中。Attachment类的常用属性、方法及说明如表10-14所示。

表10-14 Attachment类的常用属性、方法及说明

属性、方法	说 明
ContentDisposition属性	获取附件的MIME内容标头信息
ContentId属性	获取或设置附件的MIME内容ID
ContentStream属性	获取附件的内容流
ContentType属性	获取附件的内容类型
Name属性	获取或设置与附件关联的MIME内容类型名称值
NameEncoding属性	指定用于AttachmentName的编码
TransferEncoding属性	获取或设置附件的编码
CreateAttachmentFromString方法	用字符串创建附件

例如，首先创建一个MailMessage邮件发送类对象；然后通过Attachment类创建一个附件，并设置该附件的时间信息；最后调用MailMessage邮件发送类对象的Attachments属性的Add方法，将创建的附件添加到要发送的邮件中。代码如下：

```
string file = "邮件测试.txt";
MailAddress from = new MailAddress("tsoft@163.com");          //设置邮件发送人
```

```
MailAddress to = new MailAddress("tsoft@163.com");          //设置邮件接收人
MailMessage message = new MailMessage(from,to);          //创建一个MaileMessage类对象
//为要发送的邮件创建附件信息
Attachment myAttachment = new Attachment(Server.MapPath(ddlAccessories.Items[i].Value), System.Net.
Mime.MediaTypeNames.Application.Octet);
//为附件添加时间信息
System.Net.Mime.ContentDisposition disposition = myAttachment.ContentDisposition;
disposition.CreationDate = System.IO.File.GetCreationTime(file);
disposition.ModificationDate = System.IO.File.GetLastWriteTime(file);
disposition.ReadDate = System.IO.File.GetLastAccessTime(file);
message.Attachments.Add(myAttachment);          //将创建的附件添加到邮件中
```

3. SmtpClient类

SmtpClient类用于将电子邮件发送到SMTP服务器以便传递。使用SmtpClient类实现发送电子邮件功能时，必须指定以下信息。

- 用来发送电子邮件的SMTP主机服务器。
- 身份验证凭据（如果SMTP服务器要求）。
- 发件人的电子邮件地址。
- 收件人的电子邮件地址。
- 邮件内容。

SmtpClient类的常用属性、方法及说明如表10-15所示。

表10-15　SmtpClient类的常用属性、方法及说明

属性、方法	说　明
Credentials属性	获取或设置用于验证发件人身份的凭据
Host属性	获取或设置用于SMTP事务的主机名称或IP地址
Port属性	获取或设置用于SMTP事务的端口
ServicePoint属性	获取用于传输电子邮件的网络连接
Timeout属性	获取或设置一个值，该值指定同步Send方法调用的超时时间
Send方法	将电子邮件发送到SMTP服务器以便传递，该方法在传输邮件的过程中将阻止其他操作
SendAsync方法	发送电子邮件，该方法不会阻止调用线程
SendAsyncCancel方法	取消异步操作以发送电子邮件

【例10-9】在程序中发送邮件，程序开发步骤如下。

（1）新建一个Windows应用程序，命名为SendEmail，默认窗体为Form1.cs。

（2）在Form1窗体中添加一个Button控件，用来执行发送邮件操作。

（3）主要代码如下：

```
private void button1_Click(object sender, EventArgs e)
{
    string file = "邮件测试.txt";
    MailAddress from = new MailAddress("tsoft@163.com");          //设置邮件发送人
    MailAddress to = new MailAddress("tsoft@163.com");          //设置邮件接收人
```

```
        MailMessage message = new MailMessage(from, to);      //创建一个MailMessage类对象
        message.Subject = "邮件测试";                           //设置发送邮件的主题
        message.Body = "邮件正文";                              //设置发送邮件的内容
        //为要发送的邮件创建附件信息
        Attachment myAttachment = new Attachment(file, System.Net.Mime.MediaTypeNames.Application.Octet);
        //为附件添加时间信息
        System.Net.Mime.ContentDisposition disposition = myAttachment.ContentDisposition;
        disposition.CreationDate = System.IO.File.GetCreationTime(file);
        disposition.ModificationDate = System.IO.File.GetLastWriteTime(file);
        disposition.ReadDate = System.IO.File.GetLastAccessTime(file);
        message.Attachments.Add(myAttachment);                 //将创建的附件添加到邮件中
        //创建SmtpClient邮件发送类对象
        SmtpClient client = new SmtpClient("192.168.1.97", 25);
        //设置用于验证发件人身份的凭据
        client.Credentials = new System.Net.NetworkCredential("tsoft", "111");
        //发送邮件
        client.Send(message);
        MessageBox.Show("发送成功");
    }
```

小　结

　　本章主要讲解了使用C#进行网络编程的知识。首先对计算机网络基础进行了简单介绍；然后重点讲解了使用C#进行网络编程时用到的System.Net、System.Net.Sockets和System.Net.Mail命名空间下的类，并通过实例演示了各个类的使用方法。通过本章的学习，读者应对计算机网络基础有所了解，并能熟练掌握C#网络编程理论知识及如何开发C#网络应用程序。

上机指导

　　网络的快速发展使得信息交流的速度和方式发生了巨大的变化，网上聊天则是其中最常见的信息交换方式。常见的聊天程序一般都需要先将信息发送至服务器，然后发送给对方。这里使用C#制作一个点对点聊天程序，该程序把本机作为服务器，可以直接将信息发送给对方。程序运行结果如图10-14所示。

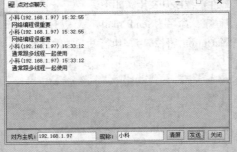

上机指导

图10-14　点对点聊天程序

开发步骤如下。

（1）新建一个Windows窗体应用程序，命名为P2PChat，默认窗体重命名为frmMain。

（2）frmMain窗体用到的主要控件及说明如表10-16所示。

表10-16　frmMain窗体用到的主要控件及说明

控件类型	控件ID	主要属性设置	用　途
RichTextBox	rtbContent	BorderStyle属性设置为None	显示聊天信息
	rtbSend	BorderStyle属性设置为None	输入信息
TextBox	txtIP	无	输入对方主机
	txtName	无	输入对方昵称
Button	button1	Text属性设置为"清屏"	清空聊天记录
	button2	Text属性设置为"发送"	发送信息
	button3	Text属性设置为"关闭"	退出当前应用程序
Timer	timer1	Interval属性设置为1000	时刻更新接收到的信息

（3）主要代码如下。

在frmMain窗体的后台代码中，首先创建程序所需要的.NET类对象及公共变量。代码如下：

```
private Thread td;                                //声明线程对象
private TcpListener tcpListener;                  //声明侦听对象
private static string message = "";               //记录发送的消息
```

在frmMain窗体加载时，启动消息监听线程。代码如下：

```
private void frmMain_Load(object sender, EventArgs e)
{
    td = new Thread(new ThreadStart(this.StartListen));   //创建线程类对象
    td.Start();                                   //启动线程
    timer1.Start();                               //启动计时器
}
```

消息监听线程调用StartListen方法，用来指定端口号监听是否有消息传输，如果有，则将消息记录下来。StartListen方法实现的代码如下：

```
private void StartListen()
{
    message = "";                                 //清空消息
    tcpListener = new TcpListener(888);           //创建侦听对象
    tcpListener.Start();                          //开始监听
    while (true)
    {
        TcpClient tclient = tcpListener.AcceptTcpClient();   //接受连接请求
        NetworkStream nstream = tclient.GetStream();         //获取数据流
        byte[] mbyte = new byte[1024];            //建立缓存
        int i = nstream.Read(mbyte, 0, mbyte.Length);        //将数据流写入缓存
        message = Encoding.Default.GetString(mbyte, 0, i);   //记录发送的消息
```

```
    }
}
```

单击"发送"按钮，向指定主机发送聊天信息。代码如下：

```
private void button2_Click(object sender, EventArgs e)
{
    try
    {
        IPAddress[] ip = Dns.GetHostAddresses(Dns.GetHostName());    //获取主机名
        string strmsg = " "+txtName.Text + "("+ip[1].ToString()+") "+DateTime.Now.ToLongTimeString()+
"\n" +" "+ this.rtbSend.Text + "\n";                                 //定义消息格式
        TcpClient client = new TcpClient(txtIP.Text, 888);           //创建TcpClient对象
        NetworkStream netstream = client.GetStream();                //创建NetworkStream网络流对象
        StreamWriter wstream = new StreamWriter(netstream, Encoding.Default);
        wstream.Write(strmsg);                                       //将消息写入网络流
        wstream.Flush();                                             //释放网络流对象
        wstream.Close();                                             //关闭网络流对象
        client.Close();                                              //关闭TcpClient
        rtbContent.AppendText(strmsg);                               //将发送的消息添加到文本框
        rtbContent.ScrollToCaret();                                  //自动滚动文本框的滚动条
        rtbSend.Clear();                                             //清空发送消息文本框
    }
    catch (Exception ex)
    {
        MessageBox.Show(ex.Message);
    }
}
```

启动计时器，在计时器的Tick事件中判断是否有消息传输，如果有，则将其显示在RichTextBox
控件中，同时清空消息变量，以便重新记录。Timer计时器的Tick事件代码如下：

```
private void timer1_Tick(object sender, EventArgs e)
{
    if (message != "")
    {
        rtbContent.AppendText(message);                             //将接收到的消息添加到文本框中
        rtbContent.ScrollToCaret();                                 //自动滚动文本框的滚动条
        message = "";                                               //清空消息
    }
}
```

关闭frmMain窗体，停止网络监听，同时终止消息监听线程。代码如下：

```
private void frmMain_FormClosed(object sender, FormClosedEventArgs e)
{
```

```
    if (this.tcpListener != null)                                   //判断侦听对象是否关闭
    {
        tcpListener.Stop();                                          //停止侦听
    }
    if (td != null)                                                  //判断线程是否为空
    {
        if (td.ThreadState == ThreadState.Running)                   //判断线程是否正在运行
        {
            td.Abort();                                              //终止线程
        }
    }
}
```

习　题

10-1　简述TCP/IP与UDP的区别。

10-2　通常使用哪两种方法来侦听是否有传入的连接请求？

10-3　可以使用哪两种方法来实现建立默认的远程主机？

10-4　如何实现邮件的发送？

10-5　通过什么类可以向邮件中添加附件？

第11章

多线程编程

本章要点

线程及多线程的基本描述 ■

线程的创建与启动 ■

线程的挂起与恢复 ■

线程的休眠与终止 ■

线程的优先级 ■

线程的同步 ■

线程池和定时器的使用 ■

互斥对象 ■

■ 如果一次只完成一件事情，那是一个不错的想法，但事实上很多事情都是同时进行的。因此C#为了模拟这种状态，引入了线程机制。简单地说，当程序能同时完成多件事情时，就是所谓的多线程程序。多线程运用广泛，开发人员可以使用多线程对要执行的操作分段执行，这样可以大大提高程序的运行速度和性能。本章将对C#中的多线程编程进行详细讲解。

11.1 线程概述

每个正在运行的应用程序都是一个进程，一个进程可以包括一个或多个线程。本节将对线程进行介绍。

线程概述

11.1.1 多线程工作方式

线程是进程中可以并行执行的程序段，它可以独立占用处理器时间片，同一个进程中的线程可以共用进程分配的资源和空间。多线程的应用程序可以在"同一时刻"处理多项任务。

进程就好像是一个公司，公司中的每个员工就相当于线程，公司想要运转就必须得有负责人，负责人相当于主线程。

默认情况下，系统为应用程序分配一个主线程，该线程执行程序中以Main方法开始和结束的代码。

例如，新建一个Windows应用程序，程序会在Program.cs文件中自动生成一个Main方法，该方法就是主线程的启动入口点。Main方法的代码如下：

```
[STAThread]
static void Main()
{
    Application.EnableVisualStyles();
    Application.SetCompatibleTextRenderingDefault(false);
    Application.Run(new Form1());
}
```

> **说明** 在以上代码中，Application类的Run方法用于在当前线程上运行标准应用程序，并使指定窗体可见。

11.1.2 何时使用多线程

多线程就是同时执行多个线程，但实际上，处理器每次都只会执行一个线程，只不过这个时间非常短，不会超过几毫秒，因此，在执行完一个线程之后，再选择执行下一个线程的过程几乎是不被人发觉的。这种几乎不被发觉的同时执行多个线程的过程就是多线程处理。

一般情况下，需要用户交互的软件都必须尽可能快地对用户的活动做出反应，以便提供良好的用户体验，但同时它又必须执行必要的计算，以便尽可能快地将数据呈现给用户，这时可以使用多线程来实现。

1. 多线程的优点

要提高对用户的响应速度并且处理所需数据以便程序几乎同时完成工作，使用多线程可以很好地满足这一需求。在具有一个处理器的计算机上，多线程可以通过利用用户事件之间很小的时间段在后台处理数据来达到这种效果。例如，通过使用多线程，在另一个线程正重新计算同一应用程序中的电子表格的其他部分时，用户可以编辑该电子表格。

单个应用程序域可以使用多线程来完成以下任务。

❑ 通过网络与Web服务器和数据库进行通信。

❑ 执行占用大量时间的操作。

❑ 区分具有不同优先级的任务。

❑ 使用户界面可以在将时间分配给后台任务时仍能快速做出响应。

2. 多线程的缺点

使用多线程也有缺点，建议一般不要在程序中使用太多的线程，这样可以最大限度地减少操作系统资源的使用，并可提高性能。

如果在程序中使用了多线程，可能会产生如下问题。

- ❑ 系统将为进程、AppDomain对象和线程所需的上下文信息使用内存。因此，可以创建的进程、AppDomain对象和线程的数目会受到可用内存的限制。
- ❑ 跟踪大量的线程将占用大量的处理器时间。如果线程过多，则其中大多数线程都不会产生明显的进度。如果大多数当前线程处于一个进程中，则其他进程中的线程的调度频率就会很低。
- ❑ 使用许多线程控制代码执行非常复杂，并可能产生许多bug。
- ❑ 销毁线程需要了解可能发生的问题，并对那些问题进行处理。

11.2 线程的基本操作

C#中对线程进行操作时，主要用到了Thread类，该类位于System.Threading命名空间下。通过使用Thread类，可以对线程进行创建、启动、挂起、恢复、休眠、终止和设置优先权等操作。本节将对Thread类及线程的基本操作进行详细讲解。

11.2.1 线程的创建与启动

Thread类位于System.Threading命名空间下，System.Threading命名空间提供一些使得可以进行多线程编程的类和接口。

Thread类主要用于创建并控制线程、设置线程优先级并获取其状态。一个进程可以创建一个或多个线程以执行与该进程关联的程序，线程执行的程序由ThreadStart委托或ParameterizedThreadStart委托指定。

线程的基本操作

线程运行期间，不同的时刻会表现为不同的状态，但它总是处于由ThreadState定义的一个或多个状态中。用户可以通过使用ThreadPriority枚举为线程定义优先级，但不能保证操作系统会接受该优先级。

Thread类的常用属性及说明如表11-1所示。

表11-1 Thread类的常用属性及说明

属　性	说　明
CurrentThread	获取当前正在运行的线程
IsAlive	获取一个值，该值指示当前线程的执行状态
Name	获取或设置线程的名称
Priority	获取或设置一个值，该值指示线程的调度优先级
ThreadState	获取一个值，该值包含当前线程的状态

Thread类的常用方法及说明如表11-2所示。

表11-2 Thread类的常用方法及说明

方　法	说　明
Abort	在调用此方法的线程上引发ThreadAbortException，以开始终止此线程的过程。调用此方法通常会终止线程
Join	阻止调用线程，直到某个线程终止时为止

续表

方　法	说　明
ResetAbort	取消为当前线程请求的Abort
Resume	继续已挂起的线程
Sleep	当前线程阻止指定的毫秒数
Start	使线程被安排进行执行
Suspent	挂起线程。如果线程已挂起，则不起作用

创建一个线程非常简单，只需将其声明，并为其提供线程起始点处的方法委托即可。创建新的线程时，需要使用Thread类，Thread类具有接受一个ThreadStart委托或ParameterizedThreadStart委托的构造函数，该委托包装了调用Start方法时由新线程调用的方法。创建了Thread类的对象之后，线程对象已存在并已配置，但并未创建实际的线程，这时，只有在调用Start方法后，才会创建实际的线程。

Start方法用来使线程被安排进行执行操作，它有两种重载形式，下面分别介绍。

（1）导致操作系统将当前实例的状态更改为ThreadState.Running。

```
public void Start ()
```

（2）使操作系统将当前实例的状态更改为ThreadState.Running，并选择提供包含线程执行的方法要使用的数据的对象。

```
public void Start (Object parameter)
```

❑　parameter表示一个对象，包含线程执行的方法要使用的数据。

如果线程已经终止，就无法通过再次调用Start方法来重新启动。

【例11-1】例如，创建一个控制台应用程序，其中自定义一个静态的void类型方法ThreadFunction。然后在Main方法中通过创建Thread类对象来创建一个新线程。最后调用Start方法启动该线程，代码如下：

```
static void Main(string[] args)
{
    Thread t;                                              //声明线程
    //用线程起始点的ThreadStart委托创建该线程的实例
    t = new Thread(new ThreadStart(ThreadFunction));
    t.Start();                                             //启动线程
}
public static void ThreadFunction()                        //线程的执行方法
{
    Console.Write("创建一个新的子线程，并且该线程已启动！");   //向控制台输出信息
}
```

程序运行结果如图11-1所示。

图11-1　创建并启动一个新线程

线程的入口（本例中为ThreadFunction）不带任何参数。

11.2.2 线程的挂起与恢复

创建完一个线程并启动之后，还可以挂起、恢复、休眠或终止它，本节主要对线程的挂起与恢复进行讲解。

线程的挂起与恢复分别通过调用Thread类中的Suspend方法和Resume方法实现，下面对这两个方法进行详细介绍。

1. Suspend方法

该方法用来挂起线程，如果线程已挂起，则不起作用。

```
public void Suspend ()
```

 调用Suspend方法挂起线程时，.NET允许要挂起的线程再执行几个指令，目的是达到.NET认为线程可以安全挂起的状态。

2. Resume方法

该方法用来恢复已挂起的线程。

```
public void Resume ()
```

 通过Resume方法来恢复挂起的线程时，无论调用了多少次Suspend方法，调用Resume方法均会使另一个线程脱离挂起状态，并使该线程继续执行。

【例11-2】 创建一个控制台应用程序，其中通过创建Thread类对象创建一个新的线程，然后调用Start方法启动该线程，最后先后调用Suspend方法和Resume方法挂起和恢复创建的线程，代码如下：

```
static void Main(string[] args)
{
    Thread t;                                       //声明线程
    //用线程起始点的ThreadStart委托创建该线程的实例
    t = new Thread(new ThreadStart(ThreadFucntion));
    t.Start();                                      //启动线程
    if (t.ThreadState == ThreadState.Running)       //若线程已经启动
    {
        t.Suspend();                                //挂起线程
        t.Resume();                                 //恢复挂的线程
    }
    else                                            //若线程还未启动
    {
        Console.WriteLine(t.ThreadState.ToString()); //输出线程状态信息
    }
}
public static void ThreadFucntion()                 //线程执行方法
```

```
    {
        Console.Write("创建一个新的子线程，然后会被挂起");
    }
```

11.2.3　线程休眠

线程休眠主要通过Thread类的Sleep方法实现该方法用来将当前线程阻止指定的时间，它有两种重载形式，下面分别进行介绍。

（1）将当前线程挂起指定的时间，语法格式如下：

```
public static void Sleep (int millisecondsTimeout)
```

❑ millisecondsTimeout表示线程被阻止的毫秒数，指定零则指示应挂起此线程以使其他等待线程能够执行，指定Infinite以无限期阻止线程。

（2）将当前线程阻止指定的时间，语法格式如下：

```
public static void Sleep (TimeSpan timeout)
```

❑ timeout：线程被阻止的时间量的TimeSpan。指定零则指示应挂起此线程以使其他等待线程能够执行，指定Infinite以无限期阻止线程。

例如，使用Thread类的Sleep方法使当前线程休眠两秒钟，代码如下：

```
Thread.Sleep(2000);                           //使线程休眠两秒钟
```

11.2.4　终止线程

终止线程可以分别使用Thread类的Abort方法和Join方法实现，下面对这两个方法进行详细介绍。

1. Abort方法

Abort方法用来终止线程，它有两种重载形式，下面分别介绍。

（1）终止线程，在调用此方法的线程上引发ThreadAbortException异常，以开始终止此线程的过程。

```
public void Abort ()
```

（2）终止线程，在调用此方法的线程上引发ThreadAbortException异常，然后终止此线程，并提供有关线程终止的异常信息的过程。

```
public void Abort (Object stateInfo)
```

❑ stateInfo表示一个对象，它包含应用程序特定的信息（如状态），该信息可供正被终止的线程使用。

【例11-3】　创建一个控制台应用程序，在其中开始一个线程，然后调用Thread类的Abort方法终止已开启的线程，代码如下：

```
static void Main(string[] args)
{
    Thread t;                                      //声明线程
    //用线程起始点的ThreadStart委托创建该线程的实例
    t = new Thread(new ThreadStart(ThreadFunction));
    t.Start();                                     //启动线程
    t.Abort();                                     //终止线程
}
public static void ThreadFunction()                //线程的执行方法
{
```

```
        Console.Write("创建线程，然后将被终止");                        //输出信息
    }
```

 由于使用Abort方法永久性地终止了新创建的线程，所以编译并运行程序后，在控制台窗口看不
到任何输出信息。

2. Join方法

Join方法用来阻止调用线程，直到某个线程终止为止，它有3种重载形式，下面分别介绍。

（1）在继续执行标准的COM和SendMessage消息处理期间阻止调用线程，直到某个线程终止为止，语
法格式如下：

```
public void Join ()
```

（2）在继续执行标准的COM和SendMessage消息处理期间阻止调用线程，直到某个线程终止或超过指
定时间为止，语法格式如下：

```
public bool Join (int millisecondsTimeout)
```

❑ millisecondsTimeout表示等待线程终止的毫秒数。如果线程已终止，则返回值为true；如果线程在经
过了millisecondsTimeout参数指定的时间量后未终止，则返回值为false。

（3）在继续执行标准的COM和SendMessage消息处理期间阻止调用线程，直到某个线程终止或超过指
定时间为止，语法格式如下：

```
public bool Join (TimeSpan timeout)
```

❑ timeout表示等待线程终止的时间量的TimeSpan。如果线程已终止，则返回值为true；如果线程在超
过timeout参数指定的时间量后未终止，则返回值为false。

【例11-4】创建一个控制台应用程序，其中调用了Thread类的Join方法等待线程终止，代码如下：

```
static void Main(string[] args)
{
    Thread t;                                               //声明线程
    //用线程起始点的ThreadStart委托创建该线程的实例
    t = new Thread(new ThreadStart(ThreadFunction));
    t.Start();                                              //启动线程
    t.Join();                                               //阻止调用该线程，直到该线程终止
}
public static void ThreadFunction()
{
    Console.Write("创建线程,阻止调用该线程");
}
```

 如果在应用程序中使用了多线程，辅助线程还没有执行完毕，则在关闭窗体时必须要关闭辅助线
程，否则会引发异常。

11.2.5 线程的优先级

线程优先级指定一个线程相对于另一个线程的相对优先级。每个线程都有一个分配的优先级。在公共语言运行库内创建的线程最初被分配为Normal优先级，而在公共语言运行库外创建的线程，在进入公共语言运行库时将保留其先前的优先级。

线程是根据其优先级而调度执行的，用于确定线程执行顺序的调度算法随操作系统的不同而不同。在某些操作系统下，具有最高优先级（相对于可执行线程而言）的线程经过调度后总是首先运行。如果具有相同优先级的多个线程都可用，则程序将遍历处于该优先级的线程，并为每个线程提供一个固定的时间片来执行。只要具有较高优先级的线程可以运行，具有较低优先级的线程就不会执行。如果在给定的优先级上不再有可运行的线程，则程序将移到下一个较低的优先级并在该优先级上调度线程以执行。如果具有较高优先级的线程可以运行，则具有较低优先级的线程将被抢先，并允许具有较高优先级的线程再次执行。除此之外，当应用程序的用户界面在前台和后台之间移动时，操作系统还可以动态调整线程优先级。

 一个线程的优先级不影响该线程的状态，该线程的状态在操作系统可以调度该线程之前必须为Running。

线程的优先级值及说明如表11-3所示。

表11-3 线程的优先级值及说明

优先级值	说 明
AboveNormal	可以将Thread安排在具有Highest优先级的线程之后，在具有Normal优先级的线程之前
BelowNormal	可以将Thread安排在具有Normal优先级的线程之后，在具有Lowest优先级的线程之前
Highest	可以将Thread安排在具有任何其他优先级的线程之前
Lowest	可以将Thread安排在具有任何其他优先级的线程之后
Normal	可以将Thread安排在具有AboveNormal优先级的线程之后，在具有BelowNormal优先级的线程之前。默认情况下，线程具有Normal优先级

开发人员可以通过访问线程的Priority属性来获取和设置其优先级。Priority属性用来获取或设置一个值，该值指示线程的调度优先级。

```
public ThreadPriority Priority { get; set; }
```

❑ 属性值：hreadPriority类型的枚举值之一，默认值为Normal。

【例11-5】 使用线程实现大容量数据的计算，这里要求在新建的子线程中计算"7的50次幂"运算，而在主线程中计算"2的4次幂"和"2的2次幂"运算。程序运行结果如图11-2所示。

开发步骤如下所述。

（1）新建一个Windows窗体应用程序，在默认的Form1.cs窗体中添加3个TextBox控件，分别用来显示"2的4次幂""7的50次幂""2的2次幂"的运算结果；添加一个Button控件，用来执行计算操作。

（2）在Form1.cs代码文件中创建一个Thread对象，代码如下：

```
Thread myThread=null;//声明线程引用
```

（3）创建一个RunAddFile方法，用来执行"7的50次幂"的计算操作，执行完成后终止线程，代码如下：

图11-2 设置线程的优先级

```
public void RunAddFile()
{
    textBox2.Text = Math.Pow(7, 50).ToString();
    Thread.Sleep(0);                                //挂起主线程
    myThread.Abort();                               //执行线程
}
```

（4）定义一个委托，通过该委托对执行"7的50次幂"的线程进行托管，代码如下：

```
public delegate void AddFile();//定义托管线程
public void SetAddFile()
{
    this.Invoke(new AddFile(RunAddFile));           //对指定的线程进行托管
}
```

（5）触发**Button**控件的**Click**事件，该事件分别计算"**2的4次幂**"和"**2的2次幂**"的结果，并通过线程计算"7的50次幂"，代码如下：

```
private void button1_Click(object sender, EventArgs e)
{
    textBox1.Text = Math.Pow(2, 4).ToString();             //计算2的4次幂
    myThread = new Thread(new ThreadStart(SetAddFile));    //创建线程对象，绑定线程方法SetAddFile
    myThread.Start();                                      //开始运行扫描IP的线程
    textBox3.Text = Math.Pow(2, 2).ToString();             //计算2的2次幂
}
```

（6）触发**Form1**窗体的**FormClosing**事件，该事件终止开启的线程，代码如下：

```
private void Form1_FormClosing(object sender, FormClosingEventArgs e)
{
    if (myThread != null)
        if (myThread.ThreadState == ThreadState.Running)
            myThread.Abort();
}
```

11.3　线程同步

在单线程程序中，每次只能做一件事情，后面的事情需要等待前面的事情完成后才可以进行，但是如果使用多线程程序，就会发生两个线程抢占资源的问题，例如两个人同时说话，两个人同时过同一个独木桥等。所以在多线程编程中，需要防止这种资源访问的冲突的情况，为此，C#提供线程同步机制来防止资源访问的冲突。

线程同步

线程同步机制是指并发线程高效、有序地访问共享资源所采用的技术，所谓同步，是指某一时刻只有一个线程可以访问资源，只有当资源所有者主动放弃了代码或资源的所有权时，其他线程才可以使用这些资源。线程同步技术主要用到lock关键字、Monitor类，下面分别进行讲解。

11.3.1 lock关键字

lock关键字可以用来确保代码块完成运行，而不会被其他线程中断，它是通过在代码块运行期间为给定对象获取互斥锁来实现的。

lock语句以关键字lock开头，它有一个作为参数的对象，在该参数的后面还有一个一次只能有一个线程执行的代码块。lock语句的语法格式如下：

```
Object thisLock = new Object();
lock (thisLock)
{
    //要运行的代码块
}
```

 提供给lock语句的参数必须为基于引用类型的对象，该对象用来定义锁的范围。严格来说，提供给lock语句的参数只是用来唯一标识由多个线程共享的资源，所以它可以是任意类实例。然而，实际上，此参数通常表示需要进行线程同步的资源。

【例11-6】创建一个控制台应用程序，在其中定义一个公共资源类Account，该类中主要用来对一个账户进行转账操作，每次转入1000，然后在Main方法中创建Account对象，并同时启动3个线程来访问Account类的转账方法，以便同时向同一账户进行转账操作，代码如下：

```
class Program
{
    static void Main(string[] args)
    {
        Account account = new Account();                    //创建Account对象
        for (int i = 0; i < 3; i++)                         //创建3个线程，模拟多线程运行
        {
            Thread th = new Thread(account.TofA);           //创建线程并绑定TofA方法
            th.Start();                                     //启动线程
        }
        Console.Read();
    }
}
class Account
{
    private int i = 0;                                      //定义整型变量，用于输出显示
    public void TofA()                                      //定义线程的绑定方法
    {
        lock (this)                                         //锁定当前的线程，阻止其它线程的进入
        {
            Console.WriteLine("账户余额：" + i.ToString());
            Thread.Sleep(1000);                             //模拟做一些耗时的工作
            i+=1000;                                        //变量i自增
```

```
            Console.WriteLine("转账后的账户余额：" + i.ToString());
        }
    }
}
```

程序运行结果如图11-3所示。

图11-3　模拟用户转账操作

11.3.2　线程监视器——Monitor

Monitor类提供了同步对对象的访问机制，它通过向单个线程授予对象锁来控制对对象的访问。对象锁提供限制访问代码块（通常称为临界区）的能力。当一个线程拥有对象锁时，其他任何线程都不能获取该锁。

Monitor类的常用方法及说明如表11-4所示。

表11-4　Monitor类的常用方法及说明

方　法	说　明
Enter	在指定对象上获取排他锁
Exit	释放指定对象上的排他锁
Wait	释放对象上的锁并阻止当前线程，直到它重新获取该锁

【例11-7】 创建一个控制台应用程序，在其中定义一个公共资源类TestMonitor，在该类中定义一个线程的绑定方法TestRun，在该方法中使用Monitor.Enter方法同步，再使用Monitor.Exit方法退出同步。然后在Main方法中创建TestMonitor对象，并同时启动3个线程来访问TestRun方法。代码如下：

```
class Program
{
    static void Main(string[] args)
    {
        TestMonitor tm = new TestMonitor();              //创建TestMonitor对象
        for (int i = 0; i < 3; i++)                      //创建3个线程，模拟多线程运行
        {
            Thread th = new Thread(tm.TestRun);          //创建线程并绑定TestRun方法
            th.Start();                                  //启动线程
        }
        Console.Read();
    }
}
class TestMonitor                                        //线程要访问的公共资源类
{
    private Object obj = new object();                   //定义同步对象
    private int i = 0;                                   //定义整型变量，用于输出显示
    public void TestRun()                                //定义线程的绑定方法
```

```
    {
        Monitor.Enter(obj);                                    //在同步对象上获取排他锁
        Console.WriteLine("i的初始值为：" + i.ToString());
        Thread.Sleep(1000);                                    //模拟做一些耗时的工作
        i++;                                                   //变量i自增
        Console.WriteLine("i在自增之后的值为：" + i.ToString());
        Monitor.Exit(obj);                                     //释放同步对象上的排他锁
    }
}
```

程序运行结果如图11-4所示。

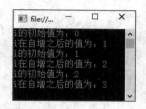

图11-4　同时向同一账户转账

说明 Monitor类有很好的控制能力，例如，它可以使用Wait方法指示活动的线程等待一段时间，当线程完成操作时，还可以使用Pulse方法或PulseAll方法通知等待中的线程。

11.3.3　子线程访问主线程的控件

在开发具有线程的应用程序时，有时会通过子线程实现Windows窗体，以及控件的操作。比如在对文件进行复制时，为了使用户可以更好地观察到文件的复制情况，可以在指定的Windows窗体上制作一个进度条；为了避免文件复制与进度条的同时操作所带来的机器假死状态，可以用子线程来完成文件复制与进度条跟踪操作，下面以简单的例子说明如何在子线程中操作窗体中的TextBox。

```
Thread t;                                                  //定义线程变量
private void button1_Click(object sender, EventArgs e)
{
    t = new Thread(new ThreadStart(Threadp));              //创建线程
    t.Start();                                             //启动线程
}
```

自定义方法**Threadp**，主要用于线程的调用。代码如下：

```
public void Threadp()
{
    textBox1.Text = "实现在子线程中操作主线程中的控件";
    t.Abort();                                             //终止线程
}
```

运行上面的代码，将会出现图11-5所示的错误提示。

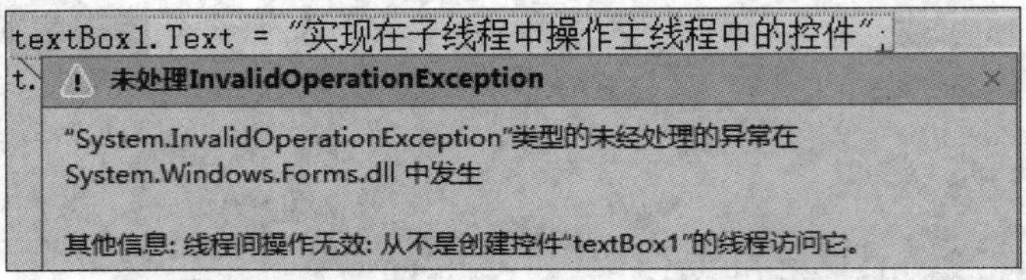

textBox1.Text = "实现在子线程中操作主线程中的控件";

> ⚠ 未处理InvalidOperationException ×
>
> "System.InvalidOperationException"类型的未经处理的异常在
> System.Windows.Forms.dll 中发生
>
> 其他信息: 线程间操作无效: 从不是创建控件"textBox1"的线程访问它。

图11-5　在子线程中操作主线程中控件的错误提示信息

以上是通过一个子线程来操作主线程中的控件，但是，这样做会出现一个问题：TextBox控件是在主线程中创建的，在子线程中并没有对其进行创建，也就是从不是创建控件的线程访问它。那么，如何解决跨线程调用Windows窗体控件的问题呢？可以用线程委托实现跨线程调用Windows窗体控件。下面将上面的代码进行改动。代码如下：

```
Thread t;                                    //定义线程变量
private void button1_Click(object sender, EventArgs e)
{
    t = new Thread(new ThreadStart(Threadp));   //创建线程
    t.Start();                               //启动线程
}
private delegate void setText();             //定义一个线程委托
```

自定义方法**Threadp**，主要用于线程的调用。代码如下：

```
public void Threadp()
{
    setText d = new setText(Threading);      //创建一个委托
    this.Invoke(d);                          //在拥用此控件的基础窗体句柄的线程上执行指定的委托
}
```

自定义方法**Threading**，主要作用于委托的调用。代码如下：

```
public void Threading()
{
    textBox1.Text = "实现在子线程中操作主线程中的控件";
    t.Abort();                               //终止线程
}
```

11.4　线程池和定时器

System.Threading命名空间中除了提供同步线程活动和访问数据的类（Thread类、Mutex类、Monitor类等）外，还包含一个ThreadPool类（它允许用户使用系统提供的线程池）和一个Timer类（它在线程池线程上执行回调方法），本节将分别对它们进行介绍。

11.4.1　线程池

许多应用程序创建的线程都要在休眠状态中消耗大量时间，以等待事件发生。其他线程可能进入休眠状态，只被定期唤醒以轮询更改或更新状态信息。线程池通过为应用程序提供一个由系统管理的辅助线程池，使使用者可以更有效地使用线程。

线程池和定时器

.NET中的**ThreadPool**类用来提供一个线程池，该线程池可用于执行任务、发送工作项、处理异步I/O、代表其他线程等待，以及处理计时器。

如果要请求由线程池中的一个线程来处理工作项，需要使用QueueUserWorkItem方法，该方法将被从线程池中选定的线程调用的方法或委托的引用用作参数。它有两种重载形式，下面分别介绍。

（1）将方法排入队列以便执行，该方法在线程池线程变得可用时执行。

public static bool QueueUserWorkItem(WaitCallback callBack)

❏ callBack：一个WaitCallback，表示要执行的方法。

❏ 返回值：如果方法成功排队，则为true；如果无法将工作项排队，则引发NotSupportedException。

（2）将方法排入队列以便执行，并指定包含该方法所用数据的对象，该方法在线程池线程变得可用时执行。

public static bool QueueUserWorkItem(WaitCallback callBack,Object state)

❏ callBack：一个WaitCallback，表示要执行的方法。

❏ state：包含方法所用数据的对象。

❏ 返回值：如果成功排队，则为true；如果无法将工作项排队，则引发NotSupportedException。

每个进程都有一个线程池。从.NET Framework 4开始，进程的线程池的默认大小由虚拟地址空间的大小等多个因素决定。进程可以调用GetMaxThreads方法以确定线程的数量。使用 SetMaxThreads方法可以更改线程池中的线程数。每个线程使用默认的堆栈大小，并按照默认的优先级运行。

例如，下面代码将自定义方法安排到线程池中执行，代码如下：

```
public static void Main()
{
    //使用线程池执行自定义的方法
    ThreadPool.QueueUserWorkItem(new WaitCallback(ThreadProc));
}
static void ThreadProc(Object stateInfo)
{
    Console.WriteLine("线程池示例");
}
```

11.4.2　定时器

.NET中的Timer类表示定时器，用来提供以指定的时间间隔执行方法的机制。使用TimerCallback委托指定希望Timer执行的方法。定时器委托在构造计时器时指定，并且不能更改，此方法不在创建计时器的线程上执行，而是在系统提供的ThreadPool线程上执行。

创建定时器时，可以指定在第一次执行方法之前等待的时间量（截止时间），以及此后的执行期间等待的时间量（时间周期）。创建定时器时，需要使用Timer类的构造函数，有5种形式，分别如下：

public Timer(TimerCallback callback)

public Timer(TimerCallback callback,Object state,int dueTime,int period)

public Timer(TimerCallback callback,Object state,long dueTime,long period)

public Timer(TimerCallback callback,Object state,TimeSpan dueTime,TimeSpan period)

public Timer(TimerCallback callback,Object state,uint dueTime,uint period)

❏ callback：一个TimerCallback委托，表示要执行的方法。

❏ state：一个包含回调方法要使用的信息的对象，或者为null。

❑ dueTime：调用callback之前延迟的时间量（以毫秒为单位）。指定Timeout.Infinite可防止启动计时器。指定零（0）可立即启动计时器。

❑ period：调用callback的时间间隔（以毫秒为单位）。指定Timeout.Infinite可以禁用定期终止。

Timer类最常用的方法有两个，一个是Change方法，用来更改计时器的启动时间和方法调用之间的间隔；另外一个是Dispose方法，用来释放Timer对象使用的所有资源。

例如，下面代码初始化一个Timer定时器，然后将定时器的时间间隔设置为500毫秒，停止计时10毫秒后生效：

```
Timer stateTimer = new Timer(tcb, autoEvent, 1000, 250);
stateTimer.Change(10, 500);
```

第一行代码中的tcb表示TimerCallback代理对象，autoEvent用来作为一个对象传递给要调用的方法，1000表示延迟时间，单位为毫秒，250表示定时器的初始时间间隔，单位也是毫秒。

11.5　互斥对象——Mutex

当两个或更多线程需要同时访问一个共享资源时，系统需要使用同步机制来确保一次只有一个线程使用该资源。Mutex类是同步基元，它只向一个线程授予对共享资源的独占访问权。如果一个线程获取了互斥体，则要获取该互斥体的第二个线程将被挂起，直到第一个线程释放该互斥体。Mutex类与监视器类似，它可以防止多个线程在某一时间同时执行某个代码块。然而与监视器不同的是，Mutex类可以用来使跨进程的线程同步。

互斥对象——
Mutex

可以使用Mutex类的WaitOne方法请求互斥体的所属权，拥有互斥体的线程可以在对WaitOne方法的重复调用中请求相同的互斥体而不会阻止其执行，但线程必须调用同样多次数的Mutex类的ReleaseMutex方法来释放互斥体的所属权。Mutex类强制线程标识，因此互斥体只能由获得它的线程释放。

Mutex类的常用方法及说明如表11-5所示。

表11-5　Mutex类的常用方法及说明

方　法	说　明
Close	在派生类中被重写时，释放由当前WaitHandle持有的所有资源
ReleaseMutex	释放Mutex一次
WaitOne	当在派生类中重写时，阻止当前线程，直到当前的WaitHandle收到信号

【例11-8】 创建一个控制台应用程序，在其中定义一个公共资源类TestMutex，在该类中定义一个线程的绑定方法TestRun，在该方法中首先使用Mutex类的WaitOne方法阻止当前线程；然后再调用Mutex类的ReleaseMutex方法释放Mutex对象，即释放当前线程；最后在Main方法中创建TestMutex对象，并同时启动3个线程来访问TestRun方法，代码如下：

```
class Program
{
    static void Main(string[] args)
    {
        TestMutex tm = new TestMutex();          //创建TestMutex对象
        for (int i = 0; i < 3; i++)              //创建3个线程，模拟多线程运行
```

```
        {
            Thread th = new Thread(tm.TestRun);    //创建线程并绑定TestRun方法
            th.Start();                            //启动线程
        }
        Console.Read();
    }
}
class TestMutex                                    //线程要访问的公共资源类
{
    private int i = 0;                             //定义整型变量，用于输出显示
    Mutex myMutex = new Mutex(false);              //创建Mutex对象
    public void TestRun()                          //定义线程的绑定方法
    {
        while(true)
        {
            if (myMutex.WaitOne())                 //阻止线程，等待WaitHandle 收到信号
            {
                break;
            }
        }
        Console.WriteLine("i的初始值为： " + i.ToString());
        Thread.Sleep(1000);                        //模拟做一些耗时的工作
        i++;                                       //变量i自增
        Console.WriteLine("i在自增之后的值为： " + i.ToString());
        myMutex.ReleaseMutex();                    //执行完毕释放资源
    }
}
```

程序运行结果请参考图11-4的运行结果。

小　结

　　本章首先对线程的分类及概述做了一个简单的介绍；然后详细讲解了C#中进行线程编程的主要类Thread，并对线程编程的常用操作、线程同步与互斥，以及线程池和定时器的使用进行了详细讲解。通过本章的学习，读者应该熟练掌握使用C#进行线程编程的知识，并能在实际开发中利用线程处理各种多任务问题。

上机指导

在局域网中扫描IP地址，为了使计算机不出现假死现象，可以利用多线程来完成IP的扫描。首先应用IPAddress类将IP地址转换成网际协议的IP地址，然后使用IPHostEntry对象加载IP地址来获取其对应的主机名，如果有主机名，则表示当前IP已被使用，并将该IP地址显示在列表中，这个过程可以通过执行子线程来完成，实例运行效果如图11-6所示。

开发步骤如下。

（1）打开VS 2017，新建一个Windows窗体应用程序，命名为ScanIP。

（2）更改默认窗体Form1的Name属性为Frm_Main，在该窗体上添加两个TextBox控件，分别用来输入开始地址和结束地址；添加一个Button控件，用来执行扫描局域网IP操作；添加一个ListView控件，用来显示搜索到的IP地址；添加一个ProgressBar控件，用来显示扫描进度；添加一个Timer控件，用来刷新ListView控件中的IP和ProgressBar控件的进度。

图11-6 使用线程扫描局域网IP地址

（3）在Frm_Main窗体的后台代码中声明一些成员变量，用来存储子线程和IP地址的扫描范围，代码如下：

上机指导

```
private Thread myThread;                        //声明线程引用
int intStrat =0;                                //定义存储扫描起始值的变量
int intEnd = 0;                                 //定义存储扫描终止值的变量
```

（4）单击"开始"按钮，按照指定范围扫描局域网内的IP地址，其Click事件的代码如下：

```
private void button1_Click(object sender, EventArgs e)
{
    try
    {
        if (button1.Text == "开始")                //若还未开始搜索
        {
            listView1.Items.Clear();              //清空ListView控件中的项
            textBox1.Enabled = textBox2.Enabled = false;
            strIP = "";                           //字符串变量赋值为空字符串
            strflag = textBox1.Text;
            StartIPAddress = textBox1.Text;       //获取开始IP地址
            EndIPAddress = textBox2.Text;         //获取终止IP地址
            //扫描的起始值
            intStrat = Int32.Parse(StartIPAddress.Substring(StartIPAddress.LastIndexOf(".") + 1));
            //扫描的终止值
            intEnd = Int32.Parse(EndIPAddress.Substring(EndIPAddress.LastIndexOf(".") + 1));
            progressBar1.Minimum = intStrat;      //指定进度条的最小值
```

```
            progressBar1.Maximum = intEnd;                    //指定进度条的最大值
            progressBar1.Value = progressBar1.Minimum;              //指定进度条初始值
            timer1.Start();                              //开始运行计时器
            button1.Text = "停止";                       //设置按钮文本为停止
            //使用StartScan方法创建线程
            myThread = new Thread(new ThreadStart(this.StartScan));
            myThread.Start();                            //开始运行扫描IP的线程
        }
        else                                          //若已开始搜索
        {
            textBox1.Enabled = textBox2.Enabled = true;
            button1.Text = "开始";                       //设置按钮文本为开始
            timer1.Stop();                              //停止运行计时器
            progressBar1.Value = intEnd;                    //设置进度条的值为最大值
            if (myThread != null)                           //判断线程对象是否为空
            {
                //若扫描IP的线程正在运行
                if (myThread.ThreadState == ThreadState.Running)
                {
                    myThread.Abort();                       //终止线程
                }
            }
        }
    }
    catch { }
}
```

（5）自定义StartScan方法，该方法实现按照指定范围扫描局域网内的IP地址，代码如下：

```
private void StartScan()
{
    //循环扫描指定的IP地址范围
    for (int i = intStrat; i <= intEnd; i++)
    {
        string strScanIP = StartIPAddress.Substring(0, StartIPAddress.LastIndexOf(".") + 1) + i.ToString();
                                                    //得到IP地址字符串
        IPAddress myScanIP = IPAddress.Parse(strScanIP);         //转换成IP地址为IPAddress
        strflag = strScanIP;                            //临时存储扫描到的IP地址
        try
        {
            IPHostEntry myScanHost = Dns.GetHostByAddress(myScanIP); //获取DNS主机信息
            string strHostName = myScanHost.HostName.ToString();     //获取主机名
```

```
        if (strIP == "")                                      //若是扫描到的第一个IP地址
            strIP += strScanIP + "->" + strHostName;          //IP地址与主机名组合的字符串
        else
            strIP += "," + strScanIP + "->" + strHostName;
    }
    catch { }
  }
}
```

习 题

11-1 简述多线程的优点。

11-2 创建线程有几种方法？

11-3 如何设置线程的优先级？

11-4 简述lock关键字的主要作用。

11-5 简述Monitor类与Mutex类的主要区别。

11-6 如何将线程加入线程池？

第12章

综合案例——腾龙进销存管理系统

■ 前面章节中讲解了使用C#进行程序开发的主要技术，而本章则给出一个完整的应用案例——腾龙进销存管理系统。该系统能够为使用者提供进货管理、销售管理、往来对账管理、库存管理、基础数据管理等功能；另外，还可以为使用者提供系统维护、辅助工具和系统信息等功能。通过该案例，读者可以熟悉实际项目的开发过程，掌握C#在实际项目开发中的综合应用。

12.1　需求分析

腾龙进销存管理
系统使用说明

目前市场上的进销存管理系统很多，但企业很难找到一款真正称心、符合自身情况的进销存管理软件。由于存在各种不足，企业在选择进销存管理系统时倍感困惑，主要集中在以下方面。

（1）大多数自称为进销存管理系统的软件其实只是简单的库存管理系统，难以真正地让企业提高工作效率，且降低管理成本的效果也不明显。

（2）系统功能不切实际，大多是互相模仿，不是根据企业实际需求开发出来的。

（3）大部分系统安装部署、管理极不方便，或者选用小型数据库不能满足企业海量数据存取的需要。

（4）系统操作不方便，界面设计不美观、不标准、不专业、不统一，用户实施及学习费时费力。

12.2　总体设计

12.2.1　系统目标

本系统属于中小型的数据库系统，可以对中小型企业进销存工作进行有效管理。通过本系统可以达到以下目标。

- ❑ 灵活地运用表格批量录入数据，使信息的传递更加快捷。
- ❑ 系统采用人机交互方式，界面美观友好，信息查询灵活、方便，数据存储安全可靠。
- ❑ 与供应商和代理商账目等清晰。
- ❑ 功能强大的月营业额分析。
- ❑ 实现各种查询（如定位查询、模糊查询等）。
- ❑ 实现商品进货分析与统计、销售分析与统计、商品销售成本明细等功能。
- ❑ 强大的库存预警功能，尽可能地减少商家不必要的损失。
- ❑ 实现灵活的打印功能（如单页、多页和复杂打印等）。
- ❑ 系统对用户输入的数据进行严格的数据检验，尽可能地排除人为错误。
- ❑ 系统最大限度地实现了易安装、易维护和易操作等特性。

12.2.2　构建开发环境

- ❑ 系统开发平台：Microsoft Visual Studio 2017。
- ❑ 系统开发语言：C#。
- ❑ 数据库管理软件：Microsoft SQL Server 2017。
- ❑ 操作系统：Windows 7（SP1）/ Windows 8/Windows 8.1/Windows 10。
- ❑ 运行环境：Microsoft .NET Framework SDK v4.6。

12.2.3　系统功能结构

腾龙进销存管理系统是一个典型的数据库开发应用程序，主要由进货管理、销售管理、库存管理、基础数据管理、系统维护和辅助工具等模块组成，具体规划如下。

- ❑ 进货管理模块。

进货管理模块主要负责商品的进货数据录入、进货退货数据录入、进货分析、进货统计（不包含退货）、与供应商往来对账。

❑ 销售管理模块。

销售管理模块主要负责商品的销售数据录入、销售退货数据录入、销售统计（不含退货）、商品销售成本表、月销售状况（销售分析、明细账本）、与代理商往来对账、商品销售排行。

❑ 库存管理模块。

库存管理模块主要负责库存状况、库存商品上限报警、库存商品下限报警、商品进销存变动、库存盘点（自动盘赢盘亏）。

❑ 基础数据管理模块。

基础数据管理模块主要负责对系统基本数据录入，基础数据包括库存商品、往来单位、公司职员。

❑ 系统维护模块。

系统维护模块主要负责本单位信息、系统管理设置、操作权限设置、数据备份和恢复、数据清理。

❑ 辅助工具模块。

辅助工具模块的功能：登录Internet、启动Word、启动Excel和计算器等。

腾龙进销存管理系统功能结构如图12-1所示。

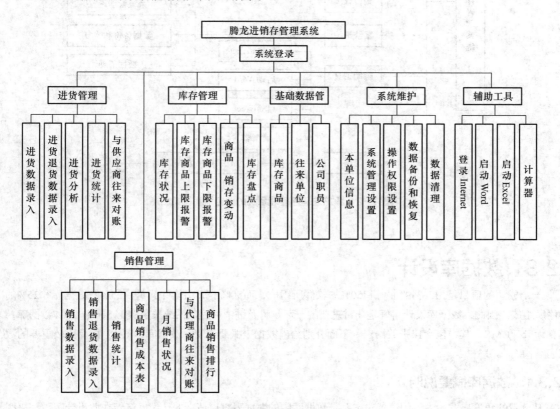

图12-1　系统功能结构

12.2.4　业务流程图

腾龙进销存管理系统业务流程图如图12-2所示。

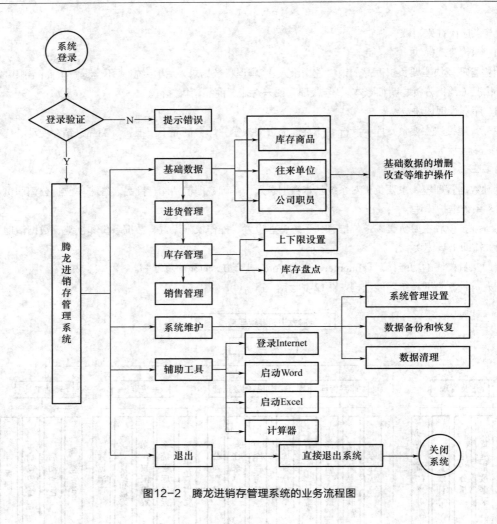

图12-2　腾龙进销存管理系统的业务流程图

12.3　数据库设计

一个成功的项目是由50%的业务和50%的软件所组成，而50%的成功软件又是由25%的数据库和25%的程序所组成。因此，数据库设计得好是非常重要的一环。腾龙进销存管理系统采用SQL Server 2017数据库，名称为db_ EMS，其中包含14张数据表。下面分别给出数据表概要说明、数据库E-R图分析及比较重要的数据表结构。

12.3.1　数据库概要说明

从读者的角度出发，为了使读者对本系统数据库中的数据表有更清晰的认识，笔者在此设计了数据表树形结构图，如图12-3所示，其中包含了对系统中所有数据表的相关描述。

12.3.2　数据库E-R图

通过对系统进行的需求分析、业务流程设计及系统功能结构的确定，规划出系统中使用的数据库实体对象及E-R图。

腾龙进销存管理系统的主要功能是商品的入库、出库管理，因此需要规划库存商品基本信息实体，它包

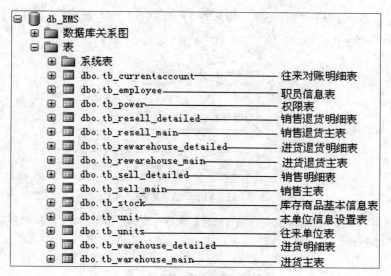

图12-3 数据表树形结构图

括商品编号、商品全称、商品简称、商品型号、商品规格、单位、产地、库存数量、最后一次进价、加权平均价、最后一次销价、盘点数量、存货报警上限和存货报警下限等属性。库存商品基本信息实体E-R图如图12-4所示。

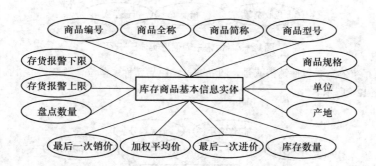

图12-4 库存商品基本信息实体E-R图

腾龙进销存管理系统中，对库存信息进行管理时，涉及库存商品的各个方面，比如进货信息、销售信息、往来对账信息和盘点信息等，因此在规划数据库实体时，应该规划出相应的实体。下面介绍几个重要的库存商品相关实体。进货主表信息实体主要包括录单日期、进货编号、供货单位、经手人、摘要、应付金额和实付金额等属性，其E-R图如图12-5所示。

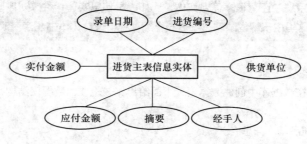

图12-5 进货主表信息实体E-R图

进货明细表信息实体主要包括进货编号、商品编号、商品名称、单位、数量、进价、金额和录单日期等属性，其E-R图如图12-6所示。

图12-6　进货明细表信息实体E-R图

销售主表信息实体主要包括录单日期、销售编号、购货单位、经手人、摘要、应收金额和实收金额等属性，其E-R图如图12-7所示。

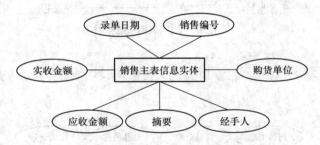

图12-7　销售主表信息实体E-R图

销售明细表信息实体主要包括销售编号、商品编号、商品名称、单位、数量、单价、金额和录单日期等属性，其E-R图如图12-8所示。

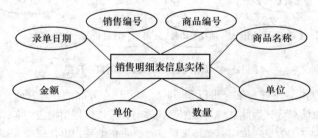

图12-8　销售明细表信息实体E-R图

> **说明**　腾龙进销存管理系统中还有很多信息实体，比如职员信息实体、往来对账明细信息实体、往来单位信息实体等，这里由于篇幅限制，不一一介绍，详情请参见本书配套资源中的数据库。

12.3.3　数据表结构

根据设计好的E-R图在数据库中创建数据表，下面给出比较重要的数据表结构，其他数据表结构可参见本书配套资源。

❑　tb_stock（库存商品基本信息表）。

库存商品基本信息表用于存储库存商品的基础信息，该表的结构如表12-1所示。

表12-1　库存商品基本信息表

字段名称	数据类型	字段大小	说　明
tradecode	varchar	5	商品编号
fullname	varchar	30	商品全称
type	varchar	10	商品型号
standard	varchar	10	商品规格
unit	varchar	10	单位
produce	varchar	20	产地
qty	float	8	库存数量
price	float	8	最后一次进价
averageprice	float	8	加权平均价
saleprice	float	8	最后一次销价
stockcheck	float	8	盘点数量
upperlimit	int	4	存货报警上限
lowerlimit	int	4	存货报警下限

❑　tb_warehouse_main（进货主表）。

进货主表用于存储商品进货的主要信息，该表的结构如表12-2所示。

表12-2　进货主表

字段名称	数据类型	字段大小	说　明
billdate	datetime	8	录单日期
billcode	varchar	20	进货编号
units	varchar	30	供货单位
handle	varchar	10	经手人
summary	varchar	100	摘要
fullpayment	float	8	应付金额
payment	float	8	实付金额

❑　tb_warehouse_detailed（进货明细表）。

进货明细表用于存储进货商品的详细信息，该表的结构如表12-3所示。

表12-3　进货明细表

字段名称	数据类型	字段大小	说　明
billcode	varchar	20	进货编号
tradecode	varchar	20	商品编号
fullname	varchar	20	商品名称
unit	varchar	4	单位
qty	float	8	数量
price	float	8	进价
tsum	float	8	金额
billdate	datetime	8	录单日期

❑ tb_sell_main（销售主表）。

销售主表用于保存销售商品的主要信息，该表的结构如表12-4所示。

表12-4 销售主表

字段名称	数据类型	字段大小	说 明
billdate	datetime	8	录单日期
billcode	varchar	20	销售编号
units	varchar	30	购货单位
handle	varchar	10	经手人
summary	varchar	100	摘要
fullgathering	float	8	应收金额
gathering	float	8	实收金额

❑ tb_sell_detailed（销售明细表）。

销售明细表用于存储销售商品的详细信息，该表的结构如表12-5所示。

表12-5 销售明细表

字段名称	数据类型	字段大小	说 明
billcode	varchar	20	销售编号
tradecode	varchar	20	商品编号
fullname	varchar	20	商品全称
unit	varchar	4	单位
qty	float	8	数量
price	float	8	单价
tsum	float	8	金额
billdate	datetime	8	录单日期

 由于篇幅有限，这里只列举了重要的数据表结构，其他的数据表结构可参见本书配套资源中的数据库文件。

12.4 公共类设计

开发项目时，通过编写公共类可以减少重复代码的编写，有利于代码的重用及维护。腾龙进销存管理系统中创建了两个公共类文件DataBase.cs（数据库操作类）和BaseInfo.cs（基础功能模块类）。其中，数据库操作类主要用来访问SQL数据库，基础功能模块类主要用于处理业务逻辑功能，透彻地说就是实现功能窗体（陈述层）与数据库操作（数据层）的业务功能。下面分别对以上两个公共类中的方法进行详细介绍。

12.4.1 DataBase公共类

DataBase类中自定义了Open、Close、MakeInParam、MakeParam、RunProc、RunProcReturn、CreateDataAdaper和CreateCommand等多个方法，下面分别对它们进行介绍。

1. Open方法

建立数据的连接主要通过SqlConnection类实现，并初始化数据库连接字符串，然后通过State属性判断连接状态，如果数据库连接状态为关，则打开数据库连接。实现打开数据库连接的Open方法的代码如下：

```
private void Open()
{
    if (con == null)                                                //判断连接对象是否为空
    {
        //创建数据库连接对象
        con = new SqlConnection("Data Source=MRWXK\\WANGXIAOKE;DataBase=db_EMS;User ID=sa;
PWD=");
    }
    if (con.State == System.Data.ConnectionState.Closed)            //判断数据库连接是否关闭
        con.Open();                                                 //打开数据库连接
}
```

> 说明　读者在运行本系统时，需要将Open方法中的数据库连接字符串中的Data Source属性修改为本机的SQL Server 2017服务器名，并且将User ID属性和PWD属性分别修改为本机登录SQL Server 2017服务器的用户名和密码。

2. Close方法

关闭数据库连接主要通过SqlConnection对象的Close方法实现。自定义Close方法关闭数据库连接的代码如下：

```
public void Close()
{
    if (con != null)                                                //判断连接对象是否不为空
        con.Close();                                                //关闭数据库连接
}
```

3. MakeInParam和MakeParam方法

本系统向数据库中读写数据是以参数形式实现的。MakeInParam方法用于传入参数，MakeParam方法用于转换参数。实现MakeInParam方法和MakeParam方法的关键代码如下：

```
public SqlParameter MakeInParam(string ParamName, SqlDbType DbType, int Size, object Value)
{
    //创建SQL参数
    return MakeParam(ParamName, DbType, Size, ParameterDirection.Input, Value);
}
public SqlParameter MakeParam(string ParamName, SqlDbType DbType, Int32 Size, ParameterDirection
Direction, object Value)                                            //初始化参数值
{
    SqlParameter param;                                             //声明SQL参数对象
    if (Size > 0)                                                   //判断参数字段是否大于0
        param = new SqlParameter(ParamName, DbType, Size);          //根据类型和大小创建SQL参数
    else
        param = new SqlParameter(ParamName, DbType);                //创建SQL参数对象
```

```
    param.Direction = Direction;                                        //设置SQL参数的类型
    if (!(Direction == ParameterDirection.Output && Value == null))     //判断是否输出参数
        param.Value = Value;                                            //设置参数返回值
    return param;                                                       //返回SQL参数
}
```

4. RunProc方法

RunProc方法为可重载方法，用来执行带SqlParameter参数的命令文本，其中，第一种重载形式主要用于执行添加、修改和删除等操作；第二种重载形式用来直接执行SQL语句，如数据库备份与数据库恢复。实现可重载方法RunProc的关键代码如下：

```
public int RunProc(string procName, SqlParameter[] prams)              //执行命令
{
    SqlCommand cmd = CreateCommand(procName, prams);                   //创建SqlCommand对象
    cmd.ExecuteNonQuery();                                             //执行SQL命令
    this.Close();                                                      //关闭数据库连接
    return (int)cmd.Parameters["ReturnValue"].Value;                  //得到执行成功返回值
}
public int RunProc(string procName)                                    //直接执行SQL语句
{
    this.Open();                                                       //打开数据库连接
    SqlCommand cmd = new SqlCommand(procName, con);                   //创建SqlCommand对象
    cmd.ExecuteNonQuery();                                             //执行SQL命令
    this.Close();                                                      //关闭数据库连接
    return 1;                                                          //返回1，表示执行成功
}
```

5. RunProcReturn方法

RunProcReturn方法为可重载方法，返回值类型DataSet，其中，第一种重载形式主要用于执行带SqlParameter参数的查询命令文本；第二种重载形式用来直接执行查询SQL语句。可重载方法RunProcReturn的关键代码如下：

```
//执行查询命令文本，并且返回DataSet数据集
public DataSet RunProcReturn(string procName, SqlParameter[] prams, string tbName)
{
    SqlDataAdapter dap = CreateDataAdaper(procName, prams);            //创建桥接器对象
    DataSet ds = new DataSet();                                        //创建数据集对象
    dap.Fill(ds, tbName);                                              //填充数据集
    this.Close();                                                      //关闭数据库连接
    return ds;                                                         //返回数据集
}
//执行命令文本，并且返回DataSet数据集
public DataSet RunProcReturn(string procName, string tbName)
{
```

```
            SqlDataAdapter dap = CreateDataAdaper(procName, null);              //创建桥接器对象
            DataSet ds = new DataSet();                                         //创建数据集对象
            dap.Fill(ds, tbName);                                               //填充数据集
            this.Close();                                                       //关闭数据库连接
            return ds;                                                          //返回数据集
        }
```

6. CreateDataAdaper方法

CreateDataAdaper方法将带参数SqlParameter的命令文本添加到SqlDataAdapter中，并执行命令文本。CreateDataAdaper方法的关键代码如下：

```
        private SqlDataAdapter CreateDataAdaper(string procName, SqlParameter[] prams)
        {
            this.Open();                                                        //打开数据库连接
            SqlDataAdapter dap = new SqlDataAdapter(procName, con);             //创建桥接器对象
            dap.SelectCommand.CommandType = CommandType.Text;                   //要执行的类型为命令文本
            if (prams != null)                                                  //判断SQL参数是否不为空
            {
                foreach (SqlParameter parameter in prams)                       //遍历传递的每个SQL参数
                    dap.SelectCommand.Parameters.Add(parameter);                //将参数添加到命令对象中
            }
            //加入返回参数
            dap.SelectCommand.Parameters.Add(new SqlParameter("ReturnValue", SqlDbType.Int, 4, ParameterDirection.
ReturnValue, false, 0, 0, string.Empty, DataRowVersion.Default, null));
            return dap;                                                         //返回桥接器对象
        }
```

7. CreateCommand方法

CreateCommand方法将带参数SqlParameter的命令文本添加到CreateCommand中，并执行命令文本。CreateCommand方法的关键代码如下：

```
        private SqlCommand CreateCommand(string procName, SqlParameter[] prams)
        {
            this.Open();                                                        //打开数据库连接
            SqlCommand cmd = new SqlCommand(procName, con);                     //创建SqlCommand对象
            cmd.CommandType = CommandType.Text;                                 //要执行的类型为命令文本
            //依次把参数传入命令文本
            if (prams != null)                                                  //判断SQL参数是否不为空
            {
                foreach (SqlParameter parameter in prams)                       //遍历传递的每个SQL参数
                    cmd.Parameters.Add(parameter);                              //将参数添加到命令对象中
            }
            //加入返回参数
            cmd.Parameters.Add(new SqlParameter("ReturnValue", SqlDbType.Int, 4,
```

```
        ParameterDirection.ReturnValue, false, 0, 0, string.Empty, DataRowVersion.Default, null));
    return cmd;                                            //返回SqlCommand命令对象
}
```

12.4.2　BaseInfo公共类

BaseInfo类是基础功能模块类，它主要用来处理业务逻辑功能。下面对该类中的实体类及相关方法进行详细讲解。

 BaseInfo类中包含了库存商品管理、往来单位管理、进货管理、退货管理、职员管理、权限管理等多个模块的业务代码实现，而它们的原理是大致相同的。这里由于篇幅限制，在讲解BaseInfo类的实现时，将以库存商品管理为典型进行详细讲解，其他模块的具体业务代码请见本书配套资源中的BaseInfo类源代码文件。

1. CStockInfo实体类

当读取或设置库存商品数据时，都是通过库存商品类cStockInfo实现的。库存商品类cStockInfo的关键代码如下：

```
public class cStockInfo
{
    private string tradecode = "";
    private string fullname = "";
    private string tradetpye = "";
    private string standard = "";
    private string tradeunit = "";
    private string produce = "";
    private float qty = 0;
    private float price = 0;
    private float averageprice = 0;
    private float saleprice = 0;
    private float check = 0;
    private float upperlimit = 0;
    private float lowerlimit = 0;
    /// <summary>
    /// 商品编号
    /// </summary>
    public string TradeCode
    {
        get { return tradecode; }
        set { tradecode = value; }
    }
    /// <summary>
    /// 单位全称
```

```csharp
        /// </summary>
        public string FullName
        {
            get { return fullname; }
            set { fullname = value; }
        }
        /// <summary>
        /// 商品型号
        /// </summary>
        public string TradeType
        {
            get { return tradetpye; }
            set { tradetpye = value; }
        }
        /// <summary>
        /// 商品规格
        /// </summary>
        public string Standard
        {
            get { return standard; }
            set { standard = value; }
        }
        /// <summary>
        /// 商品单位
        /// </summary>
        public string Unit
        {
            get { return tradeunit; }
            set { tradeunit = value; }
        }
        /// <summary>
        /// 商品产地
        /// </summary>
        public string Produce
        {
            get { return produce; }
            set { produce = value; }
        }
        /// <summary>
        /// 库存数量
```

```
        /// </summary>
        public float Qty
        {
            get { return qty; }
            set { qty = value; }
        }
        /// <summary>
        /// 进货时最后一次价格
        /// </summary>
        public float Price
        {
            get { return price; }
            set { price = value; }
        }
        /// <summary>
        /// 加权平均价格
        /// </summary>
        public float AveragePrice
        {
            get { return averageprice; }
            set { averageprice = value; }
        }
        /// <summary>
        /// 销售时的最后一次销价
        /// </summary>
        public float SalePrice
        {
            get { return saleprice; }
            set { saleprice = value; }
        }
        /// <summary>
        /// 盘点数量
        /// </summary>
        public float Check
        {
            get { return check; }
            set { check = value; }
        }
        /// <summary>
        /// 库存报警上限
```

```
        /// </summary>
        public float UpperLimit
        {
            get { return upperlimit; }
            set { upperlimit = value; }
        }
        /// <summary>
        /// 库存报警下限
        /// </summary>
        public float LowerLimit
        {
            get { return lowerlimit; }
            set { lowerlimit = value; }
        }
    }
```

2. AddStock方法

库存商品数据主要用于完成对库存商品的添加、修改、删除及查询等操作，下面对其相关的方法进行详细讲解。

AddStock方法主要用于实现添加库存商品基本信息数据。实现关键技术为：创建SqlParameter参数数组，通过数据库操作类（DataBase）中MakeInParam方法将参数值转换为SqlParameter类型，储存在数组中，最后调用数据库操作类（DataBase）中RunProc方法执行命令文本。AddStock方法关键代码如下：

```
public int AddStock(cStockInfo stock)
{
    SqlParameter[] prams = {
            data.MakeInParam("@tradecode",  SqlDbType.VarChar, 5, stock.TradeCode),
        data.MakeInParam("@fullname",  SqlDbType.VarChar, 30,stock.FullName),
        data.MakeInParam("@type",  SqlDbType.VarChar, 10, stock.TradeType),
        data.MakeInParam("@standard",  SqlDbType.VarChar, 10, stock.Standard),
        data.MakeInParam("@unit",  SqlDbType.VarChar, 4, stock.Unit),
        data.MakeInParam("@produce",  SqlDbType.VarChar, 20, stock.Produce),
    };
    return (data.RunProc("INSERT INTO tb_stock (tradecode, fullname, type, standard, unit, produce) VALUES
(@tradecode,@fullname,@type,@standard,@unit,@produce)", prams));
}
```

3. UpdateStock方法

UpdateStock方法主要实现修改库存商品基本信息，实现代码如下：

```
public int UpdateStock(cStockInfo stock)
{
    SqlParameter[] prams = {
            data.MakeInParam("@tradecode",  SqlDbType.VarChar, 5, stock.TradeCode),
```

```
                data.MakeInParam("@fullname", SqlDbType.VarChar, 30, stock.FullName),
                data.MakeInParam("@type", SqlDbType.VarChar, 10, stock.TradeType),
                data.MakeInParam("@standard", SqlDbType.VarChar, 10, stock.Standard),
                data.MakeInParam("@unit", SqlDbType.VarChar, 4, stock.Unit),
                data.MakeInParam("@produce", SqlDbType.VarChar, 20, stock.Produce),
        };
        return (data.RunProc("update tb_stock set fullname=@fullname,type=@type,standard=@standard,unit=@unit,produce=@produce where tradecode=@tradecode", prams));
    }
```

4. DeleteStock方法

DeleteStock方法主要实现删除库存商品信息，实现代码如下：

```
public int DeleteStock(cStockInfo stock)
{
    SqlParameter[] prams = {
            data.MakeInParam("@tradecode", SqlDbType.VarChar, 5, stock.TradeCode),
        };
    return (data.RunProc("delete from tb_stock where tradecode=@tradecode", prams));
}
```

5. FindStockByProduce、FindStockByFullName和GetAllStock方法

本系统中主要根据商品产地和商品名称查询库存商品信息，以及查询所有库存商品信息。FindStockBy-Produce方法根据"商品产地"得到库存商品信息；FindStockByFullName方法根据"商品名称"得到库存商品信息；GetAllStock方法得到所有库存商品信息。以上3种方法的关键代码如下：

```
//根据"商品产地"得到库存商品信息
public DataSet FindStockByProduce(cStockInfo stock, string tbName)
{
    SqlParameter[] prams = {
            data.MakeInParam("@produce", SqlDbType.VarChar, 5, stock.Produce+"%"),
        };
    return (data.RunProcReturn("select * from tb_stock where produce like @produce", prams, tbName));
}
//根据"商品名称"得到库存商品信息
public DataSet FindStockByFullName(cStockInfo stock, string tbName)
{
    SqlParameter[] prams = {
            data.MakeInParam("@fullname", SqlDbType.VarChar, 30, stock.FullName+"%"),
        };
    return (data.RunProcReturn("select * from tb_stock where fullname like @fullname", prams, tbName));
}
//得到所有库存商品信息
public DataSet GetAllStock(string tbName)
```

```
{
    return (data.RunProcReturn("select * from tb_Stock ORDER BY tradecode", tbName));
}
```

12.5   系统主要模块开发

本节将对腾龙进销存管理系统的几个主要功能模块实现时用到的主要技术及实现过程进行详细讲解。

12.5.1   系统主窗体设计

主窗体是程序操作过程中必不可少的部分，它是人机交互的重要环节。通过主窗体，用户可以调用系统相关的各个子模块，快速掌握本系统中所实现的各个功能。腾龙进销存管理系统中，当登录窗体验证成功后，用户将进入主窗体，主窗体中提供了系统菜单栏，可以通过它调用系统中的所有子窗体。主窗体运行结果如图12-9所示。

图12-9   系统主窗体

1. 使用MenuStrip控件设计菜单栏

本系统的菜单栏是通过MenuStrip控件实现的，设计菜单栏的具体步骤如下。

（1）从工具箱中拖动一个MenuStrip控件置于腾龙进销存管理系统的主窗体中，如图12-10所示。

图12-10   拖动MenuStrip控件

（2）为菜单栏中的各个菜单设置菜单名称，如图12-11所示。在输入菜单名称时，系统会自动产生输入下一个菜单名称的提示。

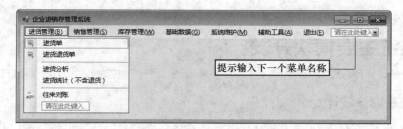

图12-11　为菜单栏添加菜单

（3）选中菜单，单击其"属性"窗口中的DropDownItems属性后面的 ▦ 按钮，弹出"项集合编辑器"对话框，如图12-12所示。该对话框中可以为菜单设置Name名称，也可以通过单击其DropDownItems属性后面的 ▦ 按钮继续添加子项。

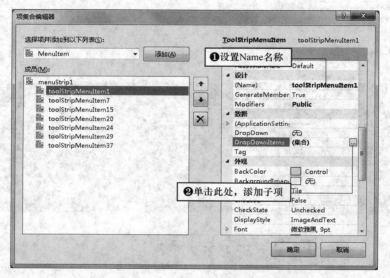

图12-12　为菜单栏中的菜单命名并添加子项

2. 系统主窗体实现过程

（1）新建一个Windows窗体，命名为frmMain.cs，主要用来作为腾龙进销存管理系统的主窗体，该窗体中添加一个MenuStrip控件，用来作为窗体的菜单栏。

（2）单击菜单栏中的各菜单调用相应的子窗体，下面以单击"进货管理"/"进货单"菜单为例进行说明，代码如下：

```
private void fileBuyStock_Click(object sender, EventArgs e)
{
    new EMS.BuyStock.frmBuyStock().Show();                      //调用进货单窗体
}
```

说明 其他菜单的Click事件与"进货管理"/"进货单"菜单的Click事件实现原理一致，都是使用new关键字创建指定的窗体对象，然后使用Show方法显示指定的窗体。

12.5.2 库存商品管理模块设计

库存商品管理模块主要用来添加、编辑、删除和查询库存商品的基本信息，其运行结果如图12-13所示。

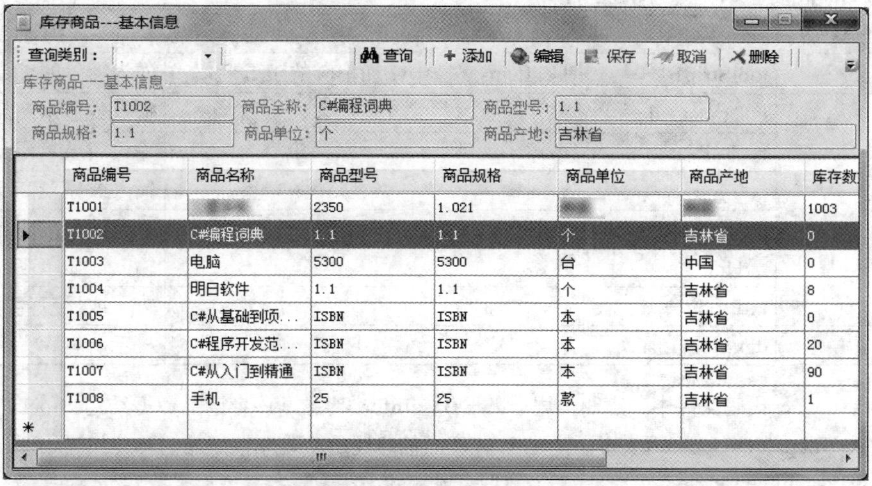

图12-13 库存商品管理模块

1. 自动生成库存商品编号

实现库存商品管理模块时，首先需要为每种商品设置一个库存编号，本系统中实现了自动生成商品库存编号的功能，以便能够更好地识别商品。具体实现时，首先需要从库存商品基本信息表（**tb_stock**）中获取所有商品信息，并按编号降序排序，从而获得已经存在的最大编号；然后根据获得的最大编号，为其数字码加一，从而生成一个最新的编号。关键代码如下：

```
DataSet ds = null;                                       //创建数据集对象
string P_Str_newTradeCode = "";                          //设置库存商品编号为空
int P_Int_newTradeCode = 0;                              //初始化商品编号中的数字码
ds = baseinfo.GetAllStock("tb_stock");                   //获取库存商品信息
if (ds.Tables[0].Rows.Count == 0)                        //判断数据集中是否有值
{
    txtTradeCode.Text = "T1001";                         //设置默认商品编号
}
else
{
    //获取已经存在的最大编号
    P_Str_newTradeCode = Convert.ToString(ds.Tables[0].Rows[ds.Tables[0].Rows.Count − 1]["tradecode"]);
    //获取一个最新的数字码
    P_Int_newTradeCode = Convert.ToInt32(P_Str_newTradeCode.Substring(1, 4)) + 1;
    P_Str_newTradeCode = "T" + P_Int_newTradeCode.ToString();   //获取最新商品编号
    txtTradeCode.Text = P_Str_newTradeCode;                     //将商品编号显示在文本框中
}
```

2. 库存商品管理模块实现过程

（1）新建一个Windows窗体，命名为frmStock.cs，主要用来对库存商品信息进行添加、修改、删除和查询等操作。该窗体主要用到的控件如表12-6所示。

表12-6　库存商品管理窗体主要用到的控件

控 件 类 型	控件ID	主要属性设置	用　　途
ToolStrip	toolStrip1	在其Items属性中添加相应的工具栏项	作为窗体的工具栏
TextBox	txtTradeCode	无	输入或显示商品编号
	txtFullName	无	输入或显示商品全称
	txtType	无	输入或显示商品型号
	txtStandard	无	输入或显示商品规格
	txtUnit	无	输入或显示商品单位
	txtProduce	无	输入或显示商品产地
DataGridView	dgvStockList	无	显示所有库存商品信息

（2）frmStock.cs代码文件中，声明全局业务层BaseInfo类对象、库存商品数据结构cStock Info类对象和定义全局变量G_Int_addOrUpdate用来识别添加库存商品信息还是修改库存商品信息。代码如下：

```
BaseClass.BaseInfo baseinfo = new EMS.BaseClass.BaseInfo();          //创建BaseInfo类的对象
//创建cStockInfo类的对象
BaseClass.cStockInfo stockinfo = new EMS.BaseClass.cStockInfo();
int G_Int_addOrUpdate = 0;                                           //定义添加/修改操作标识
```

（3）窗体的Load事件中主要实现检索库存商品所有信息，并使用DataGridView控件进行显示的功能。关键代码如下：

```
private void frmStock_Load(object sender, EventArgs e)
{
    txtTradeCode.ReadOnly = true;                                    //设置商品编号文本框只读
    this.cancelEnabled();                                            //设置各按钮的可用状态
    //显示所有库存商品信息
    dgvStockList.DataSource = baseinfo.GetAllStock("tb_stock").Tables[0].DefaultView;
    this.SetdgvStockListHeadText();                                  //设置DataGridView控件的列标题
}
```

（4）单击"添加"按钮，实现库存商品自动编号功能，编号格式为T1001，同时将G_Int_addOrUpdate变量设置为0，以标识"保存"按钮的操作为添加数据。"添加"按钮的Click事件代码如下：

```
private void tlBtnAdd_Click(object sender, EventArgs e)
{
    this.editEnabled();                                              //设置各个控件的可用状态
    this.clearText();                                                //清空文本框
    G_Int_addOrUpdate = 0;                                           //等于0为添加数据
    DataSet ds = null;                                               //创建数据集对象
    string P_Str_newTradeCode = "";                                  //设置库存商品编号为空
    int P_Int_newTradeCode = 0;                                      //初始化商品编号中数字码
    ds = baseinfo.GetAllStock("tb_stock");                           //获取库存商品信息
```

```
        if (ds.Tables[0].Rows.Count == 0)                                //判断数据集中是否有值
        {
            txtTradeCode.Text = "T1001";                                 //设置默认商品编号
        }
        else
        {
            //获取已经存在的最大编号
            P_Str_newTradeCode = Convert.ToString(ds.Tables[0].Rows[ds.Tables[0].Rows.Count - 1]["tradecode"]);
            //获取一个最新的数字码
            P_Int_newTradeCode = Convert.ToInt32(P_Str_newTradeCode.Substring(1, 4)) + 1;
            P_Str_newTradeCode = "T" + P_Int_newTradeCode.ToString();    //获取最新商品编号
            txtTradeCode.Text = P_Str_newTradeCode;                      //将商品编号显示在文本框
        }
    }
```

（5）单击"编辑"按钮，将**G_Int_addOrUpdate**变量设置为1，以标识"保存"按钮的操作为修改数据，关键代码如下：

```
private void tlBtnEdit_Click(object sender, EventArgs e)
{
    this.editEnabled();                                                  //设置各个按钮的可用状态
    G_Int_addOrUpdate = 1;                                               //等于1为修改数据
}
```

（6）单击"保存"按钮，保存新增信息或更改库存商品信息，其功能的实现主要是通过全局变量**G_Int_addOrUpdate**控制。关键代码如下：

```
private void tlBtnSave_Click(object sender, EventArgs e)
{
    if (G_Int_addOrUpdate == 0)                                          //判断是添加还是修改数据
    {
        try
        {
            //添加数据
            stockinfo.TradeCode = txtTradeCode.Text;
            stockinfo.FullName = txtFullName.Text;
            stockinfo.TradeType = txtType.Text;
            stockinfo.Standard = txtStandard.Text;
            stockinfo.Unit = txtUnit.Text;
            stockinfo.Produce = txtProduce.Text;
            int id = baseinfo.AddStock(stockinfo);                       //执行添加操作
            MessageBox.Show("新增--库存商品数据--成功！", "成功提示！", MessageBoxButtons.OK, MessageBoxIcon.Information);
        }
```

```
            catch (Exception ex)
            {
                MessageBox.Show(ex.Message,"错误提示", MessageBoxButtons.OK, MessageBoxIcon.Error);
            }
        }
        else
        {
            //修改数据
            stockinfo.TradeCode = txtTradeCode.Text;
            stockinfo.FullName = txtFullName.Text;
            stockinfo.TradeType = txtType.Text;
            stockinfo.Standard = txtStandard.Text;
            stockinfo.Unit = txtUnit.Text;
            stockinfo.Produce = txtProduce.Text;
            int id = baseinfo.UpdateStock(stockinfo);                        //执行修改操作
            MessageBox.Show("修改--库存商品数据--成功！", "成功提示！", MessageBoxButtons.OK, Message
BoxIcon.Information);
        }
        //显示最新的库存商品信息
        dgvStockList.DataSource = baseinfo.GetAllStock("tb_stock").Tables[0].DefaultView;
        this.SetdgvStockListHeadText();                                      //设置DataGridView标题
        this.cancelEnabled();                                               //设置各个按钮的可用状态
    }
```

（7）单击"删除"按钮，删除选中的库存商品信息，关键代码如下：

```
    private void tlBtnDelete_Click(object sender, EventArgs e)
    {
        if (txtTradeCode.Text.Trim() == string.Empty)                       //判断是否选择了商品编号
        {
            MessageBox.Show("删除--库存商品数据--失败！", "错误提示！", MessageBoxButtons.OK, Message
BoxIcon.Error);
            return;
        }
        stockinfo.TradeCode = txtTradeCode.Text;                            //记录商品编号
        int id = baseinfo.DeleteStock(stockinfo);                           //执行删除操作
        MessageBox.Show("删除--库存商品数据--成功！", "成功提示！", MessageBoxButtons.OK, Message
BoxIcon.Information);
        //显示最新的库存商品信息
        dgvStockList.DataSource = baseinfo.GetAllStock("tb_stock").Tables[0].DefaultView;
        this.SetdgvStockListHeadText();                                     //设置DataGridView标题
```

```
        this.clearText();                                      //清空文本框
    }
```

（8）单击"查询"按钮，根据设置的查询条件查询库存商品数据信息，并使用DataGridView控件进行显示。关键代码如下：

```
private void tlBtnFind_Click(object sender, EventArgs e)
{
    if (tlCmbStockType.Text == string.Empty)              //判断查询类别是否为空
    {
        MessageBox.Show("查询类别不能为空！", "错误提示！", MessageBoxButtons.OK, MessageBoxIcon.Error);
        tlCmbStockType.Focus();                          //使查询类别下拉列表获得鼠标焦点
        return;
    }
    else
    {
        if (tlTxtFindStock.Text.Trim() == string.Empty)  //判断查询关键字是否为空
        {
            //显示所有库存商品信息
            dgvStockList.DataSource = baseinfo.GetAllStock("tb_stock").Tables[0].DefaultView;
            this.SetdgvStockListHeadText();              //设置DataGridView控件的列标题
            return;
        }
    }
    DataSet ds = null;                                    //创建DataSet对象
    if (tlCmbStockType.Text == "商品产地")                 //按商品产地查询
    {
        stockinfo.Produce = tlTxtFindStock.Text;         //记录商品产地
        ds = baseinfo.FindStockByProduce(stockinfo, "tb_Stock");//根据商品产地查询
        dgvStockList.DataSource = ds.Tables[0].DefaultView;  //显示查询到的信息
    }
    else                                                  //按商品名称查询
    {
        stockinfo.FullName = tlTxtFindStock.Text;        //记录商品名称
        ds = baseinfo.FindStockByFullName(stockinfo, "tb_stock");//根据商品名称查询商品信息
        dgvStockList.DataSource = ds.Tables[0].DefaultView;  //显示查询到的信息
    }
    this.SetdgvStockListHeadText();                      //设置DataGridView标题
}
```

12.5.3　进货管理模块概述

进货管理模块主要包括对进货单及进货退货单的管理，由于它们的实现原理是相同的，所以这里以进货

单管理为例来讲解进货管理模块的实现过程。进货单管理窗体主要用来批量添加进货信息，其运行结果如图12-14所示。

图12-14　进货管理模块

1. 向进货单中批量添加商品

进货管理模块实现时，每一个进货单据都会对应多种商品，这样就需要向进货单中批量添加进货信息，那么该功能是如何实现的呢？本系统中通过一个for循环，遍历进货单中已经选中的商品，从而实现向进货单中批量添加商品的功能，关键代码如下：

```
for (int i = 0; i < dgvStockList.RowCount - 1; i++)
{
    billinfo.BillCode = txtBillCode.Text;
    billinfo.TradeCode = dgvStockList[0, i].Value.ToString();
    billinfo.FullName = dgvStockList[1, i].Value.ToString();
    billinfo.TradeUnit = dgvStockList[2, i].Value.ToString();
    billinfo.Qty = Convert.ToSingle(dgvStockList[3, i].Value.ToString());
    billinfo.Price = Convert.ToSingle(dgvStockList[4, i].Value.ToString());
    billinfo.TSum = Convert.ToSingle(dgvStockList[5, i].Value.ToString());
    //执行多行录入数据（添加到明细表中）
    baseinfo.AddTableDetailedWarehouse(billinfo, "tb_warehouse_detailed");
    //更改库存数量和加权平均价格
    DataSet ds = null;                                      //创建数据集对象
    stockinfo.TradeCode = dgvStockList[0, i].Value.ToString();
    ds = baseinfo.GetStockByTradeCode(stockinfo, "tb_stock");
    stockinfo.Qty = Convert.ToSingle(ds.Tables[0].Rows[0]["qty"]);
    stockinfo.Price = Convert.ToSingle(ds.Tables[0].Rows[0]["price"]);
    stockinfo.AveragePrice = Convert.ToSingle(ds.Tables[0].Rows[0]["averageprice"]);
    //处理加权平均价格
    if (stockinfo.Price == 0)
```

```
    {
        stockinfo.AveragePrice = billinfo.Price;        //第一次进货时，加权平均价格等于进货价格
        stockinfo.Price = billinfo.Price;               //获取单价
    }
    else
    {
        //加权平均价格=（加权平均价*库存总数量+本次进货价格*本次进货数量）/（库存总数量+本次进货数量）
        stockinfo.AveragePrice = ((stockinfo.AveragePrice * stockinfo.Qty + billinfo.Price * billinfo.Qty) /
(stockinfo.Qty + billinfo.Qty));
    }
    stockinfo.Qty = stockinfo.Qty + billinfo.Qty;//更新商品库存数量
    int d = baseinfo.UpdateStock_QtyAndAveragerprice(stockinfo);//执行更新操作
}
```

2. 进货管理模块实现过程

（1）新建一个Windows窗体，命名为frmBuyStock.cs，主要用于实现批量进货功能。该窗体主要用到的控件如表12-7所示。

表12-7　进货管理窗体主要用到的控件

控件类型	控件ID	主要属性设置	用　途
TextBox	txtBillCode	ReadOnly属性设置为True	显示单据编号
	txtBillDate	ReadOnly属性设置为True	显示录单日期
	txtHandle	Modifiers属性设置为Public	输入经手人
	txtUnits	Modifiers属性设置为Public	输入供货单位
	txtSummary	无	输入摘要
	txtStockQty	ReadOnly属性设置为True	显示进货数量
	txtFullPayment	ReadOnly属性设置为True，Text属性设置为0	显示应付金额
	txtpayment	Text属性设置为0	输入实付金额
	txtBalance	Text属性设置为0	显示或输入差额
Button	btnSelectHandle	Text属性设置为<<	选择经手人
	btnSelectUnits	Text属性设置为<<	选择供货单位
	btnSave	Text属性设置为"保存"	保存进货信息
	btnExit	Text属性设置为"退出"	退出当前窗体
DataGridView	dgvStockList	在其Columns属性中添加"商品编号""商品名称""商品单位""数量""单价"和"金额"等6列	选择并显示进货单中的所有商品信息

（2）frmBuyStock.cs代码文件中，声明全局业务层BaseInfo类对象、单据数据结构cBillInfo类对象、往来账数据结构cCurrentAccount类对象和库存商品信息数据结构stockinfo类对象。代码如下：

```
BaseClass.BaseInfo baseinfo = new EMS.BaseClass.BaseInfo();        //创建BaseInfo类的对象
BaseClass.cBillInfo billinfo = new EMS.BaseClass.cBillInfo();      //创建cBillInfo类的对象
```

```
//创建cCurrentAccount类的对象
BaseClass.cCurrentAccount currentAccount = new EMS.BaseClass.cCurrentAccount();
//创建cStockInfo类的对象
BaseClass.cStockInfo stockinfo = new EMS.BaseClass.cStockInfo();
```

（3）在**frmBuyStock**窗体的**Load**事件中编写代码，主要用于实现自动生成进货商品单据编号的功能，代码如下：

```
private void frmBuyStock_Load(object sender, EventArgs e)
{
    txtBillDate.Text = DateTime.Now.ToString("yyyy-MM-dd");          //获取录单日期
    DataSet ds = null;                                              //创建数据集对象
    string P_Str_newBillCode = "";                                  //记录新的单据编号
    int P_Int_newBillCode = 0;                                      //记录单据编号中的数字码
    ds = baseinfo.GetAllBill("tb_warehouse_main");                  //获取所有进货单信息
    if (ds.Tables[0].Rows.Count == 0)                               //判断数据集中是否有值
    {
        //生成新的单据编号
        txtBillCode.Text = DateTime.Now.ToString("yyyyMMdd") + "JH" + "1000001";
    }
    else
    {
        //获取已经存在的最大编号
        P_Str_newBillCode = Convert.ToString(ds.Tables[0].Rows[ds.Tables[0].Rows.Count - 1]["billcode"]);
        //获取一个最新的数字码
        P_Int_newBillCode = Convert.ToInt32(P_Str_newBillCode.Substring(10, 7)) + 1;
        //获取最新单据编号
        P_Str_newBillCode = DateTime.Now.ToString("yyyyMMdd") + "JH" + P_Int_newBillCode.ToString();
        txtBillCode.Text = P_Str_newBillCode;                       //将单据编号显示在文本框
    }
    txtHandle.Focus();                                              //使经手人文本框获得焦点
}
```

（4）单击"经手人"文本框后的"<<"按钮弹出窗体对话框，用于选择进货单据经手人。关键代码如下：

```
private void btnSelectHandle_Click(object sender, EventArgs e)
{
    EMS.SelectDataDialog.frmSelectHandle selecthandle;             //声明窗体对象
    selecthandle = new EMS.SelectDataDialog.frmSelectHandle();     //初始化窗体对象
    //将新创建的窗体对象设置为同一个窗体类的对象
    selecthandle.buyStock = this;
    //用于识别是哪一个窗体调用的selecthandle窗口
    selecthandle.M_str_object = "BuyStock";
```

```
        selecthandle.ShowDialog();                                        //显示窗体
    }
```

（5）单击"往来单位"文本框后的"<<"按钮，弹出往来单位窗体对话框，用于选择供货单位。关键代码如下：

```
    private void btnSelectUnits_Click(object sender, EventArgs e)
    {
        EMS.SelectDataDialog.frmSelectUnits selectUnits;                  //声明窗体对象
        selectUnits = new EMS.SelectDataDialog.frmSelectUnits();          //初始化窗体对象
        //将新创建的窗体对象设置为同一个窗体类的对象
        selectUnits.buyStock = this;
        //用于识别是哪一个窗体调用的selectUnits窗口
        selectUnits.M_str_object = "BuyStock";
        selectUnits.ShowDialog();                                         //显示窗体
    }
```

（6）双击DataGridView控件的单元格，弹出库存商品数据，用于选择进货商品。关键代码如下：

```
    private void dgvStockList_CellDoubleClick(object sender, DataGridViewCellEventArgs e)
    {
        //创建frmSelectStock窗体对象
        SelectDataDialog.frmSelectStock selectStock = new EMS.SelectDataDialog.frmSelectStock();
        //将新创建的窗体对象设置为同一个窗体类的对象
        selectStock.buyStock = this;
        selectStock.M_int_CurrentRow = e.RowIndex;                        //记录选中的行索引
        //用于识别是哪一个窗体调用的selectStock窗口
        selectStock.M_str_object = "BuyStock";
        //显示frmSelectStock窗体
        selectStock.ShowDialog();
    }
```

（7）为了实现自动合计某一商品进货金额，在DataGridView控件的单元格中的CellValueChanged事件中添加如下代码：

```
    private void dgvStockList_CellValueChanged(object sender, DataGridViewCellEventArgs e)
    {
        if (e.ColumnIndex == 3)                                           //统计商品金额
        {
            try
            {
                float tsum = Convert.ToSingle(dgvStockList[3, e.RowIndex].Value.ToString()) * Convert.ToSingle
(dgvStockList[4, e.RowIndex].Value.ToString());                           //计算商品总金额
                dgvStockList[5, e.RowIndex].Value = tsum.ToString();      //显示商品总金额
            }
            catch { }
```

```
        }
        if (e.ColumnIndex == 4)
        {
            try
            {
                float tsum = Convert.ToSingle(dgvStockList[3, e.RowIndex].Value.ToString()) * Convert.ToSingle
(dgvStockList[4, e.RowIndex].Value.ToString());                          //计算商品总金额
                dgvStockList[5, e.RowIndex].Value = tsum.ToString();        //显示商品总金额
            }
            catch { }
        }
    }
```

（8）为了统计进货单的进货数量和进货金额，在DataGridView控件的CellStateChanged事件下添加代码如下：

```
private void dgvStockList_CellStateChanged(object sender, DataGridViewCellStateChangedEventArgs e)
{
    try
    {
        float tqty = 0;                                    //记录进货数量
        float tsum = 0;                                    //记录应付金额
        //遍历DataGridView控件中的所有行
        for (int i = 0; i <= dgvStockList.RowCount; i++)
        {
            //计算应付金额
            tsum = tsum + Convert.ToSingle(dgvStockList[5, i].Value.ToString());
            //计算进货数量
            tqty = tqty + Convert.ToSingle(dgvStockList[3, i].Value.ToString());
            txtFullPayment.Text = tsum.ToString();          //显示应付金额
            txtStockQty.Text = tqty.ToString();             //显示进货数量
        }
    }
    catch { }
}
```

（9）在实付金额文本框的TextChanged事件添加如下代码，用于实现计算应付金额和实付金额的差值：

```
private void txtpayment_TextChanged(object sender, EventArgs e)
{
    try
    {
        txtBalance.Text = Convert.ToString(Convert.ToSingle(txtFullPayment.Text) – Convert.ToSingle(txtpayment.
```

```
Text));                                    //自动计算差额
        }
    catch(Exception ex)
    {
        MessageBox.Show("录入非法字符！！！"+ex.Message,"错误提示",MessageBoxButtons.OK, Message
BoxIcon.Error);
        //使实付金额文本框获得鼠标焦点
        txtpayment.Focus();
    }
}
```

（10）单击"保存"按钮，保存单据中所有进货商品信息，关键代码如下：

```
private void btnSave_Click(object sender, EventArgs e)
{
    //往来单位和经手人不能为空
    if (txtHandle.Text == string.Empty || txtUnits.Text == string.Empty)
    {
        MessageBox.Show("供货单位和经手人为必填项！","错误提示",MessageBoxButtons.OK,MessageBoxIcon.
Error);
        return;
    }
    if (Convert.ToString(dgvStockList[3, 0].Value) == string.Empty || Convert.ToString(dgvStockList[4, 0].Value)
== string.Empty || Convert.ToString(dgvStockList[5, 0].Value) == string.Empty)   //列表中数据不能为空
    {
        MessageBox.Show("请核实列表中数据：'数量' '单价' '金额' 不能为空！","错误提示", MessageBox
Buttons.OK, MessageBoxIcon.Error);
        return;
    }
    if (txtFullPayment.Text.Trim() == "0")                            //应付金额不能为空
    {
        MessageBox.Show("应付金额不能为'0'！","错误提示", MessageBoxButtons.OK, MessageBoxIcon.Error);
        return;
    }
    //向进货表（主表）录入商品单据信息
    billinfo.BillCode = txtBillCode.Text;
    billinfo.Handle = txtHandle.Text;
    billinfo.Units = txtUnits.Text;
    billinfo.Summary = txtSummary.Text;
    billinfo.FullPayment =Convert.ToSingle(txtFullPayment.Text);
    billinfo.Payment = Convert.ToSingle(txtpayment.Text);
    baseinfo.AddTableMainWarehouse(billinfo, "tb_warehouse_main");        //执行添加操作
```

```
//向进货（明细表）中录入商品单据信息
for (int i = 0; i < dgvStockList.RowCount − 1; i++)
{
    billinfo.BillCode = txtBillCode.Text;
    billinfo.TradeCode = dgvStockList[0, i].Value.ToString();
    billinfo.FullName = dgvStockList[1, i].Value.ToString();
    billinfo.TradeUnit = dgvStockList[2, i].Value.ToString();
    billinfo.Qty = Convert.ToSingle(dgvStockList[3, i].Value.ToString());
    billinfo.Price = Convert.ToSingle(dgvStockList[4, i].Value.ToString());
    billinfo.TSum = Convert.ToSingle(dgvStockList[5, i].Value.ToString());
    //执行多行录入数据（添加到明细表中）
    baseinfo.AddTableDetailedWarehouse(billinfo, "tb_warehouse_detailed");
    //更改库存数量和加权平均价格
    DataSet ds = null;                                          //创建数据集对象
    stockinfo.TradeCode = dgvStockList[0, i].Value.ToString();
    ds = baseinfo.GetStockByTradeCode(stockinfo, "tb_stock");
    stockinfo.Qty = Convert.ToSingle(ds.Tables[0].Rows[0]["qty"]);
    stockinfo.Price = Convert.ToSingle(ds.Tables[0].Rows[0]["price"]);
    stockinfo.AveragePrice = Convert.ToSingle(ds.Tables[0].Rows[0]["averageprice"]);
    //处理加权平均价格
    if (stockinfo.Price == 0)
    {
        //第一次进货时，加权平均价格等于进货价格
        stockinfo.AveragePrice = billinfo.Price;
        stockinfo.Price = billinfo.Price;                       //获取单价
    }
    else
    {
        //加权平均价格=（加权平均价*库存总数量+本次进货价格*本次进货数量）/
        （库存总数量+本次进货数量）
        stockinfo.AveragePrice = ((stockinfo.AveragePrice * stockinfo.Qty + billinfo.Price * billinfo.Qty) /
(stockinfo.Qty + billinfo.Qty));
    }
    stockinfo.Qty = stockinfo.Qty + billinfo.Qty;               //更新商品库存数量
    int d = baseinfo.UpdateStock_QtyAndAveragerprice(stockinfo);//执行更新操作
}
//向往来对账明细表中添加明细数据
currentAccount.BillCode = txtBillCode.Text;
currentAccount.ReduceGathering =Convert.ToSingle(txtFullPayment.Text);
currentAccount.FactReduceGathering =Convert.ToSingle(txtpayment.Text);
```

currentAccount.Balance =Convert.ToSingle(txtBalance.Text);

currentAccount.Units = txtUnits.Text;

int ca = baseinfo.AddCurrentAccount(currentAccount);   //执行添加操作

MessageBox.Show("进货单－－过账成功！","成功提示",MessageBoxButtons.OK,MessageBoxIcon.
Information);

this.Close();   //关闭当前窗体

    }

12.5.4　商品销售排行模块概述

商品销售排行模块主要用来根据指定的日期、往来单位及经手人等条件，按销售数量或销售金额对商品销售信息进行排序，该模块运行时，首先弹出"选择排行榜条件"对话框，如图12-15所示。

在图12-15所示对话框中选择完排行榜条件后，单击"确定"按钮，显示商品销售排行榜窗体，如图12-16所示。

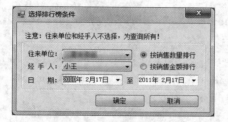

图12-15　"选择排行榜条件"对话框

图12-16　商品销售排行榜

1. 使用BETWEEN…AND关键字查询数据

实现商品销售排行模块时，涉及查询指定时间段内信息的功能，这时需要使用SQL中的BETWEEN…AND关键字，下面对其进行详细讲解。

BETWEEN…AND关键字是SQL提供的用来查询指定时间段数据的关键字，其使用效果如图12-17所示。

图12-17　使用BETWEEN…AND关键字查询指定时间段数据

 说明　本系统中使用了BETWEEN…AND关键字查询指定时间段的数据记录，开发人员还可以通过该关键字查询指定数值范围的数据记录，例如，查询年龄为20～29岁的学生信息等。

2. 商品销售排行模块实现过程

（1）新建一个Windows窗体，命名为frmSelectOrderby.cs，主要用来指定筛选商品销售排行榜的条件，该窗体主要用到的控件如表12-8所示。

表12-8　商品排行榜条件窗体主要用到的控件

控件类型	控件ID	主要属性设置	用　途
![icon] ComboBox	cmbUnits	DropDownStyle属性设置为DropDownList	选择往来单位
	cmbHandle	DropDownStyle属性设置为DropDownList	选择经手人
⊙ RadioButton	rdbSaleQty	Checked属性设置为True，Text属性设置为"按销售数量排行"	按销售数量排行
	rdbSaleSum	Text属性设置为"按销售金额排行"	按销售金额排行
![icon] DateTimePicker	dtpStar	无	选择开始日期
	dtpEnd	无	选择结束日期
![icon] Button	btnOk	Text属性设置为"确定"	根据指定的条件查询信息
	btnCancel	Text属性设置为"取消"	关闭当前窗体

（2）新建一个Windows窗体，命名为frmSellStockDesc.cs，在该窗体中添加一个DataGridView控件，用来显示商品销售排行。

（3）frmSelectOrderby.cs代码文件中，创建全局BaseInfo类对象，用于调用业务层中功能方法，因为类BaseInfo存放在BaseClass目录中，在创建类对象时应先指名目录名称。代码如下：

```
BaseClass.BaseInfo baseinfo = new EMS.BaseClass.BaseInfo();          //创建BaseInfo类的对象
```

（4）在窗体的Load事件中编写如下代码，主要用于将经手人和往来单位动态添加到ComboBox控件中。关键代码如下：

```
private void frmSelectOrderby_Load(object sender, EventArgs e)
{
    DataSet ds = null;                                               //创建数据集对象
    ds = baseinfo.SetUnitsList("tb_units");                          //获取往来单位信息
    for (int i = 0; i < ds.Tables[0].Rows.Count; i++)                //遍历往来单位信息数据集
    {
        //显示往来单位名称
        cmbUnits.Items.Add(ds.Tables[0].Rows[i]["fullname"].ToString());
    }
    ds = baseinfo.SetHandleList("tb_employee");                      //获取职员信息
    for (int i = 0; i < ds.Tables[0].Rows.Count; i++)                //遍历职员信息数据
    {
        //显示职员名称
        cmbHandle.Items.Add(ds.Tables[0].Rows[i]["fullname"].ToString());
    }
}
```

（5）单击"确定"按钮，根据所选的条件进行排行，关键代码如下：

```
private void btnOk_Click(object sender, EventArgs e)
{
    //创建商品销售排行榜窗体对象
    SaleStock.frmSellStockDesc sellStockDesc = new EMS.SaleStock.frmSellStockDesc();
```

```
        DataSet ds = null;                              //创建数据集对象
        //判断"按销售金额排行"单选按钮是否选中
        if (rdbSaleSum.Checked)
        {
            ds = baseinfo.GetTSumDesc(cmbHandle.Text, cmbUnits.Text, dtpStar.Value, dtpEnd.Value, "tb_desc");
                                                        //按销售金额排行查询数据
            //在商品销售排行榜窗体中显示查询到的数据
            sellStockDesc.dgvStockList.DataSource = ds.Tables[0].DefaultView;
        }
        else
        {
            //按销售数量排行查询数据
            ds = baseinfo.GetQtyDesc(cmbHandle.Text, cmbUnits.Text, dtpStar.Value, dtpEnd.Value, "tb_desc");
            //在商品销售排行榜窗体中显示查询到的数据
            sellStockDesc.dgvStockList.DataSource = ds.Tables[0].DefaultView;
        }
        sellStockDesc.Show();                           //显示商品销售排行榜窗体
        this.Close();                                   //关闭当前窗体
    }
```

12.6 运行项目

模块设计及代码编写完成之后，单击VS 2017工具栏中的 ▶ 按钮，或者在菜单中选择"调试"/"启动调试"或"调试"/"开始执行（不调试）"，运行该项目，弹出腾龙进销存管理系统"登录"对话框，如图12-18所示。

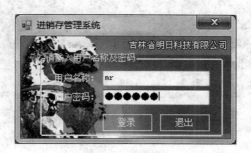

图12-18 "登录"对话框

在"登录"对话框中输入用户名和密码，单击"登录"按钮，进入腾龙进销存管理系统的主窗体，然后用户可以通过对主窗体中的菜单进行操作，以便调用其各个子模块。例如，在主窗体中执行菜单中的"进货管理"/"进货单"，可以弹出"进货单---进货管理"窗体，如图12-19所示。在该窗体中，可以添加进货信息。

在添加进货信息时，还可以单击"供货单位"文本框后面"<<"按钮，在弹出的"选择－－往来单位－－"对话框中选择供货单位，如图12-20所示。

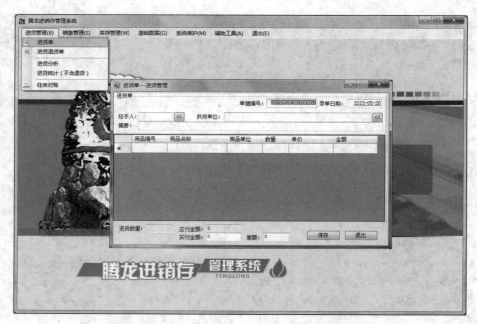

图12-19 通过菜单显示"进货单---进货管理"窗体

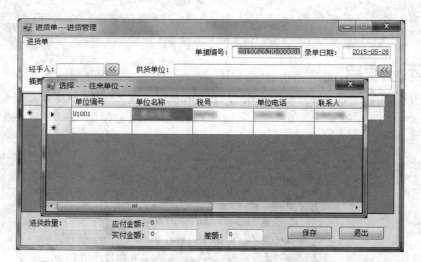

图12-20 在弹出的"选择－－往来单位－－"对话框中选择供货单位

小 结

　　本章使用面向对象编程技术，结合三层架构开发模式开发了一个腾龙进销存管理系统。面向对象编程技术是现在主要的项目开发技术，三层架构开发模式则代表着未来软件开发方向的主流模式。希望读者通过对本章内容的学习，能够对掌握面向对象编程技术和熟悉三层架构开发模式有所帮助。

第13章

课程设计——桌面提醒工具

本章要点

桌面提醒工具的设计目的 ■
桌面提醒工具的开发环境要求 ■
主要功能模块的界面设计 ■
主要功能模块的关键代码 ■
桌面提醒工具的调试运行 ■

■ 无论是在生活中，还是在工作中，小到个人，大到国家都会制定计划，并且有些计划是十分重要的。可繁忙的工作和较快的生活节奏，也许会让你偶尔"健忘"。如果你打开计算机开始一天的工作，一款"桌面提醒工具"软件按照你事先设定的程序，给你一个温馨的提示，这会对你的工作有所帮助。本章将介绍如何开发一个功能齐全并有着良好交互性的桌面提醒工具。

13.1　课程设计目的

本章将"桌面提醒工具"作为这一学期的课程设计之一，本次课程设计旨在提升学生的动手能力，加强学生对专业理论知识的理解和实际应用。本次课程设计的主要目的如下。

- 加深对面向对象程序设计思想的理解，能对软件功能进行分析，并设计合理的类结构。
- 掌握Windows窗体应用程序的开发过程。
- 掌握使用多线程技术执行任务的方法。
- 掌握ADO.NET数据库开发技术的使用。
- 提高软件的开发能力，能够运用合理的控制流程编写高效的代码。
- 培养分析问题、解决实际问题的能力。

13.2　功能描述

通过深入广泛地实际调研，为桌面提醒工具设计出以下功能。

- 软件的界面设计和操作流程要求友好度高，适用于各年龄段的用户，操作便捷，容易上手。
- 手动进行计划的录入，并对计划进行查询、统计。
- 手动进行提醒设置。
- 根据用户事先设置的功能，提供自动服务的功能。
- 定期弹出"提示气泡"，实时提醒用户。
- 方便的设置系统，定时关机、重启等。

13.3　总体设计

13.3.1　构建开发环境

桌面提醒工具的开发环境具体要求如下。

- 系统开发平台：Microsoft Visual Studio 2017。
- 系统开发语言：C#。
- 操作系统：Windows 7（SP1）/ Windows 8/Windows 8.1/Windows 10。
- 运行环境：Microsoft .NET Framework SDK v4.6。

13.3.2　程序预览

桌面提醒工具主要由10个部分组成，包括提示气泡界面、托盘菜单、计划录入界面、计划查询界面、定时关机窗口、启动提示窗口、提醒设置界面、处理计划窗体、计划统计界面、历史查询界面。下面将介绍其中的5个部分。

如图13-1所示，提示气泡界面会定时弹出包含将要执行的计划信息的界面，以提醒用户。

图13-1　提示气泡界面

如图13-2所示，本程序为了使用户操作方便，在桌面的右下角添加了一个"托盘菜单"，该菜单包括"打开窗口""系统设置"和"退出程序"等。

如图13-3所示，计划录入界面用于添加、修改和删除计划信息，计划录入是整个系统的主要数据来源。

图13-2　托盘菜单

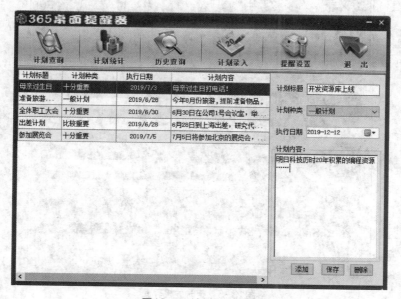

图13-3　计划录入界面

如图13-4所示，计划查询界面用于查询近期要执行的计划任务，可以"按照提前天数查询"，也可以"按照计划内容关键字查询"，并且双击某一条计划信息，还可以打开"处理计划"窗口，在该窗口中对计划的执行做简单的说明。

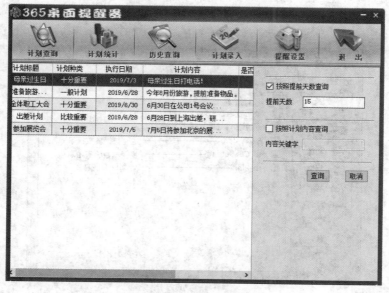

图13-4　计划查询界面

如图13-5所示，定时关机界面用于设置计算机系统定时关机的各种参数，包括关机时间、关机类型、执行周期和启用按预设时间关机功能等。

图13-5　定时关机界面

13.4　数据库设计

桌面提醒工具应用Access作为数据库，该软件的数据库名称为PlanRemind（对应的物理文件名称为PlanRemind.mdb），其中包含了3个数据表，分别用来存储定时关机参数、提醒参数信息和计划任务信息，如图13-6所示。

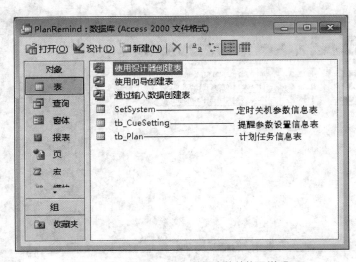

图13-6　PlanRemind数据库的结构及说明

13.5   公共类设计

为了提高代码的重用率和加强代码的集中化管理，本软件将数据绑定功能和一些特殊属性封装在自定义类中，下面对这些自定义类进行详解介绍。

13.5.1   封装数据值和显示值的类

为了将DataGridView控件的DataGridViewComboBoxColumn列的数据值转换为显示值，需要定义两个属性分别来存储该列的ValueMember和DisplayMember属性值，这两个自定义属性被封装在CalFlag类中，代码如下：

```
class CalFlag                                      //该类封装了两个特殊属性
{
    public string DisplayText                      //存储DisplayMember属性值
    {
        get;                                       //获取数据
        set;                                       //设置数据
    }
    public string DataValue                        //存储ValueMember属性值
    {
        get;                                       //获取数据
        set;                                       //设置数据
    }
}
```

13.5.2   绑定和显示数据的类

为了在DataGridView控件的DataGridViewComboBoxColumn列中显示数据，本软件实现将List<CalFlag >实例绑定到DataGridViewComboBoxColumn列；另外，为了更加清晰地查看DataGridView控件中的数据记录，本软件实现了在DataGridView控件中隔行换色显示数据记录功能。这两个功能被封装在ExtendDataGridView自定义类中，该类封装了两个扩展方法，代码如下：

```
static class ExtendDataGridView
{
    /// 转换DataGridViewComboBoxColumn列的数据值为显示值
    /// <param name="dgvcbxColumn">DataGridViewComboBoxColumn列</param>
    /// <param name="strValueMemberName">数据值</param>
    /// <param name="strDisplayMemberName">显示值</param>
    /// <param name="items">集合</param>
    public static void ConvertValueToText(this DataGridViewComboBoxColumn dgvcbxColumn, string strValueMemberName, string strDisplayMemberName, ICollection items)
    {
        dgvcbxColumn.DataSource = items;                           //设置数据源
        dgvcbxColumn.ValueMember = strValueMemberName;            //设置数据值
        dgvcbxColumn.DisplayMember = strDisplayMemberName;        //设置显示值
```

```
    }
    /// 在DataGridView控件中隔行换色显示数据记录
    /// <param name="dgv">DataGridView控件</param>
    /// <param name="color">偶数行的颜色</param>
    public static void AlternateColor(this DataGridView dgv, Color color)
    {
        dgv.SelectionMode = DataGridViewSelectionMode.FullRowSelect;    //设置选定模式为整行
        foreach (DataGridViewRow dgvr in dgv.Rows)                      //遍历所有的数据行
        {
            if (dgvr.Index % 2 == 0)                                    //若是偶数行
            {
                dgvr.DefaultCellStyle.BackColor = color;                //设置偶数行背景颜色
            }
        }
    }
}
```

13.6 实现过程

13.6.1 提醒设置

提醒设置提供了两个重要的自动服务功能，一个是软件启动后，自动检索指定天数内将要执行的计划任务；另外一个是软件按照指定的时间间隔弹出提示气泡。这两种功能都是在提醒设置界面中启用的，提醒设置界面的运行效果如图13-7所示。

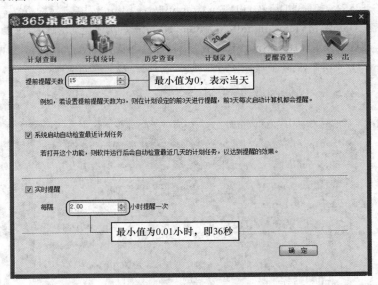

图13-7 提醒设置界面

1. 设计提醒设置界面

把应用程序默认的Form1窗体重命名为Frm_Main，在窗体上部的工具栏位置添加一个PictureBox控件，命名为pic_CueSetting，用来作为"提醒设置"按钮；在该窗体的下部添加一个Panel控件，命名为panel_CueSetting，在该Panel控件中添加若干控件，用来显示和设置提示信息。该Panel控件中添加的主要控件及说明如表13-1所示。

表13-1　提醒设置界面添加的主要控件及说明

控件类型	控件ID	主要属性设置	用　途
A Label	lab_Days	默认设置	该控件的文本用于对"提前提醒天数"这个概念进行解释
	lab_AutoRetrieve	默认设置	该控件的文本用于对"自动检查"这个概念进行解释
NumericUpDown	nud_Days	Value属性设置为3	设置"提前提醒天数"
	nud_TimeInterval	Mininum属性设置为0.01；Value属性设置为4	设置提醒间隔
☑ CheckBox	chb_IsAutoCheck	Checked属性设置为True	设置系统启动自动检查最近未执行的计划任务
	chb_IsTimeCue	Checked属性设置为True	设置系统是否具有实时提醒的功能
Button	button1	默认设置	实现保存数据的操作

2. 打开提醒设置界面

在窗体的工具栏中单击"提醒设置"按钮，程序将设置panel_CueSetting控件为可见状态，而设置其他界面的Panel控件为不可见状态，"提醒设置"按钮的Click事件代码如下：

```
private void pic_CueSetting_Click(object sender, EventArgs e)
{
    panel_PlanRegister.Visible = false;                              //计划录入面板不可见
    panel_PlanSearch.Visible = false;                               //计划查询面板不可见
    panel_PlanStat.Visible = false;                                 //计划统计面板不可见
    panel_HisSearch.Visible = false;                                //历史查询面板不可见
    panel_CueSetting.Visible = true;                                //提醒设置面板不可见
    //检索提醒设置数据表
    OleDbDataAdapter oleDa = new OleDbDataAdapter("Select top 1 * from tb_CueSetting",oleConn);
    DataTable dt = new DataTable();                                 //创建DataTable实例
    oleDa.Fill(dt);                                                 //把数据填充到DataTable实例
    if (dt.Rows.Count > 0)                                          //若存在数据
    {
        DataRow dr = dt.Rows[0];                                    //获取第一条数据
        nud_Days.Value=Convert.ToDecimal(dr["Days"]);              //获取提前天数
        chb_IsAutoCheck.Checked = Convert.ToBoolean(dr["IsAutoCheck"]); //设置是否自动检查
        chb_IsTimeCue.Checked = Convert.ToBoolean(dr["IsTimeCue"]);  //设置是否实时提醒
        nud_TimeInterval.Value = Convert.ToDecimal(dr["TimeInterval"]); //读取时间间隔
    }
}
```

3. 保存提示设置

首先输入"提前提醒天数"，因为软件的"系统启动自动检查最近计划任务"功能和"实时提醒"功能都要读取"提前提醒天数"这个数据；然后设置自动检查、实时提醒和时间间隔；最后单击"确定"按钮保存提示设置，实现代码如下：

```csharp
private void button1_Click(object sender, EventArgs e)
{
    //创建命令对象
    OleDbCommand oleCmd = new OleDbCommand("SELECT top 1 * FROM tb_CueSetting", oleConn);
    if (oleConn.State != ConnectionState.Open)              //若数据连接未打开
    {
        oleConn.Open();                                     //打开数据连接
    }
    OleDbDataReader oleDr = oleCmd.ExecuteReader();         //创建只读数据流
    //定义插入SQL语句
    string strInsertSql = "INSERT INTO tb_CueSetting VALUES(" + Convert.ToInt32(nud_Days.Value) + "," +
chb_IsAutoCheck.Checked + "," + chb_IsTimeCue.Checked + "," + Convert.ToDouble(nud_TimeInterval.Value)+")";
    //定义更新SQL语句
    string strUpdateSql = "UPDATE tb_CueSetting set Days = " + Convert.ToInt32(nud_Days.Value) +
",IsAutoCheck = " + chb_IsAutoCheck.Checked + ",IsTimeCue = " + chb_IsTimeCue.Checked + ",TimeInterval = " +
Convert.ToDouble(nud_TimeInterval.Value);
    //获取本次要执行的SQL语句
    string strSql = oleDr.HasRows ? strUpdateSql : strInsertSql;
    oleDr.Close();                                          //关闭只读数据流
    oleCmd.CommandType = CommandType.Text;                  //设置命令类型
    oleCmd.CommandText = strSql;                            //设置SQL语句
    if (oleCmd.ExecuteNonQuery() > 0)                       //若执行SQL语句成功
    {
        MessageBox.Show("设置成功！");                      //弹出成功提示框
        if (chb_IsTimeCue.Checked)
        {
            //设置Timer控件的触发频率
            timer1.Interval = Convert.ToInt32(nud_TimeInterval.Value * 3600 * 1000);
            timer1.Enabled = true;                          //启动计时器
        }
        else
        {
            timer1.Enabled = false;                         //禁用计时器
        }

    }
    else                                                    //若执行失败
```

```
    {
        MessageBox.Show("设置失败！");                    //弹出失败提示框
    }
    oleConn.Close();                                      //关闭连接
}
```

13.6.2　计划录入

计划录入是桌面提醒工具软件的核心数据来源，系统所有的业务都围绕着计划展开，计划的内容包括计划标题（标题必须填写）、计划种类、执行日期和计划内容，"计划录入"界面的运行效果如图13-8所示。

图13-8　计划录入界面

1. 设计计划录入界面

在Frm_Main窗体上部的工具栏位置添加一个PictureBox控件，命名为pic_PlanRegister，用来作为"计划录入"按钮；在该窗体的下部添加一个Panel控件，命名为panel_PlanRegister，在该Panel控件中添加若干控件，用来输入计划信息。该Panel控件中添加的主要控件及说明如表13-2所示。

表13-2　计划任务界面添加的主要控件及说明

控件类型	控件ID	主要属性设置	用　途
abl TextBox	txt_PlanTitle	Enabled属性设置为false	输入计划标题
DateTimePicker	dtp_ExecuteTime	Enabled属性设置为false	选择计划执行日期
ComboBox	cbox_PlanKind	Enabled属性设置为false，DropDownStyle属性设置DropDownList	选择计划种类
RichTextBox	rtb_PlanContent	Enabled属性设置为false	输入计划内容
DataGridView	dgv_PlanRegister	Columns属性添加若干项（详见源程序）；SelectionMode属性设置为FullRowSelect	显示计划信息

续表

控件类型	控件ID	主要属性设置	用　途
[ab] Button	button2	Text属性设置为"添加"	激活并清空各种控件
	button3	Text属性设置为"保存"	保存修改或添加的数据
	button4	Text属性设置为"删除"	删除人员信息

2. 打开计划录入界面

在窗体的工具栏中单击"计划录入"按钮，程序将设置panel_PlanRegister控件为可见状态，而设置其他界面的Panel控件为不可见状态，"计划录入"按钮的Click事件代码如下：

```
OleDbDataAdapter oleDa = null;                          //声明OleDbDataAdapter类型的引用
private void pic_BriRegister_Click(object sender, EventArgs e)
{
    // "计划录入"面板可见，其他面板不可见
    panel_CueSetting.Visible = false;
    panel_PlanStat.Visible = false;
    panel_PlanSearch.Visible = false;
    panel_HisSearch.Visible = false;
    panel_PlanRegister.Visible = true;
    //创建OleDbDataAdapter的实例
    oleDa = new OleDbDataAdapter("Select * from tb_Plan", oleConn);
    DataTable dt = new DataTable();                      //创建数据表对象
    oleDa.Fill(dt);                                      //把数据填充到数据表对象
    dgv_PlanRegister.DataSource = dt;                    //DataGridView控件绑定数据源
    dgv_PlanRegister.AlternateColor(Color.LightYellow);  //隔行换色显示数据
}
```

3. 添加计划任务

若要添加一个新的计划任务，首先必须单击计划录入界面上的"添加"按钮，这时程序将激活和清空界面上的控件，并将程序当前的操作状态设置为"添加"状态，"添加"按钮的Click事件代码如下：

```
private void button2_Click(object sender, EventArgs e)
{
    blIsEdit = false;                    //表示当前操作为添加状态
    ActivationControl(true);             //激活当前界面上用于输入计划信息的控件

    RestUI();                            //重置界面上用于输入计划信息的控件
}
```

ActivationControl方法用于设置当前界面上某些控件的状态，它有一个bool类型的参数，当该参数值为false时，当前界面上用于输入计划信息的控件处于禁用状态；当该参数值为true时，当前界面上用于输入计划信息的控件处于激活状态，代码如下：

```
private void ActivationControl(bool blValue)
{
    txt_PlanTitle.Enabled = blValue;     //设置计划标题控件的状态
```

```
        cbox_PlanKind.Enabled = blValue;                              //设置计划中各控件的状态
        dtp_ExecuteTime.Enabled = blValue;                            //设置执行时间控件的状态
        rtb_PlanContent.Enabled = blValue;                            //设置计划内容控件的状态
}
```

RestUI方法重新初始化用于输入计划信息的控件，其代码如下：

```
private void RestUI()
{
        txt_PlanTitle.Text = "";                                      //清空标题输入框
        cbox_PlanKind.Text = "一般计划";                               //初始化计划种类
        dtp_ExecuteTime.Value = DateTime.Today;                       //初始化执行时间
        rtb_PlanContent.Text = "";                                    //清空内容
}
```

4．保存计划任务

单击"添加"按钮，程序将设置当前的操作状态为"添加"状态，然后在当前界面的相关控件中输入计划信息，最后单击"保存"按钮即可。若要对已有的计划信息进行修改，先要在当前界面左侧的**DataGridView**控件中选择要修改的记录，该记录的信息会显示在当前界面右侧的相关控件中，在这些控件中修改信息完毕之后，单击"保存"按钮实现保存数据。"保存"按钮的**Click**事件代码如下：

```
private void button3_Click(object sender, EventArgs e)
{
        string strSql = String.Empty;                                 //定义存储SQL语句的字符串
        DataRow dr = null;                                            //定义数据行对象
        DataTable dt = dgv_PlanRegister.DataSource as DataTable;       //获取数据源
        oleDa.FillSchema(dt, SchemaType.Mapped);                      //配置指定的数据架构
        string strCue = string.Empty;                                 //定义提示字符串
        if (txt_PlanTitle.Text.Trim() == string.Empty)
        {
            MessageBox.Show("标题不许为空！");                          //提示"标题不许为空"
            txt_PlanTitle.Focus();
            return;
        }
        if (blIsEdit)                                                 //若是修改操作状态
        {
            //查找要修改的行
            dr = dt.Rows.Find(dgv_PlanRegister.CurrentRow.Cells["IndivNum"].Value);
            strCue = "修改";                                          //描述修改操作
        }
        else                                                         //若是添加操作状态
        {
            dr = dt.NewRow();                                        //创建新行
            dt.Rows.Add(dr);                                        //在数据源中添加新创建的行
```

```
        strCue = "添加";                                                //描述添加操作
        dr["DoFlag"] = "0";                                            //表示新记录，未做执行处理
    }
    //给数据源的各个字段赋值
    dr["PlanTitle"] = txt_PlanTitle.Text.Trim();
    dr["PlanKind"] = cbox_PlanKind.Text;
    dr["ExecuteTime"] = dtp_ExecuteTime.Value;
    dr["PlanContent"] = rtb_PlanContent.Text;
    OleDbCommandBuilder scb = new OleDbCommandBuilder(oleDa);         //关联数据库表单命令
    if (oleDa.Update(dt) > 0)                                          //若提交数据成功
    {
        MessageBox.Show(strCue + "成功！");                           //弹出提交成功的提示窗口
    }
    else                                                              //若提交数据失败
    {
        MessageBox.Show(strCue + "失败！");                          //弹出提交失败的提示窗口
    }
    RestUI();                                                         //重置界面上的控件
    ActivationControl(false);                                         //禁用输入信息的控件
    dt.Clear();                                                       //清空数据表
    oleDa.Fill(dt);                                                   //重新填充数据表，更新IndivNum列
}
```

5. 删除计划任务

在当前界面左侧的**DataGridView**控件中选择要删除的记录，然后单击"删除"按钮，这时程序将弹出"确定要删除吗？"的提示框，选择"是"按钮，程序将删除当前选中的记录。"删除"按钮的**Click**事件代码如下：

```
private void button4_Click(object sender, EventArgs e)
{
    if (dgv_PlanRegister.CurrentRow != null)                          //若当前行不为空
    {
        if (MessageBox.Show("确定要删除吗？", "软件提示", MessageBoxButtons.YesNo, MessageBoxIcon.
Exclamation) == DialogResult.Yes)                                     //若确定要删除
        {
            DataTable dt = dgv_PlanRegister.DataSource as DataTable;  //获取数据源
            oleDa.FillSchema(dt, SchemaType.Mapped);                  //配置指定的数据架构
            //获取计划的唯一编号
            int intIndivNum = Convert.ToInt32(dgv_PlanRegister.CurrentRow.Cells["IndivNum"].Value);
            DataRow dr = dt.Rows.Find(intIndivNum);                   //查找指定数据行
            dr.Delete();                                              //删除数据行
            //关联数据库表单命令
```

```
OleDbCommandBuilder scb = new OleDbCommandBuilder(oleDa);
try
{
    if (oleDa.Update(dt) > 0)                          //若提交删除命令成功
    {
        if (oleConn.State != ConnectionState.Open)     //若数据连接未打开
        {
            oleConn.Open();                            //打开连接
        }
        MessageBox.Show("删除成功！");
    }
    else                                               //若提交删除命令失败
    {
        MessageBox.Show("删除失败！");
    }
}
catch (Exception ex)                                   //处理异常
{
    MessageBox.Show(ex.Message，"软件提示");            //弹出异常信息提示框
}
finally                                                //finally语句
{
    if (oleConn.State == ConnectionState.Open)         //若连接打开
    {
        oleConn.Close();                               //关闭连接
    }
}
```

13.6.3 计划查询

查询计划任务有两种操作方式，既可以按照提前天数查询将要执行的计划任务，也可以按照计划内容（输入"计划内容"的若干关键字）查询相关的计划任务，这两种查询方式只能选择其一。选择其中的一种查询方式，然后单击"查询"按钮，查询出的结果将显示在当前界面右侧的DataGridView控件中，计划查询界面的运行效果如图13-9所示。

1. 设计计划查询界面

在Frm_Main窗体上部的工具栏位置添加一个PictureBox控件，命名为pic_PlanSearch，用来作为"计划查询"按钮；在该窗体的下部添加一个Panel控件，命名为panel_PlanSearch，在该Panel控件中添加若干控件，用来选择查询方式和输入查询关键字。该Panel控件中添加的主要控件及说明如表13-3所示。

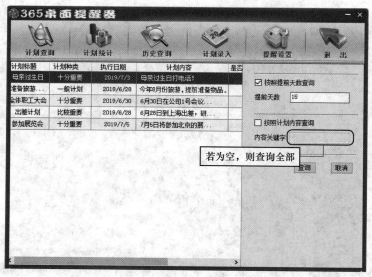

图13-9　计划查询界面

表13-3　计划查询界面添加的主要控件及说明

控件类型	控件ID	主要属性设置	用　途
abl TextBox	txt_QueryDays	系统默认	输入提前天数
	txt_PlanContent	系统默认	输入计划内容的关键字
☑ CheckBox	chb_Days	Checked属性设置为True，Text属性设置为"按照提前天数查询"	按照提前天数进行查询
	chb_PlanContent	Text属性设置为"按照计划内容查询"	按照计划内容查询
DataGridView	dgv_PlanSearch	在Columns属性集合中添加若干项（详细情况请参见源码）；Modifiers属性设置为public	显示计划任务信息
ab Button	button6	Text属性设置为"查询"	实现查询数据的操作
	button7	Text属性设置为"取消"	清空界面上的文本框

2. 打开计划查询界面

在窗体的工具栏中单击"计划查询"按钮，程序将设置panel_PlanSearch控件为可见状态，而设置其他界面的Panel控件为不可见状态，"计划查询"按钮的Click事件代码如下：

```
private void pic_BirSearch_Click(object sender, EventArgs e)
{
    // "计划查询" 面板可见，其他面板不可见
    panel_PlanRegister.Visible = false;
    panel_PlanStat.Visible = false;
    panel_CueSetting.Visible = false;
    panel_HisSearch.Visible = false;
    panel_PlanSearch.Visible = true;
    //DataGridView控件中的 "是否按期执行" 列绑定listSource数据源
```

```
        DoFlag1.ConvertValueToText("DataValue", "DisplayText", listSource);
        chb_Days.Checked = true;                            //默认选择按照提前日期进行查询
        txt_PlanContent.Text = string.Empty;               //清空"内容关键字"文本框
        //创建OleDbDataAdapter实例，用于查询提醒设置信息
        OleDbDataAdapter oleDa = new OleDbDataAdapter("Select Days from tb_CueSetting", oleConn);
        DataTable dt = new DataTable();                     //创建DataTable实例，用于存储数据
        oleDa.Fill(dt);                                     //把数据填充到DataTable实例
        txt_QueryDays.Text = Convert.ToString(dt.Rows[0][0]);  //显示系统设置的提前天数
        button6_Click(sender, e);                           //执行"查询"按钮的Click事件代码
    }
```

3. 查询计划信息

在当前界面上选择一种查询方式，并输入要查询的关键字，然后单击"查询"按钮实现查询计划信息功能，查询的结果会显示在当前界面左侧的**DataGridView**控件中。"查询"按钮的**Click**事件代码如下：

```
private void button6_Click(object sender, EventArgs e)
{
    //加载SQL语句创建StringBuilder实例
    StringBuilder sb = new StringBuilder(" Select * from tb_Plan Where ");
    if (chb_Days.Checked)                               //若选择按提前天数查询
    {
        if (String.IsNullOrEmpty(txt_QueryDays.Text.Trim()))  //若天数为空
        {
            MessageBox.Show("天数不许为空！","软件提示");        //提示天数不许为空
            return;
        }
        //过滤提前天数符合查询条件的数据
        string strSql = "(format(ExecuteTime,'yyyy-mm-dd') >= '" + DateTime.Today.ToString("yyyy-MM-dd") + "' and format(ExecuteTime,'yyyy-mm-dd') <= '" + DateTime.Today.AddDays(Convert.ToInt32(txt_QueryDays.Text)).ToString("yyyy-MM-dd") + "')";
        sb.Append(strSql);                              //连接查询字符串
    }
    else                                                //若是按照"计划内容"查询
    {
        //过滤符合查询条件的计划任务
        string strContentSql = " PlanContent like '%" + txt_PlanContent.Text.Trim() + "%'";
        sb.Append(strContentSql);                       //连接查询字符串
    }
    oleDa = new OleDbDataAdapter(sb.ToString(), oleConn);  //创建OleDbDataAdapter实例
    DataTable dt = new DataTable();                     //创建DataTable实例
    oleDa.Fill(dt);                                     //把数据填充到DataTable实例中
    dgv_PlanSearch.DataSource = dt;                     //在DataGridView控件中显示数据
```

```
        dgv_PlanSearch.AlternateColor(Color.LightYellow);          //隔行换色显示数据记录
    }
```

4. 处理计划

在当前界面左侧的**DataGridView**控件中双击某条记录，可以打开图13-10所示的处理计划窗体，在该窗体上可以添加或修改处理信息。若该计划已经按期完成，则需要打上处理标记，并对计划的执行做简单的说明。

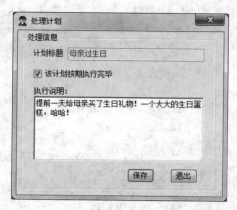

图13-10　处理计划窗体

如图13-10所示，若按期完成当前计划，则选中"该计划按期执行完毕"，并输入简短的执行说明；若未按期完成当前计划或因其他原因取消了计划，则无须选中"该计划按期执行完毕"，并可做简短的说明，最后单击"保存"按钮，即可保存处理信息，"保存"按钮的**Click**事件代码如下：

```
    private void button1_Click(object sender, EventArgs e)
    {
        string strDoFlag = String.Empty;                          //定义描述计划执行的标记
        if (chb_DoFlag.CheckState == CheckState.Checked)          //若标记该计划已经按期执行
        {
            strDoFlag = "1";                                      //设置计划执行标记为1
        }
        else                                                      //若标记该计划未按期执行或取消
        {
            strDoFlag = "0";                                      //设置计划执行标记为0
        }
        string strSql = "Update tb_Plan set DoFlag = '" + strDoFlag + "',Explain='" + rtb_Explain.Text + "' where
IndivNum = " + intIndivNum;                                       //修改处理信息
        OleDbCommand oleCmd = new OleDbCommand(strSql,oleConn);   //创建命令对象
        if (oleConn.State != ConnectionState.Open)                //若连接未打开
        {
            oleConn.Open();                                       //打开连接
        }
```

```
if (oleCmd.ExecuteNonQuery() > 0)                              //执行SQL语句
{
    MessageBox.Show("完成！","软件提示");                        //提示完成
}
else
{
    MessageBox.Show("失败！","软件提示");                        //提示还未完成
}
oleConn.Close();                                               //关闭数据库连接
this.Close();                                                  //关闭当前窗体
}
```

13.7　课程设计总结

　　课程设计是一件很累人很伤脑筋的事情，在设计周期中，每天几乎都要面对着计算机屏幕数小时以上，上课时去机房写程序。虽然课程设计很苦很累，有时候还很令人抓狂，不过它带给我们的并不只是痛苦的回忆，它对大家学习计算机语言是非常有意义的。

　　在没有进行课程设计实训之前，大家对C#的知识掌握只能说是很浅显，只知道分开使用那些语句和语法，对它们没有整体概念，所以在学习时经常会感觉很茫然，甚至不知道自己学这些东西是为了什么；但是通过课程设计实训，大家不仅能对C#有更深入的了解，还可以学到很多课本上学不到的东西，最重要的是，它能让我们知道学习C#的最终目的和将来发展的方向。关于桌面提醒工具这个软件，下面就从技术和经验两个方面做出以下总结。

13.7.1　技术总结

1. 适当地使用线程增加应用程序友好度

　　窗体应用程序在做大量复杂的运算或比较耗时的I/O操作时，可能会出现窗体间歇性无响应情况。问题在于主窗体线程将CPU资源过多地分配给运算或I/O操作，所以导致了窗体反应速度慢或无响应情况，解决此问题的最好方法就是适当地使用线程，来缓解窗体线程的压力，使窗体的操作更加轻松、流畅。

　　在使用线程时，如果线程执行方法的代码比较少，可以在线程中使用匿名方法或Lambda表达式，这样会使代码更简洁、明了。线程中使用匿名方法，代码如下：

```
System.Threading.Thread th = new System.Threading.Thread(     //创建线程
    delegate()                                                //线程中使用匿名方法
    {
        System.Console.WriteLine("线程中执行的代码");
    });
th.Start();                                                   //开始执行线程
```

另外，也可以在线程中使用Lambda表达式，代码如下：

```
System.Threading.Thread th = new System.Threading.Thread(     //创建线程
    () =>                                                     //使用Lambda表达式
    {
        System.Console.WriteLine("线程中执行的代码");
```

```
          });
          th.Start();                                                    //开始执行线程
```

2. 有效使用集合存储数据

本软件使用集合初始化器创建一个List<CalFlag>类型的集合对象，然后将该集合对象绑定到DataGridView控件的"是否按期执行"列。

集合初始化器允许在创建集合对象时使用同一语句为集合对象添加若干个元素，这样就可以以声明的方式向集合对象中添加元素，并初始化元素，使用集合初始化器会使C#程序变得更加优雅和简洁，其语法格式如下：

集合数据类型或var 集合对象名称 = new 集合数据类型 { 元素1, 元素2,元素3...}

例如，本项目中创建的List<CalFlag>类型的集合对象如下：

```
List<CalFlag> listSource = new List<CalFlag>//listSource作为 "是否按期执行" 列的数据源
{
    new CalFlag{ DataValue ="1", DisplayText = "是"},          //表示 "是" 的元素
    new  CalFlag{ DataValue ="0", DisplayText = "否"}          //表示 "否" 的元素
};
```

13.7.2　经验总结

在开发一个项目之前，首先应当详细了解项目实现的功能，然后制定业务流程图。根据业务流程图开发系统的各功能模块，这样可以提高系统的开发效率。可以使用面向对象的封装、继承和多态等特性，也可以使用面向对象中的一些原则，如单一职责原则、接口隔离原则、开放关闭原则等。这样不但可以提高代码的重用性，而且还可以使代码易于管理，方便后期维护。